나무와 풍경으로 본
옛 건축 정신

최종현 교수의 건축사 강의

나무와 풍경으로 본
옛 건축 정신

| 최종현 지음 |

현실문화

머리말

저는 평소에 글 쓰는 데 취미도 없고 재주나 관심도 없는 편입니다. 그래서 교수직에 있는 동안 학기마다 의무적으로 발표해야 하는 논문이 무척 부담스러운 과제였습니다. 책을 읽고 연구하는 것은 무척 좋아해서, 눈앞에 책이 보이기만 하면 분야를 가리지 않고 평생토록 즐겨 읽었습니다. 하지만 그런 공부들을 글로 엮어내는 일에는 마냥 서툴렀던 것 같습니다.

건축 전공으로 출발했지만 제가 오랫동안 공부했던 분야는 도시사입니다. 처음엔 세계의 도시사를 연구하겠다는 야심을 가지고 우리나라 도성사부터 시작했지요. 『삼국사기』 『삼국유사』 『고려사』 『조선왕조실록』 등을 차례로 읽어가면서 각종 문집류, 고지도류, 회화류 등도 뒤지기 시작했습니다. 전국 곳곳에 흩어진 현장을 수도 없이 다니며 실측 조사와 답사를 거듭했습니다.

시간이 지나면서 저는 도시사라는 영역이 엄청나게 넓다는 사실을 깨닫게 되었습니다. 마치 수렁에 빠져 허우적거리는 느낌도 들었습니다. 우리나라 도시사를 공부하다 보니 우리에게 막대한 영향을 끼친 중국의 역사로 공부가 확장되었지요. 근원을 파고들면서 점차 저의 관심은 인도, 이슬람, 페르시아, 메소포타미아, 아메리카 대륙 등으로 뻗어나가 지구를 횡단하였고, 결과적으로 지중해 주변과 유럽의 도시사에까지 미치게 되었습니다. 도시 역사에 관련된 다양한 분야의 서적들을 접해서 읽을 때마다 제 마음속에는 절망과 좌절, 호기심이 교차했습니다.

그 와중에 우리 것에 대한 저의 관심 역시 도시사에 머물지 않고 건축과 지리, 조경, 과학사, 문화사, 사상사 등의 다양한 분야에까지 이르게 되었습니다. 이 모든 것들을 바라보되 오늘을 살아가는 도시인의 관점을 유지해야 한다는 것이 저의 생각이었습니다.

그런 방황의 시간 동안 정리해두었던 짧은 메모들이 모여 짧은 글이 되었고, 하나씩 논문의 꼴을 갖춰갔습니다. 이 책은 그렇게 발표된 논문들을 다시 쉬운 강의 형식으로 정리한 것입니다. 논문은 아무래도 전문적인 내용과 형식을 필요로 하고 전공자가 아닌 사람들이 다가가기 쉽지 않기 때문입니다.

제가 유럽으로 도시 답사를 가게 되면 여행사에 부탁하는 것이 한 가지가 있는데, 잠자리를 그 도시의 공원 근처에 잡아달라는 것입니다. 여행 중 시차에 적응하기가 쉽지 않기에 동트는 새벽녘에 공원으로 나가서 무료입장을 하기 위해서였습니다. 그래서 공원 안을 배회하다가 한 가지 사실을 발견하게 되었습니다. 우리나라 도시의 곳곳에서 볼 수 있는 나무들과 같은 수종들이 엄청나게 크게 자라서 비교할 수 없을 정도였다는 것입니다. 우리나라에서 한 사람 크기도 되지 않는 나무가 서너 명 높이인 경우가 많았습니다.

돌아와서 수목을 전공하는 교수에게 물어보니 일제강점기에 유럽에서 들어온 수목들이라고 합니다. 그런데 이상하게도 이러한 수종(樹種)에 관한 연구는 전혀 찾아볼 수가 없었습니다. 플라타너스, 아카시아, 히말라야시타, 라일락 등 현재 우리나라에서 흔히 접할 수 있는 가로수나 조경용 수종 중 많은 것들은 일제강점기에 일본을 거쳐 수입된 것으로 대부분이 서양(유럽)에 원류를 둔 것들입니다. 또 이런 수종을 조경에 활용하는 배식 패턴 역시 서양식이 주를 이룹니다. 아울러 우리나라에서 볼 수 있는 조경에 관한 서적들 역시 일제강점기 역사적 경험의 영향으로 인해 주로 일본 책에 의한 번안물들이 많습니다.

사정이 이렇다 보니 실재 문화재 복원 과정에서 배식과 수종에 관련된 부분에서 누락되거나 잘못된 사례가 많이 일어나고 있습니다. 건축물의 배치 형태 및 그 의미와 개별 건축물의 구조를 비롯하여 배식과 그 패턴에 대한 역사적인 이해가 결여된 채 외형에 관한 왜곡된 기록들에만 의지하거나 다소 단편적 견해에 기대어 문화재를 복원하고 관리하는 실정이기 때문에 많은 오류들이 발생할 수밖에 없는 것입니다.

'전통 수목이 마을 및 도시를 조성하고 경관을 구성하는 것은 어떤 특정성과 의미를 가지고 있을까?' 하는 생각을 구체적으로 하기 시작하면서, 수목과 배식에 관한 우리나라 전통사상 및 여러 관련 요소에 대한 역사적 해석과 구체적인 실례들이 매우 중요한 관심사가 되었습니다. 서양의 근대가 인간의 삶과 공간에 대한 특정한 생각에 기반을 두고 있다면 그것이 간과하고 있거나 배제하고 있는 것 혹은 상상조차 하지 못했던 것이 우리나라의 전통사상 혹은 근대 이전의 역사적 해석에 분명히 존재할 것이라고 저는 생각합니다. 이에 대한 연구와 해석이 쌓일수록 우리는 땅과 인간의 삶에 대한 보다 다양하고 풍요로운, 그리고 깊이 있는 이해의 지평에 도달할 수 있으며, 도시 설계나 조경이라는 실천 작업에 실제 활용할 수 있는 어휘적 요소들이 보다 풍부해질 것입니다.

조경과 배식, 그리고 경관에 관련된 우리 전통사상과 그 해석은 우리가 막연히 생각하고 있는 그 이상으로 매우 풍부하고 다채로운 면모를 펼쳐 보여줄 것입니다. 저는 이 글을 접하는 독자들, 특히 건축과 도시, 조경을 공부하는 젊은 연구자들이 우리나라 전통 조경 및 경관을 이해하고 여러 요소와 사상을 독특하게 재현하는 데에 이 책이 작은 도움이 되기를 바랍니다.

이 책은 8개의 독립된 강의와 하나의 보론으로 구성되어 있습니다. 1강과 2강, 3강은 전통 수종과 배식에 관한 것을 다룬 것입니다. 이것은 나무 자체에 대한 연구가 아니라 나무와 사람들이 맺는 관계, 나무와 인간의 공간이 맺는 관련성에 더 주목하고자 시도된 것입니다. 고분벽화나 옛 그림, 옛 문헌에 등장하는 나무들에 대한 연구는 그런 공부의 시작점이 되어줄 것이라 생각합니다. 1강은 대부분이 산으로 이루어진 국토에서 살았던 우리 선조들이 중요하게 인식했던 숭산사상(崇山思想)과 함께 가장 근원적으로 받아들였던 숭목사상(崇木思想)에 대한 것입니다. 구체적으로 먼저 우리 옛 문헌 속에 등장하는 나무들의 종류를 살펴보고, 당시 사람들이 어떤 믿음과 생각에서 그 나무들을 심고 키웠는지, 때로는 신성하게 여겼는지 살펴보았습니다. 선조들은 『주례』와 '육경' 등의 고전을 기준삼아 원칙을 따져가며 배식을 실행했으며 나무의 생태나 형태를 관찰하고 거기에 사람의 감정을 이입하여 나무와 사람을 동일시한 여러 상징들을 활용했다는 점이 흥미롭습니다.

2강은 우리나라 최고의 유산으로 손꼽히는 고구려 고분벽화를 대상으로 수목과 배식 유형에 관해 살펴보았습니다. 고구려 고분벽화는 민속학을 비롯해 인류학, 천문학, 군사학, 복식사, 건축사 등 다양한 분야에서 다양한 연구와 접근이 시도된 바 있습니다. 하지만 도시사와 조경사 분야에서, 특히 나무에 대해서 연구된 바가 없었다는 점을 고려하면 고구려 고분벽화에서 우리나라의 수목과 배식을 읽어내는 것은 나름 의미가 있다고 생각합니다.

3강은 구체적으로 우리의 전통적인 나무 심기 형식을 살펴보았습니다. 전통 배식 형식은 단순한 나무 심기가 아니라 옛사람들의 삶과 공간에 대한 전반적인 사고방식 및 조영 형태와 서로 많은 영향을 주고받았습니다. 우리 선조들에게 나무는 그저 보기 좋으라고 심는 것이 아니었다는 말입니다. 나무 한 그루 한 그루의 의미와 기능이 분명히 있었고 그만큼 나무를 귀히 여겼습니다. 오늘날에는 모든 것이 흔해지면서 나무 역시 실용적인 차원에서만 이해되고 있는 측면이 있는데, 나무에 담긴 상징성과 나무 심기의 전통 형태 등에 대한 관심과 이해를 통해 삶의 근본적인 문제에 대해 성찰해볼 수 있는 계기가 되기를 바랍니다.

4강과 5강은 도산서원에 관한 글입니다. 우리나라의 대표적인 성리학자인 퇴계 이황과 관련하여 유명한 도산서원은 근래 내외국인의 가장 주목받는 방문지이자 옛 건축 중에서 가장 널리 알려진 서원 건축입니다. 도산서원은 단순한 건축물이 아니라 퇴계가 자신의 사상과 이념을 구현하기 위해 정밀하게 계획하여 조성한 공간입니다. 4강은 도산서원의 원림(園林) 요소들이 조성된 과정을 살펴봄으로써 퇴계의 사상, 성리학이 그런 요소들에 구현된 양상을 구체적으로 헤아려보는 부분입니다.

5강은 도산서원에 관한 많은 문헌과 그림을 분석함으로써 성리학이라는 이념이 건축물의 구체적인 조영에 어떻게 영향을 주었는지를 확인하고 성찰해보는 장입니다. 도산서원의 입지와 공간을 분석하고 도산서원을 구성하는 여러 경물들을 비교함으로써 퇴계의 사상에 보다 객관적이고 구체적으로 다가가는 계기를 만들고자 하였습니다. 도산서당을 살펴보는 것은 비단 퇴계의 사상이 건축에 구현된 양상을 살펴보는 데에만 의미가 있는 것이 아닙니다. 더 나아가 조선 시대 선비들이 가졌던 조영사상과 원리에 대해 포괄적으로 이해할 수 있는 바탕이 되기에 중요하다고 여겨집니다.

6강은 안축의 「관동별곡」과 더불어 고려 시대 사람들이 풍경과 경치, 자연과 원림에 대해 어떤 생각을 했는지를 살펴보았습니다. 경치 혹은 경관은 경물과 경색으로 구분되는데, 풍경에 대한 감회나 생각 혹은 정서와 관련된 부분은 경색으로, 경관을 구성하는 물적 대상은 경물로 지칭합니다. 옛 문인들이 관동 지역과 관련하여 자신의 감회와 사상을 표현해왔으며 이 지역을 묘사한 그림도 많습니다. 매체의 특성상 문학은 주로 경색을, 회화는 주로 경물을 표현하는 예가 많습니다. 글과 그림은 서로를 보완하면서 우리가 공간을 좀 더 깊이 있게 잘 이해할 수 있도록 도와줍니다. 공간과 지리, 건축을 연구하면서 우리가 반드시 글과 그림을 가까이 하며 공부해야 하는 이유입니다.

7강에서는 옛 역사서, 특히 『삼국사기』와 『고려사』를 중심으로 우리 옛 누정의 조영과 명칭의 연원을 살펴보았습니다. 사실 누와 정은 본격적인 건축물이 아니라 보조적인 역할을 하는 건축물이라고 생각하는 사람도 많습니다. 하지만 누와 정이 세워진 자리는 해당 지역의 지형에서 특별한 의미가 있는 곳입니다. 누정의 이름이 어떤 과정을 거쳐서 지어졌는지 살펴봄으로써 그 시대의 조영사상을 추론하고 성찰할 수 있는 장입니다.

8강에서는 조선 성리학자들이 마을을 만들었던 과정과 배경을 경상북도 봉화군 봉화읍 유곡 1리 소위 닭실마을을 사례로 고찰했습니다. 이곳은 조선 중종 때의 학자 충재 권벌(冲齋 權橃, 1478~1548)이 자리를 잡고 마을을 형성하여 자손 대대로 살아왔던 곳입니다. 고려 말에 신진 세력으로 등장한 사림(士林)은 주자의 신유학(新儒學), 즉 성리학을 국가 통치와 인간 삶의 기본으로 삼았습니다. 중국 북·남송 시대에 역사적으로 구현되었던 성리학이 사실 중국에 새롭게 발달했던 농업 기술을 기반으로 성립된 철학이라는 사실에 주목하는 연구는 별로 없었습니다. 조선 시대 성리학자들의 취락 조성을 이런 농법과 기술의 발달이라는 배경과 연관시켜 연구하는 맥락에서 닭실마을의 입지와 조성 과정을 구체적으로 살펴보았습니다.

　흔히 성리학과 성리학자들을 설명할 때에는 그들의 사상과 철학을 중심에 두고 생각하곤 합니다. 몇 년 전부터는 생활사나 농업사, 과학사 등의 분야에서 연구가 활발하게 진행되고 있긴 합니다만 아직도 성리학자들의 사상과 그 물질적인 기반의 관계에 대해서는 관심과 연구가 부족한 것 같습니다. 닭실마을의 공간과 조성 당시의 농업 기술 발전을 연계시켜서 보려는 제 시도가 이념과 현실을 연결하는 공부가 되었으면 합니다.

　마지막으로 '보론'은 인류문화유산으로 등재되어 있는 종묘가 과연 물리적인 측면에서 주변 환경과 조화를 이루고 있느냐는 의문에서 출발한 글입니다. 종묘가 주변의 환경과 이질적으로 분리되어 있고 자못 험악한 상태로 방치되어 있는 것이 현실이기 때문입니다. 나아가 종묘의 문제가 종묘라는 한 공간에서 그치는 것이 아니라 서울이라는 도시의 개발 방향 전체와 관련되어 있다고 생각하면 문제는 보다 심각해집니다. 서울은 1000년의 오랜 역사를 가진 도시인 동시에 현대 한국의 사회경제적 중심 도시이기도 합니다. 서울은 이 두 측면을 조화를 이루어내면서 앞으로 나아가는 도시가 될 수 있을까? 아니면 두 측면 중 하나를 포기해야 서울이 도시로서 제대로 된 꼴을 갖출 수 있는 걸까? 보론에서는 이런 고민을 도시의 발생과 변화라는 좀 더 거시적인 측면에서 성찰해보았습니다. 여기에 대한 해답을 찾고자 도시의 역사, 그 장구한 과정을 다시 한 번 되짚어보았으며 부족하나마 이후 서울의 개발과 역사도시로서의 위상을 함께 고려할 때 지켜야 할 최소의 원칙을 만들어보고자 했습니다.

이 가운데에 7강과 8강 두 글의 바탕이 된 「새로운 농법과 새로운 입지관」 「고문헌에 나타난 누정과 그 명칭의 연원」 등 두 편의 논문은 그 나름의 우여곡절을 겪은 글들입니다.

전통조경학회에 기고했던 「새로운 농법과 새로운 입지관」은 기존에 발표되었던 논문 내용을 비판했다는 죄 아닌 죄(?)로 게재 불가 판정을 받은 바 있습니다. 저는 당시 심사를 맡으셨던 분들이나 편집위원들에게 소명하여 공개 토론을 요구했습니다만, 저의 요구는 받아들여지지 않았습니다. 그 글을 다시 고쳐 이 책에 묶은 것은 저에게는 작은 도전의 의미가 있습니다. 책을 읽는 분들의 현명한 판단과 질책을 기다립니다.

충재 권벌이 자리를 잡고 조성한 경상북도 봉화의 닭실마을, 즉 유곡(酉谷)은 안동의 별입지(別立地)로서 당시 봉화현의 서쪽 경계 밖 내성(奈城)에 입지해 있었습니다. 서쪽에 있었기에 12간지에서 서쪽 방향을 뜻하는 '유(酉)'를 가져왔고, 그에 대응하는 동물이 '닭'이라서 '닭실'이라고 이름을 붙인 것이라 저는 생각합니다. 『동국여지비고(東國輿地備攷)』 방면(方面) 내성 조에 "처음 50리 끝이 110리다. 봉화 서쪽인 숭천(崇川), 순흥(順興), 동령(東寧)에 넘어 들어가 있다"는 구절이 나오지요. 저는 여기에서 '넘어 들어가 있다'는 구절이 별입지를 뜻하는 것이라고 이해하고 있습니다.

「고문헌에 나타난 누정과 그 명칭의 연원」은 기존에 어떤 분이 이 주제로 연구한 바 있다는 이유로 게재 불가 판정을 받은 글입니다. 이 분의 경우는 박사 학위 논문부터 이후 여러 편의 논문에서 누정의 명칭에 대한 연구를 발표했습니다만, 그 내용이 주로 누정의 명칭이 고문헌에 각각 몇 차례씩 나오는지를 밝히는 것이었습니다. 저는 그 분의 연구와 제 글의 내용이 확연히 다르다고 믿고 있기에 이번 책에 이 글을 고쳐 실었습니다. 이 글 역시 독자 분들의 판단을 기다리겠습니다.

저는 이제 대학에서 은퇴를 했습니다. 하지만 여전히 공부를 하고 있으며, 우리나라의 바람직한 학문 풍토에 대한 아쉬움을 가지고 있습니다. 학회를 학문의 요람이라고 하지요. 하지만 그러기 위해서 학회는 반드시 열려 있어야 하고, 서로의 의견에 귀를 기울이며 존중하고 수용하는 토론이 필요할 것입니다. 그 과정에서 학문이 성숙한다고 생각합니다. 자신의 생각과 다른 의견이라 해도 배척하지 않고 받아들일 줄 아는 사람이 진정한 학자일 것입니다. 폐쇄적이지 않고 다양성을 수용하는 열린 학회가 건강한 학회이듯이 말입니다.

인간은 자기중심적이고 이기심이 강한 동물이라는 것이 상식입니다. 그래서 일반적으로 사람들은 자신의 환경이나 지위, 입장 등을 생각과 행동의 척도로 삼곤 하지요. 하지만 저는 그런 본능을 버려야 하는 사람들이 있다고 생각합니다. 도시 분야에서 일하는 사람들이 그렇지요. 도시는 개인의 것이 아니기 때문입니다.

도시 분야에서 일하는 사람은 자기중심적인 아집을 버리고 중립적인 입장을 취해야 합니다. 도시학을 연구하는 학자나 지식인이라면 학문적 권위, 입장, 성향 등이 특정한 방향에 기울어지지 않게 생각하고 결정하며 행동해야 합니다. 만약 이 분야에서 일하고 공부하는 사람들이 이기적으로 생각하고 행동한다면 결과적으로 많은 사람들 사이에 마찰과 갈등을 유발하고 말 것입니다.

저는 공부와 강의, 논문 집필 과정에서 항상 이런 원칙을 지키려고 노력해왔습니다. 하지만 제 생각이 완벽할 리는 없습니다. 오랫동안 고민하고 연구해서 내린 결론이 뒤집히고 반전된 적도 무척이나 많았습니다. 책 속의 내용에도 결함과 결점이 많을 것입니다.

연구 결과를 확인하고 보완하기 위해 저는 현장 조사에 매진해왔습니다. 여력이 미치기만 하면 반복해서 현장 조사를 거듭했습니다. 학생들에게도 현장 답사를 강요하고 반복시켰습니다. 그리고 매번 답사를 다녀오면 400여 쪽의 보고서를 만들곤 했습니다. 특정한 주제와 지역을 정해서 여름방학이면 유럽이나 기타 지역으로, 겨울방학이면 중국 각지로 현장 조사를 실시했습니다. 올해 역시 예외가 아니었기에, 이번 방학에도 학생들과 답사를 다녀왔습니다.

이 책을 만드는 데에 직접 도움을 준 고마운 사람들이 있습니다. 거칠고 무딘 문체를 쉽고 정갈한 글로 다듬어 독자들이 부담 없이 읽도록 윤문을 해준 조윤주, 복잡하고 읽기 난해한 지도와 사진, 허술한 내용을 책답게 분장하느라 디자인 책임을 수행한 김재은 디자이너에게 감사합니다. 또 한양대학교 도시공학과 도시역사이론연구실의 김윤미와 김영일의 자질구레한 수많은 수고를 언급하지 않을 수 없습니다. 특히 김윤미는 본인의 박사학위 취득 논문으로 바쁜 상황인데도 이 책을 위해 모자라는 시간을 쪼개가면서 도와주었습니다. 졸업 후 연구실을 떠나 현업에 종사하면서도 틈틈이 시간을 내어 품격 있는 책을 만드는 데 도움을 준 정호균 등의 노고도 잊을 수 없습니다.

또한 출판계의 현황이 어려운 시기에 경제적으로 전망이 불투명한 이 책의 출판을 기꺼이 받아들여준 현실문화연구 김수기 사장과 편집부에게도 깊이 감사를 드립니다. 끝으로 항상 깊고 넓은 애정을 가지고 까칠하면서도 섬세하게 매사를 지켜보는 나의 아내, 건강하지 못한 몸으로도 내가 쓴 모든 글을 항상 먼저 읽고 문장부터 글귀 마지막 단어에 이르기까지 꼬집어 따져 묻고 고쳐주면서 용기를 북돋아준 최은숙에게 깊은 애정과 감사의 마음을 글로나마 전합니다.

2013년 2월
앙상한 나뭇가지를 품고 있는 인왕산을 마주하며
자군당(子群堂)에서
최종현

차례

머리말 • 5

(1강)
옛사람들이 아끼고 사랑했던 나무들 • 23

신단수와 숭목사상 • 27 | 고대 기록에 나타난 나무 • 28
역사 기록에 나타난 나무 • 32 | 궁중 그림에 나타난 나무 • 34
유교와 관련된 나무와 그 기록 • 36 | 불교와 관련 깊은 나무 • 43

(2강)
고구려 고분벽화에 그려진 나무들 • 49

고구려 고분의 특징 • 52 | 고구려 고분은 어떤 구조로 만들어졌나 • 56
고분벽화와 나무, 신목과 당목 • 59 | 고분벽화 속 나무, 생활과 종교 • 66
고구려 고분벽화에 나타난 나무를 가꾸고 심는 법 • 70

(3강)
우리 옛사람들은 어떤 나무를 어떻게 심었을까 • 79

나무를 가리키는 몇 가지 표현 • 82 ｜ 나무를 심는 우리 전통 형식 • 86
삼국 시대에는 나무를 어떻게 심었나 • 88 ｜ 고려 시대의 나무 심기 • 92
조선 시대 기록 속 나무 심기 • 95 ｜ 나무, 우주의 중심 • 105

(4강)
도산서당의 원림과 나무 • 109

퇴계, 서당을 짓기 위해 노력하다 • 113 ｜ 도산서당의 원림 요소 • 117
성리학과 도산서당의 원림 요소 • 122 ｜ 도산의 시에 나오는 식물 • 126

(5강)
도산서당을 지은 생각들 • 133

퇴계가 도산으로 옮기기까지 • 136 ｜ 도산서당은 어떻게 지어졌나 • 140
도산서당의 입지와 공간 • 146 ｜ 그림 속에 나타난 도산서당 • 150
이념을 구현한 도산서당의 공간 • 159

(6강)
풍경의 발견과 관동 지방 • 167

안축의 관동 지방 • 169 | 풍경의 분류, 경물과 경색 • 175
관동을 다룬 글들 • 177 | 「관동별곡」과 관동 지역 • 179
지도와 회화 속에 나타난 관동 지역 • 188

(7강)
조선 이전의 누정과 그 이름들 • 195

신라 시대의 누정 • 199 | 백제 시대의 원림과 누정 • 201
삼국 시대의 불교 전래와 누정 • 202 | 고려 시대의 원림과 누정 • 204
기문 속에 나타난 누정의 명칭과 의미 • 210

(8강)
조선 성리학자들이 취락을 만들다
－봉화 닭실의 경우 • 217

충재 권벌, 귀향하여 마을을 만들다 • 221
사대부들은 왜 귀향했는가 • 222 | 새로운 입지관의 등장 • 225
안동부 지역의 새로운 복거지 • 229 | 권벌과 유곡 • 231
유곡의 공간적 특징 • 235 | 유곡의 경치와 나무들 • 239

(보론)

역사문화도시와 경제중심도시, 두 마리 토끼를 잡을 수 있을까? • 243

도시를 만드는 자연과 인공 요소 • 247

도시와 역사 • 250 ｜ 보존인가 개발인가 • 255

도시를 어떻게 재건해야 할까 • 260

역사도시로 가는 길, 그 어귀에 서서 • 264

미주 • 271

일러두기

1. 대괄호([ ])는 번역한 내용과 원문의 한자가 다를 경우에 묶는다.
2. 겹낫표(『 』)는 책이름을 표기한다.
3. 낫표(「 」)는 편명이나 작품명을 표기한다.
4. 큰따옴표(" ")는 대화체나 인용문을 묶는다.
5. 작은따옴표(' ')는 인용된 글에서 다시 인용된 것을 표시하거나 단어와 문구의 강조를 위해 사용한다.

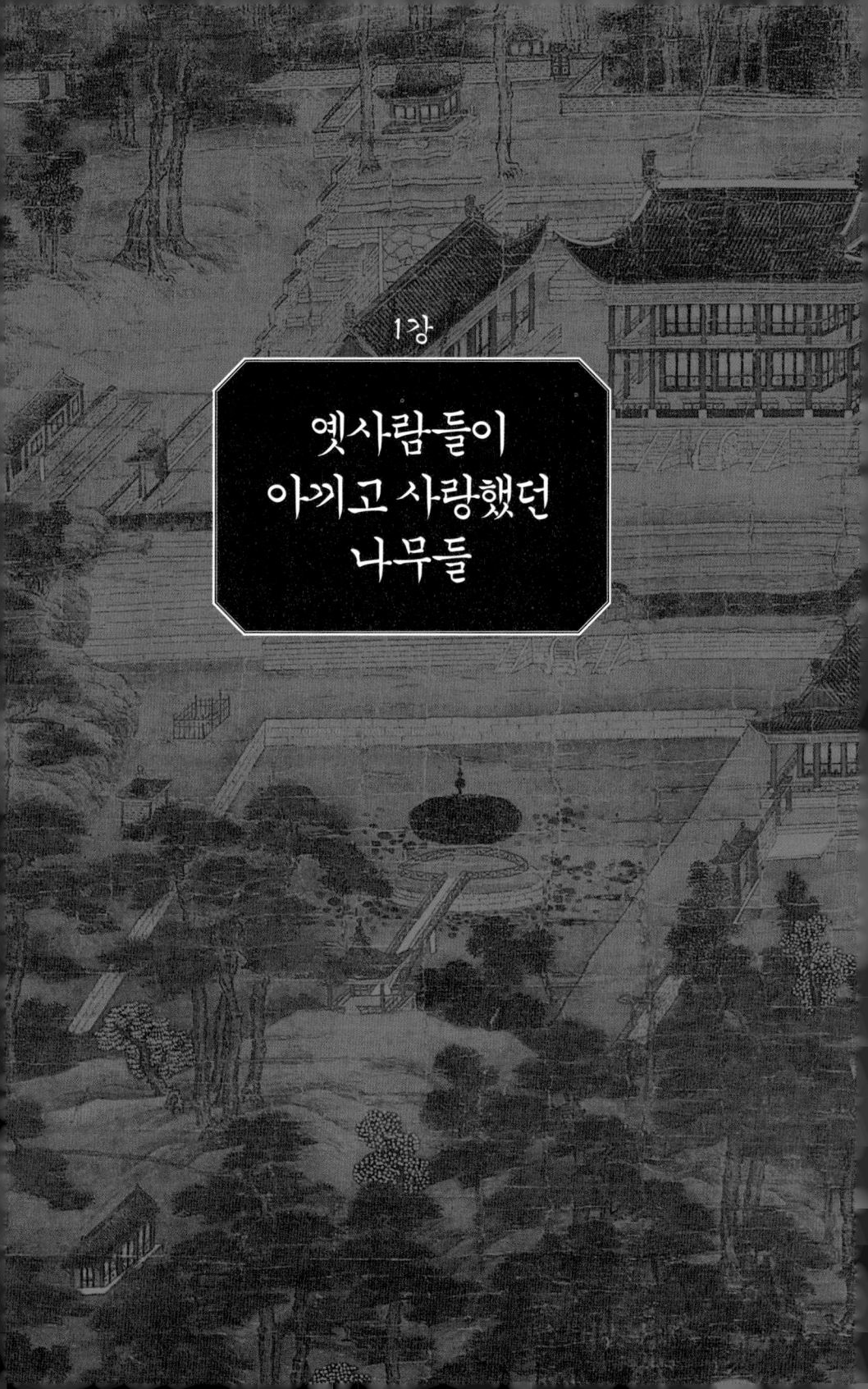

1장
옛사람들이 아끼고 사랑했던 나무들

*1강은 필자의 졸고 「고문헌에 나타난 숭목사상 연구」(『국토계획』, 대한국토도시계획학회, 2002)를 고쳐 쓴 것이다.

　나무는 생명의 연원이며, 인간 삶에 원천이 되는 존재입니다. 인간은 진화 과정에서부터 나무와 더불어 서로의 역사를 만들어왔습니다. 또한 나무는 사람들의 사고 체계가 만들어낸 모든 정령들이 살고 있는 고향이며 신화의 원천이기도 합니다. 나무는 원시인들에게는 각종 기후 변화에 대응할 수 있는 피신처이자 땔감이 되었고, 인간이 조성한 건물과 마을, 도시 건설을 위한 목재를 제공합니다.

　나무는 끊임없이 자라는가 하면, 기후 변화에 따라 재생과 멈춤을 반복하는 주기(週期)를 가집니다. 이런 양면성으로 인해 나무는 인간들에게 경외의 대상이 되기에 충분합니다. 인간은 스스로가 나무를 점유한다 해도, 나무를 키우고 보호하는 것은 신이라고 믿었습니다. 그래서 나무는 신성한 장소가 되었습니다.

　인간의 입장에서 보자면 자신이 도저히 닿을 수 없는 높이까지 자라는 나무, 그중에서도 키 큰 교목은 하늘과 땅을 연결해주는 존재로 보였을 것입니다. 이런 의미에서 나무에 신격(神格)이 부여되어 신목(神

고구려 무용총 현실 서벽의 〈수렵도〉, 3.79×5.42m, 5세기 말~6세기 초,
중국 길림성 집안현 소재.
〈수렵도〉에서는 산과 나무가 일차적으로 영역을 나누고 있다. 영역의 경계를 가르는 장치로서 자연물을 이용한 것이다. 특히 두드러지게 서 있는 큰 나무는 하늘과 땅을 연결해주는 중심목이자 우주목이기도 하다. 이 그림은 우리 민족의 숭목사상을 설명하는 대표적인 벽화다.

木)이 생겼으리라 생각합니다.

역사 기록 속에 등장하는 나무 중에서 우리 옛사람들이 특히 중요하게 여긴 몇 가지 종류의 나무가 있습니다. 이런 나무들은 『삼국사기』 『삼국유사』 『고려사』를 비롯해서 조선 시대와 근현대에 이르기까지 역사 속에서, 또 시(詩)와 문(文), 화(畵)에서도 계속 찾아볼 수 있습니다. 하지만 이제까지 이런 전통적인 배식(培植, 식물을 가꾸고 심음)과 숭목사상을 연관시켜 생각했던 연구는 없었던 것 같습니다.

이 글에서는 우리 옛 문헌 속에 등장하는 나무들의 종류를 살펴보고, 당시 사람들이 어떤 믿음과 생각에서 그 나무들을 심고 키웠는지, 때로는 신성하게 여겼는지를 살펴보겠습니다.

신단수와 숭목사상

숭목사상은 신이 나무나 숲을 통하여 강림하거나, 나무나 숲에 신성한 존재가 머물러 있다고 믿는 생각입니다. 나무나 숲에 신격이 더해진 신목이나 신림(神林)은 초자연적 절대자인 하느님과 인간이 만나는 성스러운 장소이며, 우주의 중심이 됩니다. 서양에서는 이를 우주목이라 칭하기도 합니다.

『삼국유사』 고조선 조에서는 환웅이 무리를 이끌고 태백산 정상 신단수(神檀樹) 아래에 내려와 '신시(神市)'라는 도시를 세웠다고 합니다.[1] 이 신단수는 우리 민족의 숭목사상을 설명하는 단초가 됩니다. 높은 태백산만으로도 이미 숭산의 대상이 되는데, 그 꼭대기에 신단수가 솟아 있습니다. 천제(天帝) 환인의 아들인 환웅이 내려온 '신 내림'의 나무이니, 이 나무를 숭상하고 나아가 이 나무를 중심으로 해서 신시, 즉 도시국가가 이루어질 만합니다.

숭목사상의 상징인 신단수는 도시국가 신시의 중심인 동시에 종교적 중심이며 공동체의 중심이 되었을 것입니다. 또 정치적 사회적 공동체 조직 안에서는 군주의 상징이기도 합니다. 신목은 신탁(神託)을 받는 통로이기도 했을 것입니다.

이런 신단수의 의미는 고구려 고분벽화를 거쳐 고려와 조선 시대를 지나 현대에 이르기까지 서낭나무〔堂木〕로 지속되었습니다. 신목은 중요한 길목이나 산의 정상, 물이 솟는 샘이나 마을 어귀에 위치하는 것이 보통입니다. 성황목(城隍木), 산신목(山神木), 부군목(府君木), 대감목(大監木), 동신목(洞神木), 본향목(本鄕木) 등의 다양한 이름으로 불리는데, 그 주변에는 돌무더기를 쌓아놓거나 돌로 제단을 만들기도 하고, 당집을 지어놓기도 합니다.

고대 기록에 나타난 나무

앞서 살펴본 고조선의 신단수는 자작나무과의 박달나무라고 알려져 있습니다. 옛 문헌 속에는 박달나무 말고도 아주 다양한 나무들이 등장합니다. 지역에 따라 소나무, 측백나무, 느티나무, 은행나무, 단풍

나무, 엄나무, 회나무, 버드나무, 모감주나무, 향나무, 전나무, 물푸레나무, 떡갈나무 등이 다양하게 나타납니다.

『논어』에도 나무에 대한 이야기가 나옵니다. 「팔일편(八佾篇)」에는 이런 구절이 있습니다. "애공이 사단(社壇, 제사를 지내는 제단)에 대해 재아에게 물었다. 재아가 대답하기를 '하(夏)의 임금은 소나무를 썼고, 은(殷)나라 사람은 측백나무를 썼으며, 주(周)나라 사람은 밤나무를 썼습니다'"[2]라고 했는데, 같은 『논어』「자한편(子罕篇)」에는 "공자께서 말씀하시기를 날씨가 추워진 후에야 비로소 소나무와 측백나무가 아직 시들지 않고 있음을 알 수 있다"[3]는 말도 나옵니다.

송백(松柏), 즉 소나무와 측백나무가 등장하고 있는데요, 백과사전의 성격을 띤 중국의 사전 『사원』에는 '송백'을 일컬어 "소나무와 측백나무를 지칭한다. 사계절 푸르른 나무로서 수명이 극히 오래가는 나무를 이름이다. 옛사람들은 오래 살기 위해서 이 씨앗을 상복했다"[4]고 설명합니다. 그래서 소나무는 고대의 여러 문헌에 신성한 나무로, 특히 영원한 생명을 의미하는 나무로 자주 등장합니다.

『삼국유사』에는 "무덤을 만들었다. 그 무덤에 푸른 소나무가 났는데 세월이 오래 지나자 말라죽었다. 나중에 한 그루가 다시 났는데 그 뿌리는 하나다. 지금은 두 그루의 나무가 서 있다"[5]는 구절이 나옵니다. 한 그루와 두 그루의 구분이 있으니 단수, 쌍수의 개념을 당시에도 의식했던 점을 알 수 있습니다.

고구려 시조 동명왕릉으로 알려진 5세기 초의 봉분(封墳) 앞에는 제사를 지내기 위해 '정(丁)' 자 모양으로 지어놓은 정자각(丁字閣)이 있습

진파리 제1호분 현실 북벽에 그려진 벽화, 6세기, 평양시 역포구역 소재.
채색 구름, 연꽃 문양 등과 더불어 가운데에는 현무, 그 좌우에는 대칭으로 소나무를 그렸다. 소나무가 마치 바람에 움직이는 듯하다. 숭목사상의 흔적을 보여주는 작품이다. 출처: 조선유적유물도감편찬위원회, 『북한의 문화재와 문화유적II』, 서울대학교 출판부, 2000, 133쪽.

니다. 정자각 앞, 봉분과 정자각의 중심을 관통하는 중심축 선상에는 누운 향나무가 한그루, 그 뒤로 커다란 소나무가 한 그루가 심어져 있습니다. 또, 능 앞 오른쪽으로 건축된 비각(碑閣, 비를 덮어 지은 건물) 앞에는 수직으로 자란 측백나무가 건축물 중심축 선에 대칭해서 좌우로 각 한 그루씩 서 있습니다. 이것을 대칭수, 즉 쌍수라고 합니다. 이런 나무 심기가 고구려 시대로부터 이어져 계승된 것이라 볼 수 있을지 단언할 수는 없지만, 이런 나무 심기의 구도는 고구려 고분벽화에 등장하는 나무 그림의 내용과도 일치합니다.

6세기에 조영된 것으로 추정되는 평양시 용산리의 진파리(眞坡里) 1호 무덤에는 현실(玄室) 북쪽 벽 벽화에 좌우 두 그루 소나무가 마주해서 그려져 있습니다. 소나무가 우리 전통 수목으로 아주 오래 전부터 쓰였음을 보여주는 사례입니다. 이런 배식 구조는 시간이 흐르며 변화하여, 차츰 다양한 나무들을 다양한 형식으로 심는 형태로 발전했습니다. 진파리 고분보다 후기의 것인 내리 고분벽화에서는 진파리 고분벽화와는 다른 나무들을 발견할 수 있습니다.

평양시 삼석구역 노산리 소재의 내리(內里) 제1호분은 6세기 말에서 7세기 초에 건립된 것으로 추정됩니다. 이 고분의 현실 서측 천정 평행 제2단 '달 그림'에는 달 속에 계수나무가 그려져 있습니다. 달 속 계수나무는 계월(桂月), 계륜(桂輪), 계백(桂魄), 계섬(桂蟾), 계굴(桂窟) 등 다양한 명칭으로 불리면서 우리 전통 문화 속에 오래 전부터 등장하는 소재입니다. 내리 고분벽화에 등장하는 계수나무는 줄기가 둘로 된 단수(單樹)로 독립수(獨立樹)이며 또한 상징수(象徵樹)라고 볼 수 있습니다.

역사 기록에 나타난 나무

옛날에는 나무를 심더라도 아무 나무나 그냥 심는 것이 아니라 고전을 기준으로 삼아 원칙을 따져가며 심었습니다. 고대의 중국 경전인 『주례(周禮)』와 '육경'(중국 춘추 시대의 여섯 가지 경서 『시경』『서경』『예기』『악기』『역경』『춘추』)이 그 기준으로 가장 빈번히 사용되었다고 합니다.

『태종실록』 태종 6년(1406) 3월 24일 '개화령'에는 고전에 의거하여 나무를 심는 기준을 알려주는 구절이 있습니다. "삼가 주례를 상고하면, '하궁(夏宮) 사화선(司火亘)이 행화(行火)의 정령(政令)을 맡아 사철에 나라의 불을 면하게 하여 시병(時病)을 구제한다'고 하였습니다. 선유가 말하기를, '불씨를 오래 두고 변하게 하지 아니하면, (…) 그 변하게 하는 법은 찬수(鑽燧)하여 바꾸는 것인데, 유(楡, 느릅나무)와 유(柳, 버드나무)는 푸르기 때문에 봄에 불을 취하고, 행(杏, 살구나무)과 조(棗, 대추나무)는 붉기 때문에 여름에 취하고, 계하에 이르러 토기가 왕성하기 때문에 상(桑, 뽕나무)과 자(柘, 산뽕나무)의 황색 나무에서 불을 취하고, 작유(柞楢, 떡갈나무와 졸참나무)는 희고 괴단(槐檀, 회화나무와 박달나무)은 검기 때문에 가을과 겨울에 각각, 그 철의 방위 색에 따라 불을 취하는 것이다'라고 하였습니다."[6] 『주례』의 구절에 따라 계절마다 심는 나무가 달라졌다는 내용입니다. 나무껍질이나 열매, 잎의 색깔을 오행사상에 따라 분류하여 체계화한 하나의 이론이라고 볼 수 있습니다.

나무의 형태나 성격이 사람의 정서를 반영하는 것으로 파악한 점도 옛사람들이 나무에 대해 가진 인식 중 하나입니다. 『삼국사기』「신라본기」 내물니사금 조에는 "시조묘 뜰에 있는 나뭇가지가 맞붙어 하나가 되었다"[7]는 구절이 등장하고, 같은 책 「고구려본기」 양원왕 조에는 "서울에 가지가 서로 맞붙은 배나무가 있었다"[8]는 구절이 나옵니다. 이것은 모두 연리지(連理枝), 즉 서로 다른 두 그루의 나무에서 자라난 가지가 서로 맞붙어서 하나로 자라는 일을 말합니다. 연리지는 예로부터 길상(吉祥)을 의미하는데, 특히 사랑하는 부부나 형제 사이를 표현할 때 '연리지'라는 표현을 썼습니다. 나무의 형태에 사람의 감정을 빗대어 읽고, 나무에 의미를 부여했던 사례입니다.

나무가 인간의 덕목을 표현하는 경우도 많았습니다. 특히 사람의 '예(禮)'를 뜻하는 나무도 있다고 생각했습니다. 그런 면이 잘 드러난 기록이 『예기』에 나오는 다음 구절입니다. "예는 인간에게 있어서 대나무 가지가 푸르듯이 또는 소나무나 측백나무에 마음이 있듯이 필수의 것이다 죽(竹)과 송백(松柏)은 세상에서 경사스러운 물건의 대표적인 것으로 존중되고 있지만, 그것들은 사계절을 통해서 대나무 가지는 시들지 않고, 소나무나 측백나무는 항상 푸르기 때문에 [사람이 건강하고 굳은 절개의 상징으로] 존중되는 것이다."[9]

오늘날에는 소나무나 대나무가 곧은 절개나 꿋꿋한 기상을 상징한다는 점이 새삼스럽지 않습니다. 하지만 그런 상징의 의미가 처음부터 나무에 부여되지는 않았을 것입니다. 하필 대나무, 소나무, 측백나무가 다른 나무보다 특별히 훌륭할 이유도 없습니다. 다만 옛사람들이 나무의 생태나 형태를 관찰하고 거기에 사람의 감정을 이입하여 나무와 사람을 동일시한 결과로 오늘날과 같은 상징이 부여된 것입니다.

궁중 그림에 나타난 나무

조선 시대에 제작된 것으로 알려진 대표적인 궁중 길상 그림으로 〈일월오악도(日月伍岳圖)〉와 〈일월반도도(日月蟠桃圖)〉를 꼽을 수 있습니다. 흔히 〈일월오악도〉는 왕을, 〈일월반도도〉는 왕후를 상징하는 것으로 널리 알려져 있습니다. 왕실의 권위를 상징하고 상서로운 일이 있기를 기원하는 이 그림들에도 나무는 등장합니다.

〈일월오악도〉는 〈일월오봉도(日月伍峰圖)〉라고도 하는데 제목 그대로, 해와 달, 그리고 다섯 봉우리가 중심이 되는 그림입니다. 그림의 아래쪽에는 물이 그려져 있고, 좌우에는 각각 소나무 두 그루씩이 암벽을 의지해서 솟아 있습니다. 이 그림은 의전용 전각에서 임금이 거처하는 뒷면에 위치해서 중심, 즉 왕을 상징하는 회화 장치물이라고 볼 수 있습니다. 오악(伍岳), 즉 봉우리가 하필 다섯인 것은 상수역학(象數易學)에 그 유래를 갖고 있는 것으로 추측됩니다. 고대 중국에서 예언이나 수리의 기본이 된 책인 『하도(河圖)』와 『낙서(洛書)』가 그 원류이죠.

〈일월반도도 팔첩병〉은 왕과 왕비가 거처하는 침전 중앙에 있는 그림입니다. 〈일월오악도〉에 비해서 상대적으로 덜 유명한 그림이지요.

복숭아나무의 가지나 열매는 도교에서 귀신을 막는다고 알려져 있습니다. 불로장생을 의미하기도 하지요. 〈일월반도도 팔첩병〉에는 이 복숭아나무가 두 그루 그려져 있습니다. 도교의 의미로 보자면 '하나 안에 통일된 대립물, 즉 음과 양의 통일'을 상징한다고 볼 수도 있고, 임금과 왕후의 애정을 의미한다고 볼 수도 있습니다.

〈일월오악도〉, 작가 미상, 견본농채, 196.2×58.8cm(6폭 병풍), 19세기, 창덕궁 소장.
임금이 거처하는 정전이나 정자각 등에 놓이며 임금을 상징하는 그림이다. 파란 하늘 좌우에 각각 해와 달이 떠 있고, 화강석인 듯한 바위산 봉우리가 다섯, 계곡 양쪽으로 쏟아져 내리는 폭포수, 그 아래로 하얀 거품을 일으키는 파도가 있고, 제일 아래쪽에는 기하학적으로 표현된 물의 면이 보인다. 그림의 좌우에 두 그루씩 돌 언덕 위로 서 있는 소나무가 인상적인데, 이 나무들은 영원성과 불멸을 상징한다. 대부분 4폭, 6폭, 10폭의 병풍으로 꾸며져 있으나, 가끔씩 붙박이 그림 형태로 남아 있기도 하다.

복숭아 열매는 맛이 좋지요. 그래서 자연히 열매를 따먹으러 오는 사람도 많습니다. 따라서 복숭아나무가 있는 곳에는 길이 있다고 합니다. 이런 맥락에서 복숭아나무는 임금과 신하, 백성들과의 소통을 뜻하기도 합니다. 옛말에 덕이 있는 사람이 말 없이도 남을 감복시키는 것을 '불언간자성혜(不言干自成蹊)'라고 했는데요, 임금의 덕이 복숭아나무와 같다면 자연스럽게 이런 경지에 도달할 수도 있을 것입니다.

유교와 관련된 나무와 그 기록

괴극(槐棘)은 회화나무와 멧대추나무를 뜻하는 말로서 '삼괴구극(三槐九棘)'이라는 말의 줄임말입니다. 옛날 중국 주나라 때 조정에, 구체적으로는 외조(外朝)의 뜰에 회화나무 세 그루와 멧대추나무 아홉 그루를 심은 후 삼공(三公)과 공경대부(公卿大夫, 벼슬이 높은 사람)들이 그 나무 아래에 자리를 나누어 앉았다는 이야기에서 비롯되었습니다. 삼공은 회화나무를 향해 앉았고, 멧대추나무 왼쪽에는 고향장부(孤鄕丈夫)가, 오른쪽은 공후(公侯), 백(伯), 자(子), 남(男)의 대부들이 앉았다고 합니다. 다르게는 삼공구향(三公九鄕)이라고도 하지요. 외조의 멧대추나무 아래에서 송사(訟事)를 처리했던 이유로, '극림(棘林)'이라고 하면 법정이라는 의미로도 통용됩니다.

이 괴극은 궁궐에서는 삼조, 즉 내조(內朝), 치조(治朝), 외조(外朝)를 의미합니다. 삼공구향의 삼공은 조선 시대의 삼정승, 즉 영의정, 좌의

〈일월반도도 팔첩병〉, 작자 미상, 견본농채, 8폭 병풍, 19세기, 국립고궁박물관 소장.
왕과 왕비가 거처하는 침전에 설치하는 병풍으로 좌우로 해와 달, 오악, 넘실거리는 물결 아래편 두 모서리에 비스듬히 배치된 암벽 산자락에 복숭아나무가 좌우로 배치되었다. 복숭아나무는 액운을 막아주고 부부애를 상징하는 한편, 그곳에 길이 있어서 많은 백성들이 왕과 왕후를 따르며 장수를 축원하는 것을 의미하기도 한다. 2005년에 보물 제1442호로 지정되었다.

정, 우의정을 칭하고, 구향은 의정부 좌우참찬(左右參贊), 육조판서, 한성부 판윤을 가리켰습니다.

한편, 조선 시대의 대표적인 공공건물 중 하나로 꼽히는 성균관에서 은행나무는 무척 중요한 나무였습니다. 중국 산동성 곡부현에 있는 공자의 묘 앞에는 행단(杏壇)이라는 단이 있는데, 공자가 제자들을 모아 놓고 가르치던 곳이라 합니다. 그런 까닭에 성균관의 나무 가운데에서 은행나무는 중심이 되는 수종입니다.

조선 시대에 제작된 〈성균관 대성전도(成均館 大成殿圖)〉에는 대성전 전면에 좌우 대칭으로 가까이부터 전나무, 소나무, 은행나무가 순서로 배식되어 있는데, 이는 유교의 전래와 함께 수용된 전통적인 배식의 한 형태라고 볼 수 있습니다.

『증보문헌비고(增補文獻備考)』학교고, 학관(學官) 조에는 "중종 14년(1519)에 윤탁을 동지관사(同知館事)로 삼았다. 탁(倬)이 강당[명륜당] 아래에 나무 두 그루를 마주 심고는, 뿌리가 무성해야만 가지가 잘 자란다는 말로써 제생에게 효유(曉諭)하여 그 근본을 힘쓰게 하였는데, 오늘날 명륜당 뜰의 은행나무[문행(文杏)]가 바로 그것이다. 문정공 송시열이 말하기를 '중종 시대에 윤탁(尹倬)이 사유(師儒)의 직위에 오래 있으면서 오로지 학풍을 진작시키는 임무를 다하였다. 일찍이 은행나무 두 그루를 심어서 배우는 사람들을 경계하였으므로 그 배우는 자들이 모두 본실을 돈독히 하고, 비굴하게 아첨하는 것을 부끄러워하였다'"는 내용이 나옵니다. 대성전뿐 아니라 명륜당에도 은행나무가 있었음을 알 수 있게 해주는 기록입니다.

〈문묘향사배열도(文廟享祀配列圖)〉, 작가 미상, 19세기(고종 이전), 성균관대학교 박물관 소장.
성균관에 있는 문묘의 구조와 배향 순서를 보여주는 그림이다. 우리나라 성균관의 대성전에는 공자를 중심에 두고 사성(四聖), 십철(十哲), 송조육현(宋朝六賢)이 배향되어 있다. 동서로는 공자의 제자와 중국 유학자 94위, 최치원과 설총, 정몽주를 비롯한 우리나라 십육현(十六賢)이 배향되어 있다. 그림 속 대성전 앞뜰에는 건축물 중심축 선에 좌우 대칭으로 아래에서부터 은행나무, 소나무, 전나무가 보인다. 이런 배식 형태는 공자의 궐리사(闕里祠)에서 유래된 것을 따랐다. 소나무 아래에 있는 둔덕이 눈에 띈다.

성균관에는 은행나무 말고도 소나무, 전나무가 심겨 있던 것으로 보입니다. 『중종실록』 중종 21년(1526) 6월 10일에 성균관 뜰에 있는 전나무에 벼락이 떨어졌다는 것에 대한 내용이 있어서 이를 짐작할 수 있게 해줍니다.

성균관뿐 아니라 지방 곳곳에 있는 유학자들의 사당 앞뜰에서도 측백나무와 소나무를 종종 발견하게 되곤 합니다. 그 근거를 찾아볼 수 있는 기록이 바로 『태종실록』 태종 8년(1408) 11월 26일에 등장합니다. 임금이 건원릉(健元陵)에 나가 동지제(冬至祭)를 청하고 "제사를 마치고 능 옆에 올라 산세를 두루 보고, 공조판서 박자청(朴子靑)에게 일렀다. '능침(陵寢)에 소나무와 측백나무가 없는 것은 예전 법이 아니다. 하물며 전혀 나무가 없는 것이겠는가? 잡풀을 베어버리고 소나무와 측백나무를 두루 심으라"고 분부를 했다는 기록입니다. 무덤에 소나무와 측백나무를 심는 것이 옛 법이라는 말이 나오고 있지요.

이어 태종 15년(1415) 5월 5일에는 같은 건원릉에서 임금이 이 나무들에 대해 다시 이야기하고 있습니다. "일자 이양달을 불러 묻기를 '소나무와 밤나무를 함께 심었으니 소나무에 해로울까 생각된다. 밤나무를 제거하면 어떻겠는가?' 하니 이양달이 대답하였다. '밤나무는 노쇠하기 쉬우니, 번거롭게 베어낼 것이 없습니다.'" 이런 기록들에 나오는 소나무와 측백나무, 즉 송백(松柏)은 장수와 영원성을 상징합니다.

밤나무를 소나무와 함께 심은 뜻은 소나무가 더디게 자라는 탓에 빨리 자라는 밤나무를 함께 심어 일단 숲을 조성하려는 의도였습니다. 이런 사례를 보여주는 옛 그림들도 있습니다. 〈종묘전도(宗廟全圖)〉를

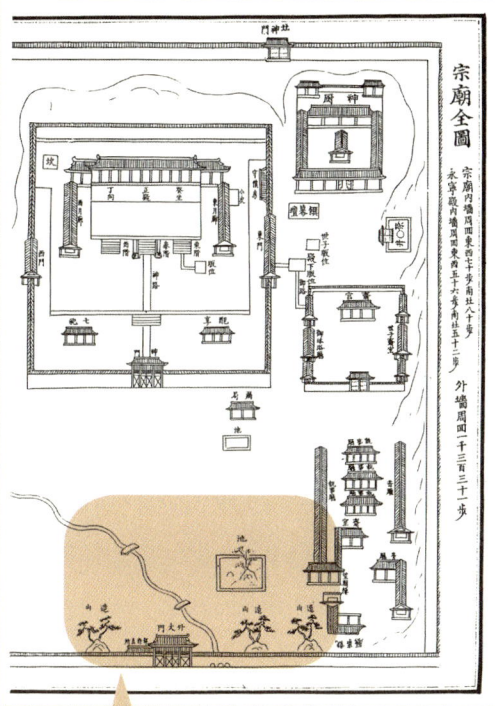

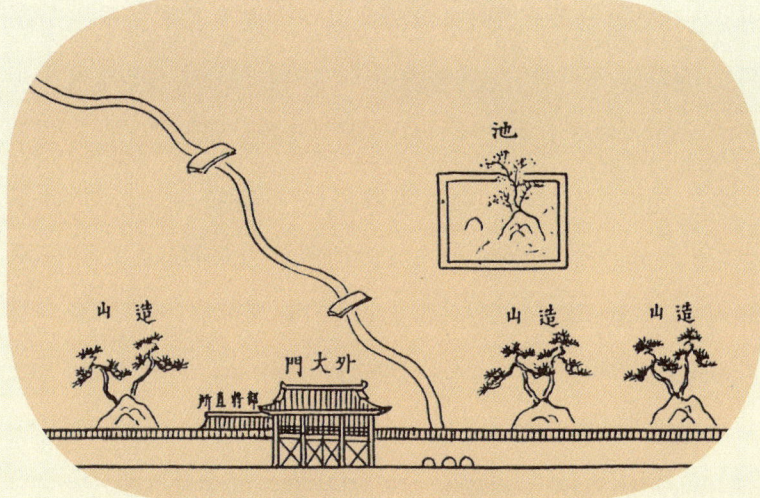

〈종묘전도〉 부분, 『종묘의궤』, 1693년(숙종 22년), 서울대학교 규장각 소장.
외대문 오른쪽에 수로가 있고, 그 오른쪽에 소나무 두 그루, 왼쪽에 소나무 한 그루가 보인다. 소나무들은 각각 조산 위에 심어져 있다. 조산들의 위쪽에 있는 연못 가운데에 다시 조산이 있고 꽃나무들이 심어져 있는 것이 보인다.

보면 그림 하단의 외대문(外大門) 좌우로, 종묘 경내를 흐르는 도랑을 끼고 조산(造山), 즉 인공적으로 만든 산이 오른쪽에 두 개, 왼쪽으로 하나가 있습니다. 그 조산 꼭대기에는 다시 각각 두 그루씩의 소나무가 그려져 있는 것이 보입니다. 이 조산과 소나무들은 오늘날까지도 잡목들과 섞여 종묘에 남아 있습니다. 이 조산들은 아마 종묘 경내의 지반을 정리하면서 조성한 것으로 보입니다.

옛날의 기록, 특히 중국의 왕이나 성현(聖賢)들이 남긴 나무에 대한 사례를 모방하고 각색해서 사용하는 예는 우리나라에서 전통적으로 흔한 일이었습니다. 그런데 조선 시대에 들어와서는 이런 사례 가운데 유교에 연원을 둔 경우를 인용하는 것이 주류가 됩니다. 조선의 정치사상이 유교에 바탕을 두고 있었기 때문이지요. 『태종실록』 조운흘졸기(趙云仡卒記) 조에 등장하는 기록이 그런 측면을 보여줍니다. "일월(日月)로써 상여의 구슬을 삼고, 청풍과 명월로서 전(奠)을 삼아, 옛 양주 아차산(峨嵯山) 남쪽 마가야(摩訶耶)에 장사 지낸다. 공자는 '행단(杏壇)' 위요, 석가는 '사라쌍수(娑羅雙樹)' 아래였으니, 고금의 성현이 어찌 독존(獨存)하는 자가 있으리오! 아아! 인생사가 끝났도다."[10]

조선 시대에는 도로의 10리, 30리마다 이수(里數, 지역간 거리)를 알렸으며 크고 작은 돌무덤이나 장승이 세워져 있었습니다. 일반적으로 30리마다 역원(驛院)이 설치되고 누정(樓亭)을 세웠는데, 여기에도 나무가 이용되었습니다. 『세종실록』 세종 23년(1441) 8월 29일에 보면 병조에서 왕에게 이런 건의를 했다고 합니다. "각 도의 역로이수(驛路里數)의 거리가 일정하지 아니하여, 만일 단무(單務)의 중사(重事)가 지체되어 미치지 못하는 것이 있게 되면, 빙고(憑考)하여 검거(檢擧)하기가 실로 어렵사오니, 마땅히 절차로 개량하옵되, 평안도 조정 사신이 내왕하는 곳을 먼저 개정하게 하고, 새로 만든 보수척(步數尺)으로 이를 측량하며 매 30리마다 하나의 푯말을 세우되, 혹은 토석(土石)을 모아 놓던가, 혹은 수목(樹木)을 심어서 표지하게 하소서."[11] 이 건의는 실행에 옮겨졌습니다. 이런 나무를 가리켜 정자목(亭子木)이라고도 부르는데, 보통은 단독으로 심고 나무 종류로는 괴목을 많이 사용합니다. 전통적인 마을 어귀마다 있던 당목(堂木)이나 정자목들은 이런 제도의 연장선상에서 생각해야 할 것입니다.

불교와 관련 깊은 나무

나무를 숭상하는 숭목사상은 우리나라의 불교문화 속에서도 쉽게 찾아볼 수 있습니다. 절의 창건과 관련된 설화를 연기설화(緣起說話)라고 하는데, 우리나라의 오래된 절 가운데에는 연기설화 속에 나무나 숲이 등장하는 경우도 많지요.

『삼국유사』 아도기라(阿道基羅) 조에 보면, 경주 안에 "일곱 군데의 가람터"가 있다는 기록이 나옵니다.[12] 그중 두 곳이 숲이라는 사실은 신라 때에도 이미 숲이나 나무를 숭상하고, 중요한 공간으로 생각했을 가능성을 보여줍니다. 아도기라 조에는 천왕사, 즉 사천왕사(四天王寺)가 있는 장소가 바로 문호왕(文虎王) 법민(法敏) 조에 나오는 신유림

(神遊林)이라는 구절이 있습니다. 또한 『삼국유사』에는 '문잉림(文仍林)'이라는 숲도 등장합니다. 이곳에선 불상을 주조하여 완성했는데, 독룡(毒龍, 독기를 품은 용)이 살았다는 이야기도 전해지고 있죠.[13]

절의 연기설화에 대나무와 소나무가 함께 등장하는 경우도 있습니다. 의상대사가 창건했다는 낙산사의 연기설화가 그렇지요. 의상대사가 당나라에서 돌아온 후 관세음보살의 진신(眞身)이 낙산 해변의 굴속에 있다는 말을 들었다고 합니다. 이에 의상은 재계(齋戒)를 하고 7일 만에 좌구(座具, 앉거나 누울 때 밑에 까는 방석)를 물 위에 띄웠는데, 천룡팔부(天龍八部)의 시종이 그를 굴속으로 인도하여 들어갔다고 하죠. 그곳에서 수정 염주 한 벌을 받았고, 동해의 용에게서 여의보주(如意寶珠) 한 벌도 받았다고 전해집니다. 의상은 그 후 다시 7일 동안 재계한 끝에 붉은 연꽃 위에 앉은 관세음보살을 보았다고 합니다. 관세음보살은 "이 자리 위의 꼭대기에 대나무가 쌍으로 돋아날 것이니, 그곳에 불전(佛殿)을 짓는 것이 마땅할 것이다"라고 했는데, 과연 땅에서 대나무가 솟아났답니다. 그 자리에 금당을 지은 것이 현재 강원도 양양군에 위치한 낙산사라는 것이죠.

이후 원효대사가 관세음보살을 친견하기 위해 낙산사를 찾았다가 벼를 베는 여인과 빨래하는 여인을 만났다고 합니다. 그때 소나무에 앉아 있던 파랑새가 원효에게 그만 돌아가라고 이야기를 했는데, 소나무 아래에 짚신 한 짝이 떨어져 있었습니다. 만났던 그 여인이 사실은 관세음보살이었던 것이죠. 이후 그 소나무를 '관음송'이라고 불렀다고 합니다.[14]

〈관세음보살 삼십이응정(觀世音菩薩三十二應幀)〉 부분, 이자실(李自實), 견본채색, 235×135cm, 1550년, 일본 지은원(知恩院) 소장.

관음보살의 광배를 뒤로 산을 배경으로 하고, 그 관음 좌우에는 작은 나무가 대칭으로 그려져 있다. 수종을 알 수 없으나 사라수라는 것은 바로 알 수 있다. 관목으로 세 가지로 표현되어 숫자 3의 개념도 표현되어 있는데 이슬람의 영향으로 추측된다. 고목으로 불교를 상징하는 나무는 '보리수'이지만 은행나무, 회화나무, 버드나무, 소나무 등 다양하게 나타난다.

그 외에도 『삼국유사』 자장정율(慈藏定律) 조에 지식수(知識樹)[15], 원효불기(元曉不羈) 조에 율곡(栗谷)과 사라수(娑羅樹), 백송(白松)[16], 사복불언(蛇福不言) 조에 지혜림중(智惠林中)과 사라수(娑羅樹)[17] 등으로 불교 문화와 나무와 관련된 기록이 여러 번 등장합니다.

조선 시대에 제작된 불화(佛畵)나 변상도(變相圖, 경전의 내용이나 교리, 부처의 생애 따위를 형상화한 그림) 중에는 수목이 건축물을 중심으로 좌우 대칭에 그려진 경우를 많이 볼 수 있습니다. 이는 아마도 불교의 '사라수'에서 영향을 받은 것으로 보입니다. 부처는 쿠시나가라의 사라수 숲속에서 열반하였는데 동서남북에 이 나무가 두 그루씩 여덟 그루가 서 있었다고 합니다. 그래서 사라수를 사라쌍수라고도 부르지요. 부처가 열반에 들자 사라수 중 네 그루가 말라 죽고 나머지 네 그루는 무성하게 자랐다고 전해집니다. 사라수 가운데 동쪽의 한 쌍은 상주(常主)와 무상(無常)을, 서쪽은 진아(眞我)와 무아(無我)를, 남쪽은 안락(安樂)과 무락(無樂)을, 북쪽은 청정(淸淨)과 부정(不淨)을 각각 상징한다고 합니다.

불교는 근원부터 나무와 관련이 많은 종교이기도 합니다. 부처가 태어난 곳이 룸비니 동산의 무우수(無憂樹) 아래였고, 깨달음을 얻은 장소 역시 보리수 아래입니다. 그래서 무우수와 보리수, 사라수를 일컬어 불교의 3대 성수(聖樹)라고도 부릅니다.

나무는 아주 오랜 옛날부터 사람들과 가까운 사이였습니다. 나무는 사람이 생명을 유지하고 보존하는 원천이었고, 주거를 비롯한 모든 생활 도구의 재료가 되어주었습니다. 또한 나무는 인간의 생존을 위협하는 적이나 맹수, 나쁜 기후로부터 사람들을 보호해주는 피신처이기도 했습니다. 그래서 사람들은 나무를 심고 키우며 아껴왔습니다. 때로는 나무에 신격을 부여해서 숭상하고 보호했습니다. 이런 나무를 신목이라 하는데, 고조선의 경우 신단수는 하늘에서 나무 아래로 내려와 그 나무를 중심으로 나라를 세웠다는 점에서 나무는 종교성과 공동체성을 지닌 상징수였고, 또 그 이후로도 전통 취락의 당목, 즉 당나무에서 이런 상징성을 찾아볼 수 있습니다.

시대와 문화가 바뀌면서 숭상의 형태는 바뀌었으나 우리나라에서는 어느 시대건 나무를 중요하게 여겼습니다. 종교적인 상징성을 가진 나무도 있었고, 왕권을 의미하는 나무도 있었습니다. 오늘날 나무는 '환경'이라는 차원에서 보호받고 있습니다. 이런 돌봄과 아낌 속에는 어쩌면 우리 옛사람들의 숭목사상의 영향이 조금은 들어가 있을지도 모른다는 생각을 해봅니다.

2장
고구려 고분벽화에 그려진 나무들

*2강은 필자의 졸고 「고구려 고분벽화에 나타난 숭목사상과 전통배식에 관한 연구」(『국토계획』, 대한국토도시계획학회, 2004)를 고쳐 쓴 것이다.

　우리나라의 여러 역사 유적 가운데에서도 고구려 고분벽화는 특히 많은 사람들의 관심과 사랑을 받고 있습니다. 이미 민속학이며 인류학, 천문학, 군사학, 복식사, 건축사 등의 다양한 분야에서 고구려 고분벽화에 대한 연구를 진행해왔지요. 하지만 도시사와 조경사 분야에서는 유독 나무에 관한 기존 연구가 거의 없는 것 같습니다.

　도시에서도 나무는 주변에서 흔히 볼 수 있습니다. 전국 어디를 가나 산과 들에 나무가 많이 있지요. 하지만 이 나무들 가운데 많은 종들은 근대화, 현대화 과정 중에 해외에서 수입되고 전래되어 국내에 들어온 외래 수종들입니다. 상황이 이렇다 보니 우리 산과 들에서 흔히 볼 수 있는 나무들 가운데 우리 전통 나무와 외국으로부터 들어온 나무를 구별하기 어려워지기까지 했고, 전통 수목에 대한 연구 또한 참으로 제한되어 있어서 크게 염려스럽습니다. 그래서 이 장을 기회 삼아 고구려 벽화에 나타난 나무들을 살펴보면서 우리 전통 나무들에 대해서 생각해볼까 합니다.

고구려 고분의 특징

고구려의 영역에서 고구려인들이 지은 고분은 특히 압록강 유역과 대동강 유역에 밀집되어 있습니다. 수도를 중심으로 고분이 축조된 것이라고 볼 수 있겠죠.

고구려 최초의 도읍지로 알려진 환인(桓仁) 지방, 다음 도읍지인 집안현(集安縣)에는 수십, 수백 기의 고분이 떼를 지어 있고, 특히 통구(通溝)에는 1만 기나 되는 많은 고분이 모여 있습니다. 또한 고구려 후기의 도읍지에 해당하는 평양시 대동군 임원면을 중심으로 시족면, 강동군 만달면 등에도 수천 기에 이르는 고분이 있습니다.

고구려 고분의 형태는 적석총과 봉토분, 두 가지로 나뉩니다. 적석총(赤石冢)은 돌만으로 무덤을 만든 것이고, 봉토분(封土墳)은 내부 매장 시설은 돌로 쌓되 외부는 흙으로 봉분을 만든 것입니다. 고분의 평면은 대체로 네모 방형(方形)이지만, 규모가 작은 봉토분 가운데에는 원형도 있습니다.

석실 봉토분은 대략 3세기에 나타난 것으로 알려져 있습니다. 적석총은 주로 환인현과 집안현에 밀집되어 있지요. 봉토분은 고구려가 장수왕 15년인 427년 대동강 유역의 평양으로 천도하고 나서 압도적으로 많이 영조된 후기 고분입니다. 석실분이 대부분이지요.

고구려의 고분들은 주로 산을 등지고 넓은 들을 토대로 하여 전망 좋은 낮은 구릉지대에 위치합니다. 고분 앞으로 하천이 흐르는 경우도 많고, 강어귀에 자리를 잡은 경우도 있습니다. 한 장소에 적으면

유형별로 보는 고구려 고분벽화

● 인물풍속도

고분명	소재지	수목 위치	기타	시기
감신총	남포시 와우도구 신녕리		연화: 전실 천정 중심	4세기 전기
안악 제3호분	황해도 안악군 오국리		일·월·성좌·연화: 현실 천정 중심	4세기 중기
통구 제12호분	중국 길림성 집안현		연화문: (묘실) 현실 천정벽	4세기 후기
각저총	중국 길림성 집안현	교목: 현실 좌우벽, 전실 좌우 전벽	성좌: 현실 천정	4세기 말
안악 제1호분	황해도 안악군 대추리	교목: 현실 서벽 상부 중앙	일·월: 현실 천정	4세기 말
고산동 제7호분	평양시 대성구 고산동	교목: 전실 서벽	연화문	4세기 말~ 5세기 초
덕흥리 고분	남포시 강서구 덕흥동	교목: 현실 서벽 하단, 동벽 상단	연화문	408년

● 인물풍속 및 사신도

고분명	소재지	수목 위치	기타	시기
약수리 벽화고분	남포시 강서구 약수리	교목: 전실 서벽 매봉정단수	성곽: 전실 북벽	4세기말~ 5세기 초
무용총	중국 길림성 집안현	교목: 현실 전벽, 현실 관태	성좌: 현실 천정	4세기 말~ 5세기 초
장천 제1호분	중국 길림성 집안현	교목: 전실 좌벽 관목	일·월·성숙: 현실 천정	5세기 중기
진파리 제4호분	평양시 삼석구 노산리	원림·연지: 이도 동서벽	성좌 현실 천정, 연: 사유	6세기
진파리 제1호분	평양시 역포구 용산리	쌍송: 현실 북벽	일·월: 현실 천정	6세기

● 사신도

고분명	소재지	수목 위치	기타	시기
통구 제4호분	중국 길림성 집안현	관목: 현실 천정벽, 일월신, 농신, 화수신, 승용천인, 단야천인 간 화목	황룡: 현실 천정 중앙	6세기
통구 제5호분	중국 길림성 집안현	관목: 현실 천정벽, 일월신, 사신, 단야신 간 화목	황룡: 현실 천정 중앙	6세기
내리 제1호분	평양시 삼석구 노산리	계수: 현실 천정벽 서2단 (달 그림 속)	황룡: 현실 천정 중앙	6세기 말~ 7세기 초

3~4기, 많으면 수십에서 백여 기 이상 밀집되어 분포하는 것도 특징입니다.

고구려의 고분벽화에서는 4세기에서 7세기에 이르도록 계속해서 나무들이 등장합니다. 4세기 말의 무덤으로 밝혀진 각저총, 5세기 초의 덕흥리 고분벽화, 6세기의 진파리 제1호분, 7세기의 내리 제1호분 등에 나무들이 그려져 있습니다.

고구려 고분벽화는 사람이 죽은 다음에도 그 영혼은 남는다는 믿음, 즉 영원불멸에 대한 믿음을 반영하고 있습니다. 영원불멸을 바라고 믿었기 때문에 왕족이나 지배계급이 죽은 후 살아생전의 생활환경을 벽화로 남긴 것입니다. 죽음 이후에도 생전에 누렸던 생활을 그대로 보장받기 위해서지요. 무덤 주인의 일상생활, 특기할 만한 사실, 그들의 신앙 등이 고스란히 벽화에 담깁니다.

시간이 지나면서 고분벽화에는 죽은 자를 지켜주는 수호신으로 사방위신(四方位神)이 등장합니다. 좌청룡, 우백호, 남주작, 북현무 등이 그려지게 되는 것이지요. 정리하자면 고구려의 고분벽화는 인물풍속도에서 인물풍속도와 사신도의 공존, 그러다 다시 사신도의 형태로 변화해갑니다. 4~5세기 초에는 인물풍속도가, 4세기 말~5세기까지는 인물풍속도 및 사신도가, 6~7세기까지는 사신도가 주류를 이루었습니다.

고구려 고분벽화 가운데에 제게 특히 많은 깨우침을 준 그림들이 있습니다. 길림성 집안현 여산(如山)에 있는 4~5세기경의 무덤 무용총(舞踊塚)의 현실 서쪽 벽에 있는 〈수렵도(狩獵圖)〉와 〈우교차도(牛橋車圖)〉에는 화면을 좌우로 분할하는 나무 한 그루가 눈에 두드러집니다.

무용총의 현실 서벽 고분벽화 〈수렵도〉와 〈우교차도〉, 4~5세기, 중국 길림성 집안 여산 소재.
무용총의 현실 서벽에 그려진 벽화는 중앙의 나무를 기준으로 왼쪽은 〈수렵도〉, 오른쪽은 〈우교차도〉라고 일컬어진다. 〈수렵도〉와 〈우교차도〉를 분할하는 산과 나무는 국가나 부족 간의 활동 영역 경계를 표시하는 장치였을 것으로 생각된다. 특히 두드러져 보이는 큰 나무는 하늘과 땅을 연결해주는 중심목이자 신목이기도 하다. 오늘날 농어촌 마을에서 흔히 찾을 수 있는 당목이나 정자나무와 비슷한 역할을 하는 나무였을 것이다.

저는 이 나무가 우주의 중심목이며 신목일 것이라 생각하게 되었습니다. 또한 6세기에 조성된 진파리 제1호분에는 현실 북쪽 벽에 채색 구름과 꽃보라를 배경으로 가운데에 현무가 있고, 좌우에 소나무가 한 그루씩 그려져 있습니다. 이 두 벽화는 저에게 나무에 대한 여러 가르침을 주었는데, 저는 이 그림들을 통해 우리나라의 전통적인 숭산사상과 숭목사상, 나무가 가지는 영역성을 비롯해 고대의 생활 전반에 대한 공부를 많이 할 수 있었습니다.

고구려 고분은 어떤 구조로 만들어졌나

지금까지 우리에게 알려진 고구려 고분벽화는 80여 기에 이르는데 저는 그중 12곳의 고분벽화로 한정해서 생각해볼까 합니다. 고분벽화에서 나무와 관련된 작품들 역시 대략 10여 기 정도이지요.

묘실 벽화를 수직으로, 그러니까 옆에서 보았다고 가정해봅시다. 그렇게 보면 제일 위에서부터 천정의 중심, 경사진 천정 또는 고임천정(무덤 칸의 천장을 굄돌로 점차 좁힌 다음 마지막에 한 장의 넓적한 돌로 덮어 마무리한 무덤의 천장 양식), 그 다음으로 수직의 벽이 있습니다. 이 세 부분은 연꽃이나 당초 문양, 불꽃 무늬 같은 연속적인 문양으로 서로 구획됩니다. 수직의 벽 네 면에는 죽은 이의 인물 생활사를 주제로 한 그림이 그려지고, 경사 천정 부분에는 풍속, 종교, 사냥 등이, 상단부에는 해와 달, 별들이 나타납니다.

쌍영총 현실 천정의 중심에 그려진 연꽃, 남포시 용강군 용강읍 소재.
일반적으로 고분의 천장 중심에는 연꽃이나 해, 달, 별자리가 그려져 있다.

천정 중심에는 3~4세기 초까지 연꽃과 별자리 그림이 기본을 이룹니다. 그러다 천정 중심에 해와 달, 별자리가 배치되면서 경사 천정의 하단에 사신이 배치되지요. 천정에 이런 천체 문양이 그려진 것은 하늘을 우러르는 우리 민족의 경천사상과도 관련이 있을 것으로 보입니다.

이후 5세기 말과 6세기에 이르러서 수직 벽 동서남북 네 면에 사신도가 자리를 잡습니다. 이때에 천정의 중심에는 황룡이 그려지고, 죽은 이의 생활사는 경사 천정의 하단으로 옮겨갑니다. 흔히 사신도, 사신도 이야기를 하는데, 사실 천정 중심에 그려진 황룡을 감안해서 〈오방위신도(伍方位神圖)〉라고 부르는 것이 더 타당할 것이라 생각합니다. 묘실을 오방 신들이 지키고 있는 것인데, 이는 오행 사상과도 관련이 있습니다.

4세기 전기에는 고분의 전실(前室) 천정 중심에 연꽃 그림이 등장합니다. 고분벽화에 등장하는 식물 가운데 연꽃은 가장 자주 나타나는 식물 가운데 하나입니다. 4세기 말부터 고분벽화에 나무 그림이 본격적으로 나타납니다. 한 그루로 등장하는 독립수(獨立樹)도 있고, 두 그루인 쌍수(雙樹), 줄을 지어 서 있는 열수(列樹), 무리를 이루는 군수(群樹) 등 형태도 다양하지요.

독립수는 일반적으로 교목(喬木)의 형태를 하고 있습니다. 줄기가 곧고 굵으며 키가 큰 나무를 말하는데, 소나무나 향나무, 감나무를 떠올릴 수 있겠지요. 이런 나무들에는 상징성이나 신격(神格)이 담겨 있습니다. 요즘도 우리나라 곳곳의 농어촌 마을 동구에 보면 신성한 나무로 불리며 당나무, 정자나무 등이 서 있는 경우가 흔하지요? 고분벽화에 나오는 독립수가 아마도 신목의 원형에 가까울 것입니다.

　신목은 원래 송백(松柏)[1]을 가리키는데, 사계절 푸르며 오래도록 사는 나무라 십장생의 하나로 꼽히기도 합니다. 예로부터 오래 살고자 하는 이들, 도교를 연마하는 이들이 이 나무의 열매를 먹었다고 전해지지요.[2]

　진파리 제4호분의 연못과 원림도를 제외하면, 나무가 그려진 4세기 말~5세기의 고분벽화는 모두 고분의 전실이나 현실에 있습니다. 사신도 형식이 고분벽화의 주류로 등장한 이후에는 나무는 주로 보조적이면서도 장식적인 역할을 했습니다.

고분벽화와 나무, 신목과 당목

　그러면 4세기 말에 조영된 각저총의 고분벽화부터 살펴보겠습니다. 각저총에는 전실의 동·서·남·북 및 현실 동·서·남쪽 벽에 각각 수종을 알 수 없는 낙엽 교목이 그려져 있습니다. 같은 나무지만 공간에 따라 두 단계로 구분해볼 수 있을 텐데요, 전실 좌·우벽(60쪽 위쪽 그림)과 현실 입구의 좌·우벽(60쪽 아래쪽 그림)에 그려진 경우를 첫 번째 단계로, 현실의 좌·우벽에 그려진 것을 두 번째 단계로 볼 수 있습니다. 첫 단계의 나무들은 수(藪), 즉 자연 숲으로, 두 번째 단계의 나무들은 사람들이 심고 기른 정자목 또는 당목이라고 보입니다.

　현실 우벽의 씨름 그림(61쪽 아래쪽 그림)은 무척 유명한 작품입니다.

각저총 고분벽화 전실 좌벽·우벽과 현실 입구, 4세기 말, 중국 길림성 집안현 소재.
전실 좌벽·우벽(위)의 나무 그림들은 자연 숲을 상징한다. 현실 입구의 좌·우(아래)의 나무 그림은 정자목과 신목을 상징한다.

각저총 고분벽화 현실 좌벽과 우벽 모사도, 4세기 말, 길림성 집안현 소재.
현실 좌벽(위)에는 두 그루의 어른 나무와 한 그루의 어린 나무가 서 있고, 그 사이에 왼쪽부터 마차, 여인, 말과 마부가 따로따로 그려져 있다. 현실 우벽(아래)에는 큰 나무 아래에서 씨름을 하는 두 사람이 보이고, 옆에는 지팡이를 짚은 노인이 있다. 이 두 벽화 안에 그려진 나무는 오동나무처럼 보이며, 나무는 아마도 성격이 서로 다른 그림의 경계를 이루고 있는 것으로 추정된다.

큰 나무 아래에서 두 씨름꾼이 힘을 겨루는데 옆에는 노인이 지팡이를 짚고 서서 심판을 봅니다. 신중하게 경기를 관전하는 노인의 자세, 나뭇가지에 앉은 새 네 마리가 눈에 띕니다. 그중 한 마리가 나뭇가지에 앉아 씨름 경기를 주시하듯 몸을 길게 뽑고 있는 모습이 인상적입니다. 이 나무는 가운데 비스듬히 그려져 화면을 둘로 나누는 기능을 겸합니다.

현실의 좌벽(61쪽 위쪽 그림)에는 세 그루의 교목이 같은 간격으로 그려져 있는데 두 그루는 다 자랐고 한 그루는 아직 어린 나무입니다. 그

안악 제1호분 현실 서벽 모사도, 4세기 말, 황해남도 안악군 대추리 소재.
화면 중앙 중심축에 암석이 있고 암석의 좌우로 교목이 서 있다. 그 아래에는 교목 쌍수가 있으며 그 좌우로 여인들이 그려져 있다. 중앙에 돌이나 나무를 둠으로써 신격을 부여하였다.

사이에 거마와 사람, 말, 마부 등이 그려져 있지요. 이 현실 좌·우벽에 그려진 수목은 정자목과 신목[3)]으로 추측되며, 마찬가지로 화면을 구획하는 기능을 합니다.

자연 숲과 나무는 우리 민족의 역사 속에서 숭앙과 경외의 대상으로 연연히 자리를 잡아왔습니다. 고구려의 고분벽화 역시 그런 사상의 연장 속에서 읽어야겠지요. 안악 제1호분 고분벽화에서는 숲이나 독립수에서 한층 더 분화 발전된 쌍수가 등장합니다. 현실 우벽의 중심축 선상에 그려진 암석과 그 좌우로 서 있는 교목, 아래쪽 줄에 그려진 교목 쌍수가 그것입니다.

암석과 좌우 교목이 그려진 좌우에는 사냥을 하는 기마상이 있고, 아래 줄 쌍수 좌우에는 여인들이 그려져 있는데, 나무가 사람들보다 그림의 중심에 위치해 있는 점이 주목할 만합니다. 이런 사례는 고구려 시대에 돌이나 나무에 신격이 부여되어 있었다는 증거로 볼 수 있습니다. 숭목사상과 함께 돌을 경외하는 사상은 백산신앙(白山神仰)이나 성혈(聖穴) 숭배 또는 기자석(祈子石) 숭배 등의 형태로 기층문화에 나타납니다. 숭산사상과 비슷한 맥락에 있다고 보입니다.

덕흥리(德興里) 고분의 현실 동서벽(64쪽 그림)에도 각각 독립수인 당목과 정자목이 그려져 있습니다. 정자목 좌측에는 말이 매여 있고, 우측에 마부인 듯한 사람이 팔짱을 끼고 서 있지요. 신목, 즉 당목의 좌측에는 무녀와 두 명의 여자아이가, 우측에는 뭔가를 기원하는 남자와 두 하인들이 보입니다. 이 나무들이 정자목과 당목이라는 사실은 나무 주변에 묘사된 정황으로 미루어 유추할 수 있는 것입니다. 고산동(高山洞) 제7호분 전실 서벽에 그려진 정자목과 말도 역시 이 그림과 비슷한 맥락에 놓인 것으로 이해할 수 있습니다.

약수리(藥水里) 고분의 전실 서벽(65쪽 그림)에는 사냥하는 모습의 〈수렵도〉가 그려져 있습니다. 윗부분에 산봉우리들이 여럿 그려졌는데, 그 꼭대기에 각각 나무가 한 그루씩 서 있는 것이 보입니다. 이는 단군신화에 등장하는 '태백산 꼭대기 신단수'와 같은 맥락으로 보입니다.[4]

한편 무용총의 현실 전벽 출입과 좌우에는 교목이 대칭으로 그려져 있고, 현실 서벽에 〈수렵도〉 장면과 〈우교차도〉 장면 사이에 화면 분할

덕흥리 고분 현실 서벽의 벽화, 408년, 남포시 강서구역 소재.
하단에 말과 교목, 마부가 그려져 있다. 활엽수인 정자목 줄기에 말이 매여 있고 마부는 팔짱을 낀 채 말을 바라보고 있다. 이 그림의 맞은편 동벽 상단에는 상록수 교목이 중심에 있고, 그 아래에 동자인 듯한 어린 소년이 서 있으며, 그와 상대하여 주인인 듯한 어른이 하인 둘을 뒤로 하고 손을 벌리고 서 있다.

약수리 고분 전실 서벽 모사도, 4~5세기, 남포시 강서구역 소재.
각각의 산봉우리 정상마다 가냘픈 독립수가 묘사된 점이 눈에 띈다. 태백산 꼭대기에 있었다는 신단수와 비슷한 맥락으로 보인다.

의 역할을 하는 교목이 그려져 있다고 했습니다. 후자의 교목 역시 신격을 가지는 것으로, 약수리 고분벽화 〈수렵도〉에 그려진 산꼭대기 나무가 상세하게 확대된 표현으로 보는 것이 좋을 듯합니다.

고분벽화 속 나무, 생활과 종교

장천(長川) 제1호분 전실 동쪽 벽에는 다양한 내용의 풍속화가 있습니다. 그 그림들 속에도 나무들이 곳곳에 등장하는데요, 특히 제일 위쪽과 왼쪽 아래에는 독립수로 그려진 교목이 있습니다. 둘 모두 신목으로 추측됩니다. 오른쪽 위에 있는 교목은 평지에 있는데, 나무 주변으로 여인들이 모여 나무 열매를 따고 있습니다. 왼쪽 하단에 있는 교목은 봉우리 둔덕에 있는데, 주변으로 사냥하는 광경이 보입니다. 이런 사례에서 미루어 보자면, 고구려 시대 당시 평지에 있는 신목들은 여인들이 제의를 올리고, 산정에 있는 신목에게는 남자들이 제의를 올리는 식으로 영역이 분화되지 않았을까 하는 추측도 가능합니다.

온달장군의 묘로 알려진 진파리 제4호분에는 선도(羨道, 고분의 입구에서부터 시체를 두는 방까지 이르는 길)의 동서쪽 벽에 각각 숲으로 둘러싸인 연못이 그려져 있습니다. 연못과 숲을 결부시키는 경향은 이 벽화에서만 보이는 것이 아닙니다. 『삼국사기』 「백제본기」 진사왕 7년(391)과 「신라본기」 문무왕 14년(674)의 기록을 보면, 각각 왕이 궁궐 안에 연못을 파고 산을 만들어 새와 짐승을 길렀다는 말이 나옵니다.

장천 제1호분 전실 동벽 고분벽화 모사도, 5세기 중엽, 중국 길림성 집안현 소재.
그림의 위 오른쪽과 아래 왼쪽에 각각 교목이 한 그루씩 있다. 그림의 가운데부터 아래로 여기저기 아직 다 자라지 못한 듯한 나무들이 보인다. 교목들은 모두 신목으로 추측된다. 위 오른쪽 교목은 평지에 있는 여인들의 영역으로, 아래 왼쪽은 산봉우리 꼭대기에 있고 남자들이 신탁을 받는 장소로 추정된다.

연못과 함께 산을 만들었으니 숲 역시 조성했을 것입니다.

숲과 연못이 서로 대응하는 이런 원림에서는 물과 숲 모두가 정화(淨化) 요소를 상징하는 것으로 볼 수 있습니다. 우리나라 전통 원림의 원형이라 할 때에는 주로 소나무 숲이 우거지고 암석, 수직의 벽과 완만한 경사를 가진 동산으로 둘러싸인 연못이 있는 식입니다. 잔잔한 수면에는 연잎이 무성하고 원림에는 꽃이 만발해야 제격이겠지요.

사신도형 고분으로 분류되는 진파리 제1호분은 고흘장군(高紇將軍, 고구려 24대 양원왕 때의 장군)의 묘라고 추정되는데, 고분벽화가 매우 인상적입니다. 현실 북벽 현무를 중심으로 하여 좌우에 대칭으로 소나무가 그려져 있습니다. 쌍수이자 대칭수의 형태를 하고 있죠.

이 그림은 아름다운 이상 세계인 '천수국(天壽國)'에 대한 고구려 시대의 신앙을 상징적으로 형상화한 것으로 볼 수 있습니다. 천수 사상이란 극락 사상과 같은 맥락으로, 사람이 죽은 후 다시 태어난다는 이상 세계인 천수국을 믿는 것입니다. 불교의 영향을 깊게 받은 믿음이지요. 고분벽화 속 소나무는 장생과 불멸을 상징하는 것으로 보입니다.

고구려의 고분벽화 속에 종종 나오는 신목은 원래는 소나무나 측백나무가 원형이었습니다. 하지만 지역에 따라 시대에 따라 다른 수종으로 대체되기도 하지요. 두드러진 경치로서의 장소성을 가지기도 하고, 성소(聖所)로서 신탁을 받거나 종교 행사의 장소가 되기도 했습니다.

진파리 제4호분 안길 서벽 연못 벽화 모사도, 6세기, 평양시 역포구역 용산리 소재.
무덤 안길 동서 양벽에는 연못이 그려져 있다. 그림은 벽면 전체를 차지한다. 소나무가 우거지고 바위와 절벽으로 이루어진 산으로 둘러싸인 연못, 잔잔한 물 위에 연이 무성하고 꽃이 만발해 있다.

고구려의 고분벽화에 나타난
나무를 가꾸고 심는 법

정리해보자면, 각저총 고분벽화는 풍속화의 범주에 속한다 할 수 있습니다. 이 고분에는 전실의 좌·우벽과 현실 입구 벽에 나무가 그려져 있고, 현실의 좌·우벽 및 전벽에도 나무가 그려져 있습니다. 전실과 현실의 후벽을 제외하고 모든 벽에 나무가 그려져 있는 것이지요.

전실 좌·우 및 후벽, 현실의 전벽은 남북을 잇는 중심축과 대칭이 되게 상대수, 즉 쌍수가 그려져 있고, 현실 좌·우벽에는 비대칭으로 나무가 그려져 있습니다. 현실 좌벽에는 세 그루의 교목이 '나무-사람-나무-말과 마부-나무'의 순서로 나타납니다. 현실 우벽에는 부엌과 음식을 만드는 사람, 씨름하는 사람의 두 화면을 좌우로 가르는 독립수 나무가 서 있습니다. 독립수 아래에는 씨름하는 두 젊은이와 지팡이를 짚은 노인이 있습니다. 이 나무들의 종류는 잘 알 수는 없습니다만, 같은 종으로 보이며 무성한 가지가 있는 낙엽 교목입니다. 이 나무들은 상징성과 더불어 화면 분할의 기능도 가지고 있습니다.

황해도 안악군 대추리에 있는 안악(安岳) 제1호분의 벽화에는 풍속 그림이 많습니다. 특히 서벽에는 벽 맨 윗단에 수렵도를, 그 아랫단에 여인들을 그렸습니다. 수렵도 중심에 커다란 바위가 있는데, 바위를 가운데 두고 좌우 대칭으로 나무가 한 그루씩 있습니다. 여인들이 그려진 부분에도 중심축 선의 바위 아래에 나무가 그려져 있지요. 이 역시 낙엽 교목입니다.

고분벽화에 나타난 배식 유형

위치별\분묘별	선도좌	선도우	전실남	전실북	전실동	전실서	현실남	현실북	현실동	현실서	현실천정	비고
각저총			독립수	독립수	독립수	독립수	쌍수		3열수	독립수		4세기 말, 낙엽 교목
안악 1호분										2열 쌍수		4세기 말, 낙엽 교목
고산 7호분						독립수						4~5세기, 낙엽 교목
약수리 고분						산정 독립수						4~5세기, 낙엽 교목
무용총							쌍수		독립수			4~5세기, 낙엽 교목
덕흥리 고분	독립수	독립수	천정 산정 독립수	천정 산정 독립수				독립수	독립수		연화	408년, 관목, 상록수, 낙엽 교목
장천 1호분				이끼 군관목								5세기 중기, 낙엽 교목
진파리 4호분	연지	연지										6세기, 소나무 수대, 관목
진파리 1호분								쌍수				6세기, 소나무
통구 4호분										4면 열수		6세기, 낙엽수
통구 5호분										4면 열수		6세기, 낙엽수
내리 1호분										4면 열수		6~7세기, 달 속 계수, 쌍수

4~5세기에 조성된, 평양 고산동(高山洞)에 소재한 고산동 제7호분 전실의 서벽에도 이와 유사한 그림이 있습니다. 낙엽목으로 보이는 큰 나무 아래 말이 매여 있고 마부인 듯한 인물도 함께 보입니다. 이 나무는 독립수이자 정자목으로 보이는데요, 이 시대의 벽화에서 일반적인 유형으로 통용되며 널리 그려진 형태라고 판단됩니다.

같은 시기의 고분인 강서현 남포 약수리 소재의 약수고분 전실 서벽에는 사냥하는 모습을 그린 풍속화가 있습니다. 이 그림 속에는 여러 개의 산봉우리 정상에 각각 나무가 한 그루씩 독립수 형태로 서 있습니다. 역시 단군신화의 신단수와 동일한 맥락이지요. 비슷한 시기에 만들어진 중국 길림성 집안현 소재 무용총의 〈수렵도〉와 〈우교차도〉 역시 큰 나무 한 그루를 사이에 두고 그려져 있습니다.

강서현 남포 덕흥동에 있는 고분의 선도 좌우 벽에는 무덤을 지키는 문지기 괴물과 인물들이 그려져 있습니다. 특히 왼쪽 벽에는 관목인 듯한 앙상한 가지를 가진 나무가 그려져 있고, 현실 서벽에는 큰 나무 아래 말이 매여 있습니다. 나무 아래 역시 마부로 보이는 사람이 있죠.

집안현 소재 장천 제1호분 전실 좌벽의 사냥하는 장면에도 신목으로 보이는 독립수가 그려져 있습니다. 나무 주변으로 여인들이 보이는데, 무용, 씨름, 사냥 등 다양한 장면 속 다양한 계층의 인물이 등장합니다. 사람과 나무 사이의 밀접한 관계를 묘사하는 듯합니다.

평양 용산리(龍山里)에 소재한 진파리 제4호분의 선도 좌·우벽에는 연못과 조산(造山), 정원석과 관목, 소나무 등이 그려진 원림이 나타나 있습니다. 마치 경주에 있는 신라의 안압지를 연상하게 하는 그림이지

고산동 제7호분 전실 서벽 북측 부분의 사람과 말, 4~5세기, 평양시 대성구역 소재.
독립수이자 정자목이 일반적인 유형으로 통용되고 있었음을 보여준다.

요. 이 고분의 현실에는 사신도가 전·후·좌·우 네 벽에 그려져 주제 요소로 자리를 잡고 있습니다.

이와 비슷한 시기에 조성된 진파리 제1호분의 현실에는 후벽에 좌우 대칭으로 벽 가장자리에 소나무가 한 그루씩 몰골기법(沒骨技法)으로 그려져 있습니다. 몰골기법이란 윤곽선을 그리지 않고 먹이나 물감을 이용해 곧바로 대상을 표현하는 기법입니다. 진파리 제1호분 현실의 네 벽에는 채색 구름, 꽃보라, 청룡, 백호, 주작, 현무 등과 해와 달, 구름, 연꽃이 그려져 있습니다. 특히 현실 후벽은 채색 구름과 꽃보라의 중심에 현무가 있고, 그 좌우로 한 그루씩 소나무가 있습니다. 이 나무들은 중앙에 그려진 현무를 보좌하는 역할을 하고 있습니다.

집안현 통구에 있는 제4호분의 현실 천정에는 해와 달의 신, 농신, 수신, 승용천인(乘龍天人, 용을 탄 천인), 단야천인(鍛冶天人, 대장장이 일을 하는 천인) 등이 그려져 있고 그 사이사이에 나무들이 있습니다. 현실 네 벽에는 연결 무늬를 바탕으로 사신도가 배치되어 있고 천정에는 각 신들 사이에 문양화 된 나무가 화면을 구성하고 있지요. 이 고분에서 나무는 장식적인 요소로서, 신과 신 사이의 경계를 나누는 기능을 합니다. 독립수로 자리를 잡고 있는 나무는 상록수 관목입니다.

제4호분과 같은 지역에 있는 제5호분도 현실 천정에 일월신, 취소신선(吹簫神仙, 퉁소를 부는 신선), 취주대각신선(吹奏大角神仙, 큰 나팔을 부는 신선) 등을 비롯해 여러 신들이 그려졌습니다. 이 신들 사이로 잎이 넓적하고 나뭇가지가 실처럼 가느다란 나무가 구획을 나누고 있어요.

6세기 말에서 7세기 초에 조성되었다고 알려져 있는 평양 삼석구역

통구 제4호분 현실 천정 일월신, 6세기, 길림성 집안현 소재.
해의 신과 달의 신 사이에 나무가 배치되어 신과 신 사이의 경계를 나누고 있다.

통구 제5호분 현실 천정 일월신, 6세기, 길림성 집안현 소재.
제4호분의 일월신과 마찬가지로 두 신의 사이를 나무가 구획하고 있다.

내리 1호분 현실 서측 천정 '달' 그림, 6~7세기, 평양시 삼석구역 노산리 소재.
줄기가 둘로 갈라진 계수나무는 오늘날의 연리지다.

노산리(魯山里)의 내리 제1호분은 사신도가 벽화의 중심을 이룹니다. 현실 북벽에는 현무와 소나무, 동벽에는 청룡과 구름무늬, 천정에는 해, 달, 넝쿨무늬, 연꽃무늬, 산 등이 그려져 있습니다. 특히 서쪽 천정의 달 그림에는 줄기가 둘로 갈라진 계수나무가 그려져 있는데, 이 나무는 오늘날 우리에게도 잘 알려진 연리지라고 볼 수도 있겠습니다.

지금까지 고구려 고분벽화에 등장하는 나무들이 어떤 형태로 어떻게 심어져 있는지, 또 어떤 나무가 우리나라에 전통적으로 있었는지를 대략이나마 훑어보았습니다. 10여 년 전 영국 런던에 갔을 때 새벽 산

책을 하다가 레전트 파크(Regent Park)라는 공원에서 플라타너스 나무를 본 적이 있습니다. '그래, 저 나무는 우리나라 나무가 아니구나!'라는 사실을 순간 실감하게 되었습니다. 한국에 돌아와 우리나라의 전통 나무들을 연구하기 시작했고, 고구려 고분벽화에 등장하는 나무들을 공부한 것은 그런 시도의 하나였습니다.

나무와 전통 조경에 대한 제 공부는 아직 끝나지 않았습니다. 나무 자체에 대한 연구가 아니라, 나무와 사람들이 맺는 관계, 나무와 인간의 공간이 맺는 관련성을 더 열심히 공부하고자 합니다. 고분벽화나 옛 그림, 옛 문헌에 등장하는 나무들에 대한 연구는 그런 공부의 시작점이 되어줄 것이라 생각합니다.

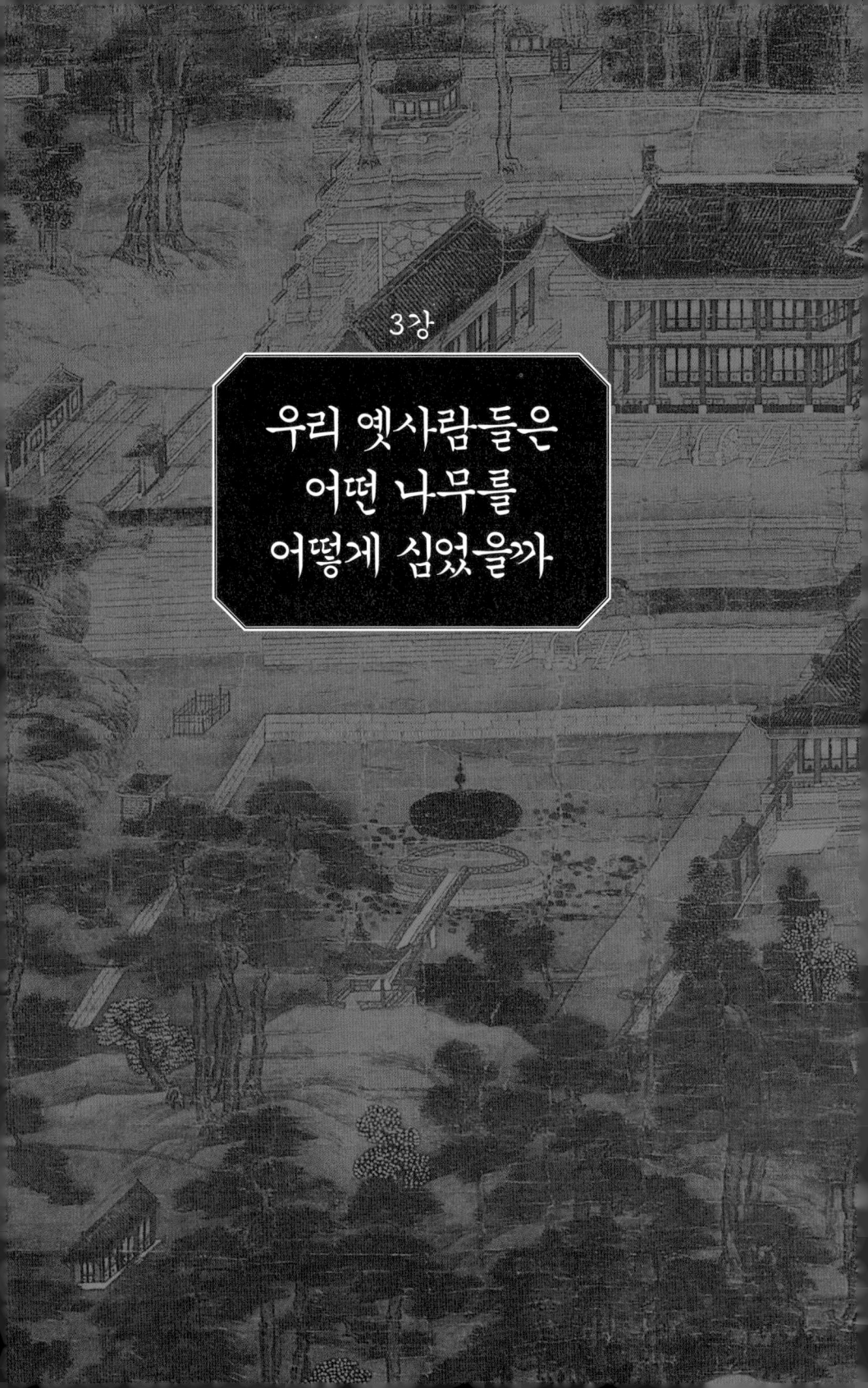

*3강은 필자의 졸고 「고문헌에 나타난 전통배식 연구」,(『국토계획』, 대한국토도시계획학회, 2002)를 고쳐 쓴 것이다.

우리 주변에는 산과 들에 자연적으로 자라나는 나무와 사람들이 심고 키우는 나무가 있습니다. 사실, 현대에 들어 심고 키우는 많은 나무들은 외래종이지요. 그리고 나무를 심는 형태 역시 우리 전통의 것이 아니라 외국에서 비롯된 방식을 따르는 경우가 적지 않습니다. 혹시 우리 조상들은 어떤 나무를 어떤 형태로 심고 키웠는지 궁금한 적이 있습니까?

　옛 기록들, 각종 사서, 지리지, 옛 지도, 회화 등에는 우리 조상들이 나무를 심고 기른 흔적들이 상당히 많이 남아 있습니다. 특히 조선 시대의 각종 의궤(나라에서 치른 대사의 경과를 자세하게 적은 책)에는 나무를 심고 기르는 일과 관련된 기록이 많지요. 기록들을 따라가다 보면, 우리나라의 전통적인 배식(培植), 즉 나무를 심고 키우는 행위의 특성을 알 수 있습니다. 옛것을 알고 나면 자연스럽게 오늘날 우리가 하고 있는 일들이 제대로 된 일인지를 반성하게 됩니다. 그리고 어떻게 앞으로 나아갈 것인지도 생각하게 되겠지요.

나무를 가리키는 몇 가지 표현

옛 기록에 등장하는 한자 가운데에서 나무를 이르는 글자는 몇 가지가 있습니다. 나무의 군집 형태나 생태 유형에 따라 '목(木)' '수(樹)' '림(林)' '수(藪)' 등이 있는데요. 먼저 우리가 나무라는 의미로 제일 잘 알고 있는 '목'은 대지 위에 서 있는 나무의 형상을 본떴다고 하지요. 위로 뻗은 줄기와 나뭇가지, 땅속으로 뻗은 뿌리를 본뜬 글자로서 살아서 서 있는 나무를 의미합니다.

그런데 『논어』의 「오공야장편(伍公冶長篇)」에 보면, '목'은 자른 나무, 가공재로서의 나무를 의미합니다. "공자께서 말씀하시길, '썩은 나무에다 조각할 수 없고, 흐슬부슬한 흙담에는 흙손질을 할 수가 없으니'"[1]라는 대목이 그 예라고 할 수 있습니다. 이처럼 '목'에도 서로 다른 해석이 가능합니다.

'수(樹)'는 자라고 있는 나무의 총칭으로, '심다' '기르다'라는 의미가 있습니다. 이 글자는 수림(樹林), 수림대(樹林帶), 수대(樹帶) 등의 표현에서도 쓰입니다. 수림은 나무숲, 수림대나 수대는 같은 수종이나 같은 높이의 나무가 특정한 지역을 둘러싸고 띠를 이뤄 무성하게 자란 것을 말하지요. 읍치나 마을에서 '숲정이'라고 부르는 곳입니다. 풍수지리에서는 이런 숲정이를 '비보(裨補)'라고 부르기도 합니다. 땅의 지맥이 약한 곳을 나무로 보완해주는 기능을 한다고 보았지요.

'수'는 인격이나 인품을 상징하는 경우나 인간관계에 비유해서도 쓰이는 글자입니다. 예를 들어 '경수(瓊樹)'라는 말은 고상하고 결백한 인

〈경주읍내전도〉, 작자 미상, 종이에 수묵담채, 1798년, 문화재연구소 소장.
경주에 있던 숲과 나무를 볼 수 있는 그림이다. 아래쪽부터 오릉과 계림의 군식수, 곡렬수(曲列樹), 묘정(墓頂)에 있는 독립수와 군식수 등이 보인다. 특히 건축물의 지반을 보호하기 위해 천변에 열을 지어 심은 나무들이 인상적이다. 백률사(栢栗寺)와 주변의 숲도 알아볼 수 있다. 그림 속 나무 중에 일부는 경주시 도심부에 오늘날까지 남아 있기도 하다.

품이라는 의미이고, 임금에게 버림받은 신하라는 뜻의 '고수(孤樹)'라는 표현도 있습니다.

'림(林)'과 '수(藪)'는 똑같이 숲을 일컫지만, 두 숲 사이에는 생태적으로 다른 특징이 있습니다. '수(藪)'는 물 주변이나 습지에서 자라는 잡목들을 총칭하는 글자로, 사람이 심은 군식(群植)을 말합니다. 중세 이후에 많이 쓰인 글자이지요. 조선 시대의 인문지리서인 『신증동국여지승람(新增東國輿地勝覽)』에는 그 예가 많이 있습니다. 경상도 영주에 있는 '덕산수(德山藪)'도 그런 사례의 하나인데요, 기록에 따르면 "이 고을에는 본래부터 수재를 근심하더니, 하륜이 군주가 되었을 때, 흙을 쌓고 나무를 심어 이 두 수(藪)를 만들었으며, 그 뒤에 백성들이 그 이익을 힘입었다"[2)]고 합니다. 『신증동국여지승람』에는 제7권 여주목(驪州牧) 조의 '팔대수(八大藪)'를 비롯해서 15곳에 '수'가 더 나타납니다. 때로는 도를 닦는 승려 집단의 수도처인 사찰을 가리키는 데에 이 '수'라는 글자를 쓰기도 합니다.

'림'은 일반적으로 숲을 의미하지만, 많다는 뜻으로 사람이 많이 모이는 곳을 의미하기도 합니다. 앞에 나온 '수(藪)'와 더하여 '임수(林藪)'라고 쓸 때에는 '사물이 많이 모이는 곳'이라는 의미가 되고, '처사가 은둔한 땅'을 의미하기도 합니다. '림'은 같은 숲이어도 '수'와는 의미가 조금 다릅니다. 『삼국유사』와 『삼국사기』에는 신라 경주에 있는 '시림(始林)', 즉 '계림(鷄林)'을 비롯해 고구려의 '소수림(小獸林)' 등의 표현이 나옵니다. 고구려 소수림왕이 죽어서 소수림에 묻혔기에 호를 소수림왕이라 했다지요.[3)] '계림(鷄林)'의 경우에는 이전까지 시림(始林)이라 부르던 숲에서 "닭이 울고 김알지를 얻으면서 그로 인해 국호를 고쳐 계림이라고 하였다"[4)]고 기록되어 있습니다.

신라 때 경주에는 앞사신유림(神遊林), 도림(道林), 천경림(天境林), 속림(續林), 지혜림(智惠林), 문내림(文乃林) 등이 있었다고 합니다. 이런 숲들은 대부분 사람들의 숭앙을 받는 공간으로, 귀인이 나타난 성소이기도 했고 재앙을 막아주는 곳이기도 했습니다. 때로는 사찰의 창건지이기도 했죠. 『신증동국여지승람』에도 '림'이라는 글자를 사용한 숲은 경기 조에 사용한 송림을 비롯해 26곳이나 등장했습니다.

'림'은 신기한 일이 일어나는 공간이기도 했습니다. '림', 즉 숲 속에서 짐승이 울었다는 기록은 꽤 여러 번 등장합니다. "나정 옆 숲 사이에 말이 꿇어앉아 울고 있었다"[5)] "큰 빛은 궤에서 나오고 있었으며 흰 닭이 나무 밑에서 울고 있었다"[6)]는 등의 내용이지요. 또한 같은 『삼국유사』 김유신 조에서도 신성한 숲이 나옵니다. 고구려인 백석의 꾐에 빠져 고구려로 가던 김유신 앞에 세 여인이 나타나지요. 그들은 "원컨대 공께서는 백석을 떼어놓고 우리들과 함께 저 숲 속으로 들어가면 실정을 다시 말씀드리겠습니다"라고 말했고, 숲 속에서 신령의 모습으로 변했다고 합니다. 산신들은 김유신에게 "우리들은 내림(奈林), 혈례(穴禮), 골화(骨火) 등 세 곳의 호국신"이라고 밝혔다고 합니다.[7)]

또한 '림'은 비유적으로서 무엇이 많다는 의미를 지니기도 했습니다. 우리가 흔히 쓰는 사림(士林), 서림(書林), 선림(禪林), 예림(藝林), 유림(儒林), 학림(學林), 한림(翰林) 등의 용어가 그런 예입니다.

나무를 심는 우리 전통 형식

사람들이 특별한 목적이나 동기에 의해 나무를 심는 일을 식목(植木)이라고 합니다. 때로는 신의 뜻, 즉 신탁에 의해 식목을 하는 일도 있었지요. 사람들의 목적에 따라 그 의도에 따라 나무가 심어진 상태를 배식(培植)이라고 합니다. 사서나 고분벽화 등에 나타난 우리의 전통적인 배식 형태는 나무 한 그루가 있는 독립수(獨立樹), 두 그루가 대칭으로 심어져 있는 쌍수(雙樹), 줄을 서서 심어진 열수(列樹), 무리를 지어 심어진 군식수(群植樹) 등으로 분류할 수 있습니다.

단수(單樹)인 독립수가 사서에 처음 등장하는 것은 『삼국유사』 단군조선 조의 '신단수'부터라고 하겠습니다. 4세기에서 7세기 사이에 조영된 고구려 고분벽화에도 독립수는 여러 곳에서 나타납니다. 이런 독립수는 상징성이나 신격을 갖고 있는 것이 특징입니다. 수종은 낙엽수든 상록수든 교목이 일반적입니다. 우리나라 곳곳의 농촌 마을 어귀나 마을 부근에 있는 당나무, 정자나무 등도 독립수의 한 유형으로 이해할 수 있지요.

쌍수인 상대수(相對樹)는 어떤 중심이 되는 장소, 건축물이나 조영물 등의 전면 좌우에 대칭으로 배식하는 것이 일반적입니다. 궁궐, 관아나 기타 건축물 배치에서, 중심축 선상에 놓이는 조영물이나 건축물 좌우에 상징성이 있는 나무를 심는 사례가 많았습니다. 한 예로 경희궁 안의 계마수조(繫馬樹棗, 말을 매어놓기 위해서 궁전 뜰에 대칭으로 심어놓은 대추나무)[8]가 그렇습니다. 경희궁 흥정당 서쪽에 한 그루, 동쪽에

한 그루의 대추나무가 심어져 있지요.

쌍수가 여러 켜로 있는 경우 각 켜의 쌍수를 다른 종류로 심은 사례도 있습니다. 〈문묘향사배열도(文廟享祀配列圖)〉〈태학도(太學圖)〉 등의 그림이 예가 될 텐데요, 켜마다 종류가 다른 나무들이 쌍수의 형태로 심어진 것이 보입니다. 절 가운데에서는 속리산 법주사에 전나무 쌍수, 보리수 쌍수가 배식된 사례도 있습니다.

열수(列樹)는 같은 종의 나무가 같은 간격을 유지하면서 배식된 유형을 말합니다. 길이나 둑, 밭이랑 등에 바람을 막기 위해 이렇게 나무를 심기도 합니다. 또 물가에 물이 굽이쳐 물길을 바꾸는 것을 막기 위해 또는 연약한 지반을 보호하기 위해 나무를 줄지어 심는 경우도 있습니다. 열수 형태의 배식에는 단열(單列), 병렬(幷列), 다열(多列)의 형태가 있는데, 이렇게 줄지어 나무를 심는 일은 삼국 시대부터 시작된 것으로 보입니다. 줄지어 나무를 심을 경우에 대체로 동일한 종류의 나무를 씁니다. 수종으로는 전나무, 측백나무, 소나무, 은행나무, 느티나무 등을 많이 심지요.

군식수(群植樹)는 불규칙한 형태로 여러 종류의 수목을 심는 것을 말합니다. 관목(灌木, 무궁화, 진달래, 앵두나무처럼 키가 작고 중심 줄기와 가지의 구별이 분명하지 않은 나무)이나 교목 등이 무리를 이루어 화초와 섞여 심겨 있는 것도 군식이라 볼 수 있습니다. 이런 형태는 삼국 시대에 세 나라 모두가 원림을 조성할 때 쓰던 배식 방법입니다. 쓰이는 나무는 대부분 꽃나무로 관목이 주류를 이루고, 극히 제한적으로 교목이 쓰이는 사례도 있었습니다.

삼국 시대에는 나무를 어떻게 심었나

『삼국사기』와 『삼국유사』는 비록 그 내용과 형식은 다르지만 고려 시대 이전 우리나라의 역사 연구에서 매우 중요한 사서입니다. 이 책들에는 나무에 대한 기록도 많이 등장합니다. 앞서 말한 단군신화 속의 신단수가 『삼국유사』에 소개되어 있지요.

또한 나무를 가리키는 용어를 설명하면서 사례로 거론했듯이, 신성한 숲에 대한 이야기도 여러 번 나왔습니다. 신기한 일들이 일어났던 숲들은 원래는 자연의 공간이었으나 성스러운 공간, 신의 영역으로 인식하게 됩니다.

『삼국유사』에는 숲에 절을 창건한 사례도 많이 나옵니다. 경주 낭산 남쪽에 있던 신유림(神遊林)에는 나중에 사천왕사(四天王寺)가 창건되었고,[9] 대나무 숲이었던 도림(道林)에는 도림사(道林寺)가 세워졌습니다.[10] 서천교(西川橋), 즉 솔다리의 동쪽에 위치한 천경림(天境林)에는 흥륜사(興輪寺)가 있었지요.[11] 한편 고구려 소수림왕 같은 경우는 소수림이라는 숲에 묻혔다 하여 명호가 결정된 경우이기도 합니다.[12]

또 다른 예로서 묘의 앞쪽이나 뜰에 독립수, 쌍수를 심은 경우도 있습니다. 이때는 보통 교목을 심는 것이 상례입니다. 고구려는 장수왕 15년(427)에 평양으로 도읍을 옮겼습니다. 현재의 평양 동남쪽 22킬로미터에 위치하는 용산 서쪽 줄기 끝 송림에는 동명왕의 능이 있습니다. 『신증동국여지승람』에는 이 능을 진주묘(眞珠墓)라 부른다는 설명과 함께 동명왕의 묘에 대한 항목이 나와 있기도 하죠.[13] 능 뒤에는

동명왕릉, 5세기 초, 평안도 중화현 용산 소재.
왕릉 앞쪽을 좌우로 나누는 선을 중심축으로 하여 정자각과 누운 향나무, 소나무가 같은 축선상에 서 있다. 고구려 시대의 전통 배식 형태를 보여주는 사례다.

10여 기의 고구려 시대 무덤들이 있고, 능 앞으로는 동명왕의 명복을 빌고 능제(陵制)를 담당한 원당사찰(願堂寺刹, 죽은이의 위패나 그림을 모시고 명복을 비는 사찰)인 정릉사의 터가 있습니다. 동명왕릉 전면에는 측백나무와 소나무가 중심축 선상에 심겨 있으며, 또 비각 앞쪽 좌우로 측백나무가 있습니다. 전통적인 배식 형태를 잘 보여주는 사례입니다.

무덤의 앞쪽이나 무덤의 정원에 독립수, 쌍수, 또는 겹으로 군식한 사례들이 종종 보입니다. 고구려 고국양왕 능묘 앞에 일곱 겹의 소나무를 배식한 사례,[14] 신라 시조의 능 앞에 버드나무를 심고[15] 묘정수(廟廷樹, 사당의 뜰에 대칭으로 나무를 배식하는 것)를 조성했다는 기록[16] 등의 내용으로 보건대 능묘에는 주로 군식과 열식의 방법을 사용했다고 추측할 수 있습니다. 나무를 한 줄로 심었을 때는 건축물의 배치 구조에서 중심축 선상에, 쌍수열이면 축선 좌우로 대칭하여 심었을 것으로 보입니다.

삼국 시대 궁궐에는 전각 앞쪽 뜰 안에 회화나무와 측백나무를 심었던 것으로 보입니다.[17] 키가 큰 교목들이니만큼 나무 그늘을 만들어 쉴 수 있게 해주는 정자목의 기능도 했을 것입니다.[18]

이와 비슷한 같은 기능을 가진 나무들이 가로의 길 옆에 있었는데 이런 나무들을 노방수(路傍樹)라 불렀다고 합니다.[19] 노방수는 시대가 지나면서 역원(驛院)에 부속된 누정(樓亭)의 정자목으로 발전하기도 했습니다. 『삼국사기』「신라본기」 민애왕 2년에 보면 이런 배식 형태를 짐작할 수 있는 사례가 나옵니다. "그때 왕이 서쪽 교외의 큰 나무 밑에 있다가"[20]라는 구절이지요. 또한 마을 입구에 나무나 나무들을 심고 마을 숲이나 마을 나무라 부르기도 했는데요. 『삼국유사』 보현수(普賢樹) 조에 보면 마을 나무를 가리키는 동중수하(洞中樹下)라는 표현이 나옵니다.[21] 이 밖에도 삼국 시대의 여러 기록에는 쌍수나 독립수가 나오는 부분들이 많습니다.[22]

삼국 시대에 나무를 심었던 형태 가운데에서 특히 산을 만들고 정원을 꾸미는 법에 대한 기록은 관심을 가질 만합니다. 이 시대의 기록에는 "연못을 만들고 인공적으로 산을 조성했다〔穿池造山〕"[23]는 말이 나오는데요. 이것은 우리나라 전통 원림의 가산을 조성하는 원형이라고 볼 수 있겠습니다. 이 구절은 『삼국사기』 「백제본기」 진사왕 7년(391)에 처음 나타나는데, 못을 파서 물을 끌어들이고 파낸 흙을 쌓아서 못 주변에 산을 만든 후 그 산 위에 수목과 화훼를 조성하는 방법을 의미합니다. 이때 쓰이는 나무들의 종류는 다양합니다. 기록에는 "양(楊), 류(柳), 도(桃), 이(李), 매(梅), 송(松)" 등의 나무가 쓰였다 하니, 꽃나무와 상록수, 버드나무 등을 다양하게 심었음을 알 수 있습니다. 배식 형태로는 군식수에 속하겠지요. 6세기에 조성된 평양 용산리에 소재한 진파리 4호분의 고분벽화 속 정원과 비슷한 형태로 보입니다.

『삼국사기』와 『삼국유사』에 공통으로 나타나는 나무는 대나무와 소나무, 밤나무, 매화, 배나무, 회화나무, 버드나무 등 일곱 종류입니다. 관목으로는 뽕나무와 차나무 2종이 있습니다. 하지만 대체로는 복숭아나무, 오얏나무, 상수리나무, 느릅나무, 갯버드나무, 가래나무, 측백나무, 수유나무 등의 교목입니다. 이런 나무들은 거의 대부분 『시경』을 비롯한 중국 고전에도 등장하고 있습니다.

고려 시대의 나무 심기

고려 시대에도 나무를 심는 배식 형태는 앞선 삼국 시대와 크게 달라지지 않았습니다. 쌍수나 군식수 등의 배식이 기록에 등장하지요. 궁궐 배치에서 중심축 선상에 있는 건축물의 앞쪽이나 좌우로 쌍수 또는 대칭수 형태로 나무를 심는 것이 일반적이었습니다. 특히 태묘(太廟)와 능원, 성균관 등에는 이런 형태의 나무 심기가 많았던 것으로 보입니다.

서로 다른 종류의 나무를 모아 심는 군식수 형태는 궁궐 후원이나 특별한 목적으로 조성된 원림에 많았습니다. 궁궐에 심은 상징 수목으로는 소나무, 측백나무, 복숭아나무, 회화나무, 대추나무 등이 있었습니다.

이런 나무와 관련된 고려 시대의 기록들도 남아 있습니다. 『고려사』 고종 4년(1217) 정월 경진일에는 초군들이 대묘 경내에 있는 소나무를 거의 다 베어갔는데, 군사를 시켜 금하였으나 막지 못하였다는 내용이 나옵니다. 대묘에 소나무가 있었던 증거가 되겠지요. 또한 현종 7년(1016) 4월 갑신일에는 사헌대 뜰에 있던 측백나무가 말라죽은 지 여러 해가 되었는데 다시 살아났다는 내용도 있습니다.

한편 정종 7년(1041) 2월 초하루에 공부상서(工部尚書)가 송악산 동서 기슭에 소나무를 심어서 궁궐을 장엄하게 하기를 청하니 왕이 이 제의를 따랐다는 내용도 나옵니다.[24] 군식수 형태의 나무 심기로 왕권 강화의 수단을 삼고자 했던 의도가 엿보입니다. 이때 하필 소나무가 선택된 것은 시들지 않는 소나무의 특성에 빗대어 왕권이 오래도록 이어지기를 바라는 의지가 작용했으리라 생각됩니다.

고려 후기에는 누정(樓亭, 누각과 정자)을 조영하고 그 주변에 원림을 조상하는 사례가 매우 많아졌습니다. 대체로 강이나 천(溪)이 돌아 흐르는 물가에 임해서 누정을 지었지요. 누정 주변으로 화초, 꽃나무, 과일나무 등을 심어 화원을 조성하거나 모란처럼 특별한 종류의 꽃나무를 심어 가꾸면서 시연(詩宴)을 베푸는 사례도 많이 보입니다.

사루(紗樓)는 그런 누정 가운데 대표적인 사례입니다.[25] 현종(1009~1031년 재위)이 사루 주변에 손수 모란을 심었다는 기록이 보이고, 그 후 덕종(1031~1034년 재위)부터 예종(1005~1122년 재위)까지 모두 모란꽃에 대한 시를 지었으며 왕의 시에 화답하는 신하들의 시 역시 남아 있습니다. 또한 의종 21년(1167) 3월 신유일에 보이는 중미정(衆美亭), 남지(南池),[26] 모정(茅亭) 등의 기록 역시 이런 누정의 사례가 될 것입니다.

의종(1146~1173년 재위)은 누정이나 원림에 관련된 기록이 많은 왕입니다. 의종 당시 청명절 행사에 대한 문헌에 '연흥전(延興殿)'이 등장하는데, 그 남쪽에는 시냇물이 둘러 있으며 좌우에 송죽과 화초를 심었다고 합니다. 역시 의종 때 '연복정(延福亭)'이라는 정각을 지었으며 사방에 아름다운 꽃과 진기한 나무들을 심었다는 기록도 있습니다. 의종 11년(1157) 4월에 "태평정(太平亭)을 짓고, 그 정자 주위에 유명한 화초와 진기한 나무를 심었는데" 그곳에 "옥돌을 다듬어 환희대(歡喜臺)와 미성대(美成臺)를 쌓고 기암괴석을 모아 선산(仙山)을 만든 다음, 먼 곳에서 물을 끌어들여 폭포를 만들었는데 더할 나위 없이 사치스럽고 화려하였다"²⁷⁾고 하지요.

공민왕 역시 원림을 조성했는데요, 재위 22년(1373) 6월에 "이현(泥峴)에 화원을 만들고 2층으로 된 팔각전(八角殿)을 지었는데, 주위에 꽃나무를 심어 연회와 유흥에 쓸 수 있게 준비하였다"²⁸⁾고 합니다. 누정을 짓고 산을 만들고 원림을 꾸미는 배식 형태는 6세기경에 조성된 평양 용산리 소재 진파리 4호분에 남아 있는 고분벽화 속 연못과 조산의 형태와 맥락이 같습니다. 물론 백제 진사왕의 '천지조산(穿池造山)'의 연장선상이기도 합니다.

한편으로, 고려 시대에는 누정 같은 건축물을 따로 짓지 않고도 사람들에게 그늘을 만들어주기 위해 정자목을 심는 사례도 드물지 않았습니다. 이규보(李奎報, 1168~1241)의 「길가에서 두 수를 읊다〔路傍二詠〕」 중에서 「큰 나무〔大樹〕」라는 시²⁹⁾는 이를 고증하는 좋은 사례입니다. 정자목은 사람들의 쉼터가 되어주며, 시원한 바람이 오갈 수 있는 통로가 되기도 했습니다.

무더위에는 휴식하기 좋으며	好是炎天憩
소낙비 피하기에도 좋네	宜於急雨遮
시원한 그늘 양산만 하니	清陰一傘許
주는 혜택 또한 많구나	爲貺亦云多

조선 시대 기록 속 나무 심기

조선 시대에는 나무에 대한 기록들이 그 내용에서 이전 시대에 비해 폭이 훨씬 더 넓어집니다. 나무의 상징성을 강조하는 기록이 특히 많이 등장하는데요, 『태조실록』 태조 1년 7월 17일의 기록은 대표적인 사례입니다. 여기에는 "의주(宜州)에 큰 나무가 있는데 말라 썩은 지 여러 해가 되었으나, 개국하기 1년 전에 다시 가지가 무성하니, 그때 사람들이 개국의 징조라고 말하였다"[30]고 기록되어 있습니다. 큰 나무 한 그루는 배식 형태로 보자면 독립수이며 아마도 교목이었을 것으로 보입니다. 나무의 회생에 빗대어 조선 개국의 당위성을 말하고 있는데요, 이런 기록들은 이미 『삼국사기』나 『삼국유사』 등에서 표현된 바 있는 것을 시대적 상황에 따라 다시 각색하거나 변용한 것으로 볼 수 있습니다.

영조는 조선 시대의 왕 가운데에서 가장 오랫동안 왕위에 머물렀습니다. 자연히 관련된 역사 유물도 상당히 많은데, 특히 어제시(御製詩)와 더불어 그림 자료도 많이 남겼습니다. 그중 〈장주묘암도(漳州茆菴圖)〉는 주자의 행적과 성리학에 대한 영조의 깊은 관심을 보여주는 작품입니다.

〈장주묘암도〉에는 나무와 관련된 내용이 등장합니다. 이 그림은 중국의 〈팔진도(八陣圖)〉를 도상으로 응용하였는데, 결과적으로는 배식도와 유사하게 되었습니다. 그림의 전면 중앙에 사정(射亭)을 좌우로 전나무와 소나무가 있고, 원형의 대나무 숲이 있으며, 사정을 축으로 하

〈장주묘암도〉, 작자 미상, 종이에 수묵담채, 112×63cm, 1746년, 개인 소장.

영조는 재위 21년(1745)에 『주자어류(朱子語類)』를 읽다가 그 내용을 그림으로 그리도록 하였는데, 그것이 〈장주묘암도〉다. 그림 상단에는 임금이 친히 지은 시와 함께 그림을 그려서 표현한 어제시도(御製題圖)가 있는데, 그림 아래부터 사정(射亭), 모정(茅亭), 단(壇), 모옥(茅屋) 등이 그림 중심축 선상에 배치되어 있다. 축선 좌우에 매화와 복숭아꽃이 켜를 이뤄 그려져 있다. 주변에 사정을 좌우로 하여 전나무와 소나무가 쌍수로, 대나무 숲이 원형으로 그려져 있다. 전체적으로는 중국 〈팔진도〉의 도상이다.

여 매화와 복숭아꽃이 좌우로 대칭해서 배식되어 있습니다.

『영조실록』이나 『승정원일기』 속에는 〈장주묘암도〉 속 수종이나 배식에 대한 기록은 전혀 나오지 않습니다. 하지만 그림 속 나무 심기의 형태가 당시 수목 배식의 한 양식이었을 것이라고 보는 것에는 큰 무리가 없을 듯합니다. 특히 그림 중심에 있는 단 좌우에 매화가 단수로 배식되어 있는데, 이는 매화가 가진 상징성, 즉 군자의 의미를 강조하는 것으로 보입니다. 〈장주묘암도〉는 진법이 회화 도상에 이용된 사례로는 최초의 작품으로 보입니다. 흔히 진법은 회화와 관련이 없다고 생각하기 쉽습니다만, 진법이 조영이나 조형예술 형태에 미치는 영향도 작지 않다고 보는 것이 제 입장입니다. 앞으로 이에 대한 연구가 필요하지 않을까 합니다.

우리나라의 전통적인 배식 공간에서 빼놓을 수 없는 것이 왕릉입니다. 왕릉을 관리하기 위해 주변에 원림을 조성하여 영역을 정하고, 나무를 심고 가꾸는 일은 삼국 시대 중기 이후 조선 후기까지 꾸준히 유지된 전통입니다. 예를 들어, 『정조실록』 정조 4년의 기록에는 "수로왕릉에 치제(致祭, 임금이 제물과 제문을 보내어 죽은 신하를 제사 지내던 일)하였다"는 기록이 나옵니다. "예전에 선조에서 수토신(守土臣)에게 명하여 수로왕릉의 사방 100보에 돌을 세워 표하고 능영(陵塋)을 개축하게 하여 해마다 봄가을에 부중(府中, 높은 벼슬아치의 집안)의 부로(父老, 나이 많은 어른)를 모아 제사 지내는 것을 항식(恒式, 정해진 형식이나 법식)으로 삼았으니, 성의(聖意)를 우러러 알 수 있다. 대개 사적(事跡, 업적)이 뛰어날 뿐만 아니라 묻은 지 1000년 가까운데 봉토가 어지러워지지 않고 구목(丘木)이 썩지 않아서 그 능이 이곳에 있다는 것을 명백히 알았기 때문이다"[31]라는 내용이죠. 신라 시대의 왕릉과 그 주변의 나무들을 1000년 동안이나 계속 돌봐왔다는 것입니다.

또한 여러 가지 목적으로 나라에 필요한 목재를 공급하기 위해 특정한 지역의 나무들을 관리하는 제도도 오랫동안 유지되었습니다. 대표적인 사례가 바로 '금송(禁松)'인데, 나라에 필요한 경우에 대비해 소나무의 벌채를 금하는 규칙입니다.

『현종실록』 현종 11년의 기록에 보면 '부안 등의 고을에 큰 바람이 불어 변산의 금송 수백 그루가 일시에 부러지고 뽑혀 나갔다'는 내용이 있고, 『영조실록』 21년에는 '송금이 엄하지 않아 각각 계방(契房)이 있으니, 마땅히 경조로 하여금 조사해 엄금해야 한다'는 내용이 등장합니다.[32] 소나무는 수요의 폭이 넓고 필요한 양도 많았지만 키우고 기르는 것이 까다로웠습니다. 대체로 군식수의 형태, 즉 소나무 숲의 형태로 심었던 것으로 보이는데, 관리를 위해 나라에서 여러 조처를 취했지만 그리 수월하지는 않았던 것 같습니다. 소나무 관리에 대한 기록이 여러 곳에 보여서 그 사실을 알게 해주지요.

『세종실록』 세종 29년에는 "도성 사산(四山)의 소나무가 벌레의 피해로 말라 죽기 쉬우므로 밤나무를 심으려고 하니, 밤 종자 10여 석을 상림원(上林園)으로 보내라"는 내용이 보입니다.[33] 또 세종 16년(1434)에도 "남산의 안과 밖, 백악산, 무악산, 성균관동, 인왕산 등처럼 소나무가 희소한 곳에는 잣나무나 도토리나무 등을 심게 하라"는 기록이 있고,[34] 세종 5년(1423)에도 "소나무는 집을 짓고 배를 만들게 되니, 소용이 가장 긴요하므로 일찍이 금령(禁令, 어떤 행위를 하지 못하게 하는 법령)을 세워, 사재감(司宰監)의 소나무 홰[松炬]는 유목(杻木)과 상목(橡木)으로 대신하고, 기와 굽는 굴에 땔 나무는 모두 잡목으로 사용하게 하였다"는 내용이 나옵니다.[35] 조선 시대에 가장 중요한 나무로 꼽혔던 소나무의 위치를 짐작할 수 있습니다. 특히나 능원의 병풍수로는 소나무 숲만을 이용했지요. 땔감으로 소나무를 쓰지 말고 다른 나무를 심어서 쓰라는 임금의 명도 그래서 있었던 것이지요.

조선 시대에도 상대수, 쌍수의 형태로 나무를 심는 방법은 여전히 지속되었습니다. 특히 정자각 전면에는 이런 형태로 나무를 심는 것이 일반적이 아니었나 생각합니다. 〈규장각도(奎章閣圖)〉(100쪽, 102쪽 그림)에서 그런 사례를 찾아볼 수 있습니다. 그림 속 규장각에는 건물 좌우에 측백나무가 쌍을 이루며 서 있는 모습이 보이지요.

규장각뿐만이 아닙니다 『인조실록』 인조 5년(1627) 17일에는 기사관 정유성(鄭維城)이 이렇게 아룁니다. "정자각 앞 10보 안에 네 그루의 측백나무가 좌우로 심어져 있는데 이는 100년 된 교목입니다."[36] 왕릉의 정자각 앞에 쌍수를 겹으로 심어 좌우에 상대하고 있었음을 보여주는 구절입니다. 이듬해인 인조 6년(1628) 9월 29일에는 홍방(洪霶)이 임금에게 중국의 능원 배식에 대해 설명을 하고 있습니다. "역대 능침이 모두 이곳에 있었습니다. 전각과 정자각은 모두 누런 기와로 덮었으며, 산의 좌우는 담으로 둘러쳤고, 어로의 양편은 수목을 많이 심었으며 문 안에 석호(石虎), 석인(石人)을 배치해 세웠습니다."[37] 능원에 나무를 심는 형식은 우리나라와 중국이 크게 다르지 않았던 것 같습니다.

〈규장각도〉, 김홍도, 비단에 채색, 144.4×115.6cm, 1776년, 국립중앙박물관 소장.
규장각은 조선 시대 궁실 내부에 설치한 도서관으로 세조 때 처음 설치하였다가 폐지되었다. 정조 즉위년(1776)에 창덕궁 후원 부용지 북쪽에 규장각을 설치하여 역대 국왕의 시문과 서화 등을 보관했는데, 더불어 젊은 신하 중 학식과 경륜이 뛰어난 신하들을 모아서 경사를 토론시키고, 다방면에 걸친 시폐를 개혁하는 일을 했다. 부용지를 면해서 어수문(漁水門)을 지나 중앙에 위치한 팔작지붕으로 2층 다락이 규장각 정당이다. 1층이 규장각이고, 2층은 주합루(宙合樓)다.

일반적으로 전통 배식에서 쌍수의 형식은 중심축 선상에 흔히 쓰인다고 알려져 있습니다. 〈동궐도(東闕圖)〉에서도 대조전과 집상전 사이의 쌍수 소나무와 영화당 앞 쌍수 전나무, 종시부 앞 쌍수 소나무, 대조전 뒤 쌍수 소나무, 대보단 앞 쌍수 소나무 등의 예를 찾아볼 수 있습니다. 특히 영화당 앞 쌍수 전나무는 단원 김홍도가 그린 〈규장각도〉에도 이런 형태로 묘사되어 있습니다.

쌍수를 심은 사례는 다른 곳에도 많습니다. 예를 들어, 경주의 집경전(集慶殿)은 조선 태조 이성계의 어진(御眞)을 모셨던 곳인데,[38] 정조 때 비석을 세우라는 왕명에 따라 왕의 글씨를 새긴 비석과 비각이 완성되기도 했습니다.[39] 관련된 그림을 살펴보면 집경전의 좌우에도 교목이 쌍수 형태로 심겨 있었습니다. 수종은 알 수 없지만 교목 활엽수인데, 현재는 이 나무들이 남아 있지 않고 도로와 주택이 들어섰습니다.

조선 시대 기록 가운데에는 임금이 행차한 기념으로 나무를 심었다는 이야기도 있습니다. 정조는 온양의 행궁에 영괴대비(靈槐臺碑)를 세웠는데,[40] 이곳은 왕이 "경진년 온천에 갔을 때 회화나무 세 그루를 직접 심어둔 곳"이었다고 합니다. 요즘에도 유력 인사들이 어느 곳을 방문하거나 특별한 일이 있으면 기념식수를 종종 하지요. 그런 형식과 거의 비슷한 일이 조선 시대에도 있었던 모양입니다. 정조는 또한 화성의 공사를 다 끝낸 이후 "갑인년에서 정사년까지 매년 봄가을에 도합 7차례에 걸쳐서 풍실(風實), 송자(松子), 지자(枳子), 상심(桑葚), 생률(生栗), 상실(橡實) 등의 씨앗을 비롯해 오얏나무, 복숭아나무, 은행나무, 소나무, 떡갈나무" 등의 여러 나무를 성 안팎에 심었다고 합니다.[41]

〈규장각도〉 부분, 작자 미상, 비단에 수묵담채, 273×584cm, 1801년, 고려대학교 박물관 소장.
병풍의 그림 속에는 약 일곱 곳의 건물 좌우에 쌍수가 표현되어 있다. 이 그림은 규장각 건물 좌우에 있는 측백나무를 보여준다.

개천으로 눈을 돌려 보면, 몇 대의 왕조가 진행되는 동안 천변에 나무가 심어지고 또 이것이 문제가 되어서 새로운 조치가 취해지는 과정을 찾아볼 수 있습니다.『문종실록』문종 2년(1452) 3월 3일에 풍수학 문맹검(文孟儉)이 상언하는 중에는 "명당의 수구에는 3개의 작은 산을 만들어, 각기 나무를 심어서 수구를 진압하고 막게 하는 것이 곧 옛날 사람의 법입니다. 지금 국도 수구 안에 옛날 사람이 3개의 작은 산을 만들어 각기 소나무를 심었지만, 그러나 이 작은 산이 수구에 있지 않고서 도리어 수구의 안에 있고, 또 산이 무너져서 낮으며 소나무는 말라 죽었습니다. 지금 보제원(普濟院, 조선 시대에 여행자에게 무료 숙박을 제공하고 병자에게 약을 주던 구휼기관, 현재 서울 동대문구 제기동에 터가 남아 있다)의 남쪽과 왕심역(旺心驛)의 북쪽에 작은 산을 혹은 3개나 7개를 만들어서 소나무와 회화나무, 버드나무를 심어서 수구를 좁게 한다면 매우 다행하겠습니다."[42]라고 했는데, 아마도 이때부터 개천 둑 좌우에 열식수로 버드나무가 심어졌을 것으로 여겨집니다.

도시 계획의 한 방편으로서 나무를 심은 경우도 있었습니다.『세조실록』세조 13년(1467) 6월 20일에 관상감에서 이런 보고를 했다고 합니다. "경도의 곤방이 낮고, 또 수구가 넓은 까닭으로 숭례문과 흥인문 두 문 밖에다 못을 파서 물을 저장하였으나, 근자에 일찍이 수축하지 못하여 혹 메워져서 막혀 물이 얕고, 혹은 막혀서 매몰되어 터가 없으니, 원컨대 깊이 파서 저수하고, 제안(堤岸)에 식목을 하여 기맥(氣脈)을 기르소서."[43]

이와 비슷한 기록이 영조 때에도 등장합니다.『영조실록』의 〈영조대

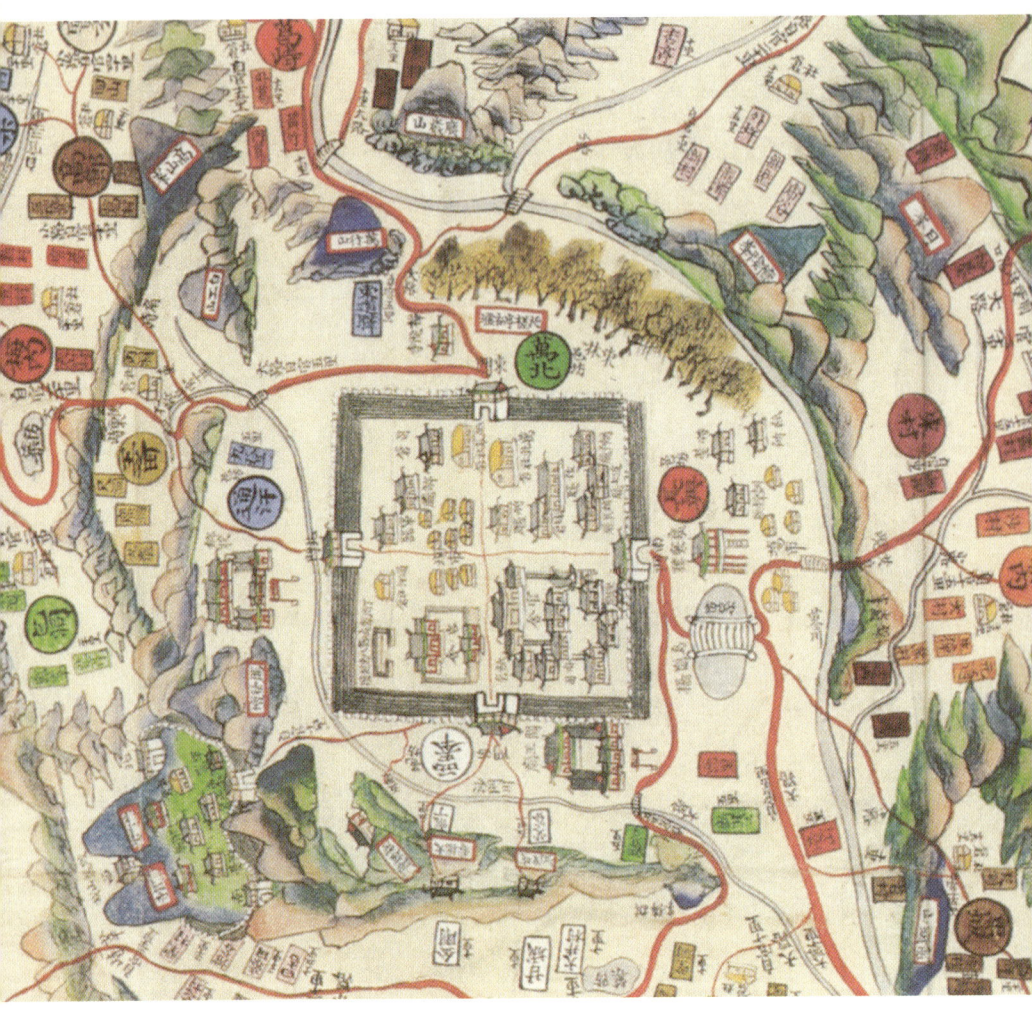

〈남원부지도(南原府地圖)〉 부분, 작가 미상, 종이에 수묵담채, 103.5×82.9cm, 1870년대, 규장각 소장.

『신증동국여지승람』 산천 조에는 율림(栗林), 동장수(東帳藪), 창활수(昌活藪) 등이 기록되어 있는데, 19세기 말의 이 지도에는 읍치 북쪽의 수대(樹帶)만이 그려져 있다. 이 숲은 이름이 알려져 있지 않고, 또 현재는 남아 있지도 않다. 땅의 지맥이 약한 곳을 나무로 보완해주는 비보(裨補) 숲으로 보는 것이 타당한 것 같다. 그림 출처: 서울대학교 규장각, 『조선시대 지방지도』, 서울대학교 규장각, 1995, 27쪽.

왕 행장 7〉에는 이런 기록이 나오고 있죠. "영조 49년(1773) 여름 6월, 개천을 돌로 쌓았다. 이에 앞서 개천 바닥을 쳐낼 때에 두 언덕이 장마에 무너져 개천을 막을 것을 염려하여 버드나무를 심어 막았으나 그래도 아주 튼튼하지 못하였다. 이때에 이르러 왕께서 명하여 돌로 둑을 쌓게 하시니, 튼튼하고 정밀하여 엄연히 왕거의 모양새를 이루었다." 지세가 약한 부분을 보강하기 위해 나무를 심었던 사례입니다.

이런 일들은 도시 계획의 측면에서도 파악할 수 있는 한편으로, 크게 보아 약한 곳을 보충한다는 비보(裨補)의 맥락에서 파악할 수 있습니다. 조선 초기에는 풍수지리적인 관점에서 대략 세 가지 방법으로 비보를 꾀했습니다. 가산(假山), 즉 인공의 산을 만들고 그 산정에 나무를 심는 것, 연못을 파는 것, 그 둘레에 나무를 심어서 숲을 조성하는 방법이 그것입니다.

나무, 우주의 중심

조선 시대에 제작된 세계지도에는 〈천하도(天下圖)〉 계열과 〈천지도(天地圖)〉 계열이 있습니다. 이 가운데 원형으로 그려진 〈천하도〉는 조선 시대에 독특하게 발달한 상징적 우주관의 표현으로 볼 수 있습니다. 당시 사람들의 인식 체계를 바탕으로 유불선(儒彿善)이 통합된 세계관을 보여주지요. 이 원형 〈천하도〉는 17세기 이후 성리학을 따르는 사대부들에게 널리 유포되었던 우주도입니다. 중국 대륙인 내대륙(內

大陸)을 가운데로 하고 그 주위를 둘러싼 내해(內海)가 있으며, 그 밖을 환대륙(環大陸)과 환해(環海)가 둘러싸고 있지요.

이 환대륙과 환해에 보이는 나라와 지명들은 대부분 중국 고대 지리서『산해경(山海經)』에 수록된 것들입니다. 이 〈천하도〉에도 나무가 등장합니다.

일단 환대륙 북쪽 중심에 나무가 있습니다. 또 환해의 동서에 하나씩 있는 섬에는 유파산(流波山)과 방산(方山)이 있는데, 그 산 정상에 낙엽 교목과 상록 교목이 각각 그려져 있는 것이 보이지요. 이 세 그루의 나무를 각각 부상(扶桑), 반격송(盤格松), 천리반송(千里盤松)이라 부릅니다. 부상목은『산해경』에 나오는 동해상의 신목으로, 이곳에서 해와 달이 떠오른다는 전설이 있습니다. 서해상의 신목인 반격송으로는 해와 달이 저문다고 믿었지요. 북쪽의 천리반송은 하늘과 소통하는 우주목, 우주의 중심입니다. 전체적으로 보자면, 우주목을 중심으로 좌우, 즉 동서로 쌍수가 대칭을 이루고 있는 형태입니다.

이처럼 우리의 전통적인 나무 심기 형식은 옛사람들의 사고방식과 조영 형태와 서로 많은 영향을 주고받았습니다. 우리 선조들에게 나무는 그저 보기 좋으라고 심는 것이 아니었던 것이죠. 나무 한 그루 한 그루의 의미와 기능이 분명히 있었고 그만큼 나무를 귀히 여겼습니다.

오늘날에는 모든 것이 흔해지면서 나무 역시 실용적인 차원에서만 이해되고 있는 측면이 있습니다. 나무에 담긴 상징성과 나무 심기의 전통 형태 등에 대한 고려는 어느새 잊혀가는 듯합니다. 하지만 이 분야

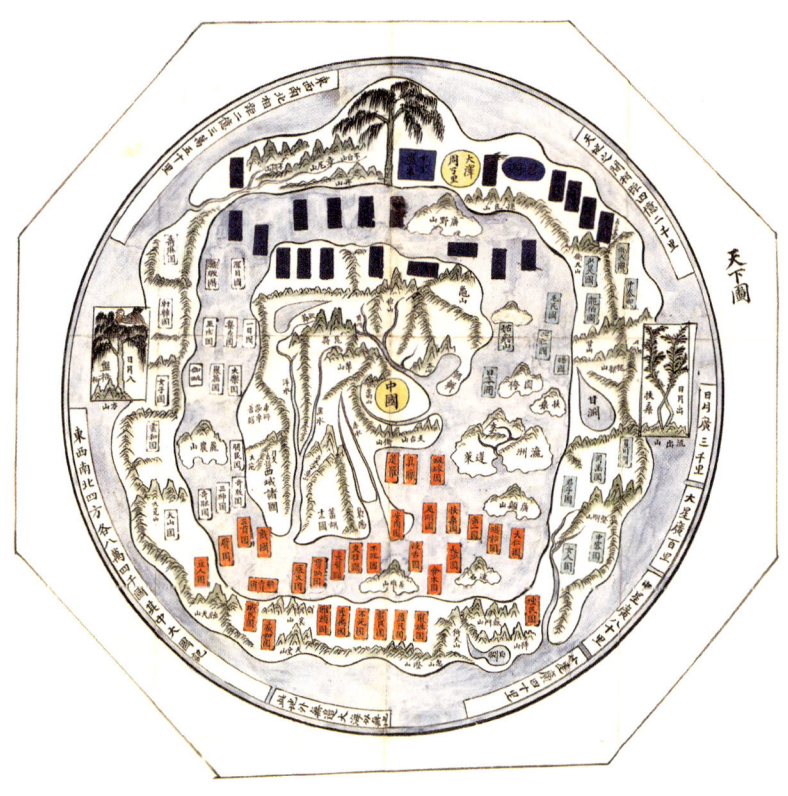

〈천하도〉, 작자 미상, 종이에 목판으로 찍음, 17세기, 서울역사박물관 소장.

〈천하도〉는 〈천지도〉와 함께 중국문화권에서 조선에만 있었던 지도 형식이다. 19세기 초기까지 이어져 내려온 형식인데 바다와 육지가 중국 대륙을 중심으로 하고 환해, 환대륙으로 겹을 이룬다. 좌로 부상목(扶桑木), 우로 반송(盤松), 북쪽 상단에 높이가 천리나 되는 교목 형태의 상징수가 그려져 있다.

는 파고들면 들수록 우리가 공부하고 생각할 거리가 무궁무진한 영역입니다. 우리의 전통적인 나무와 배식 형태는 오늘날의 우리에게도 많은 가르침을 줄 수 있다고 생각합니다. 더 많은 독자들과 연구자들의 관심이 필요하지 않을까 싶습니다.

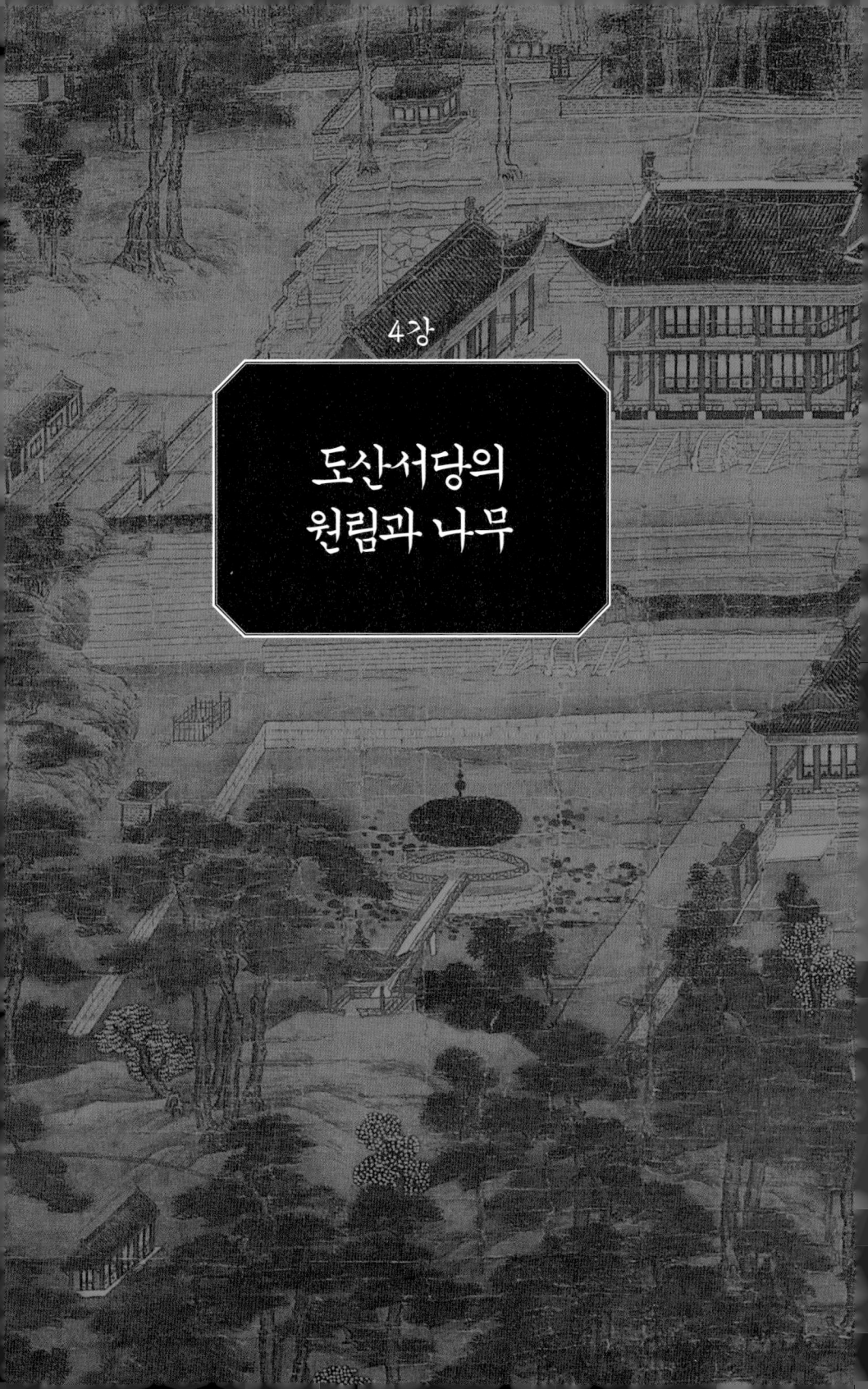

4강

도산서당의
원림과 나무

*4강은 필자의 졸고 「고전 속에 나타난 도산서당 원림과 수종에 관한 연구」(『도시설계』, 한국도시설계학회, 2006)를 고쳐 쓴 것이다.

　퇴계 이황이 지은 도산서당에 대해서는 몇몇 연구가 진행된 바 있습니다. 하지만 그곳에 있는 원림과 나무들에 관심을 보인 연구자는 거의 없었던 것으로 알고 있습니다. 하지만 조선 시대의 성리학자들은 뜰을 꾸미거나 나무를 심어도 그냥 심는 법이 없었습니다. 나무 하나하나의 위치와 종류에는 저마다 그에 합당한 이유가 있었지요. 하물며 대표적인 성리학자인 퇴계가 인생의 늦은 시기에 여러 해 동안 온갖 정성을 들여가며 조성한 도산서당의 경우는 말할 나위가 없을 것입니다. 아마도 퇴계가 읽었던 유교 고전들 역시 원림(園林)을 비롯한 도산서당의 여러 면에 구석구석 영향을 미쳤을 것입니다.

　도산서당을 살펴보는 것은 비단 퇴계의 사상이 건축에 구현된 양상을 살펴보는 데에만 의미가 있는 것이 아닙니다. 더 나아가 옛날 우리나라의 선비들이 가졌던 조영사상과 원리에 대해 추측해볼 수 있는 바탕이 되어주기도 하지요.

　도산서당은 1557년 도산의 남쪽에 터를 잡았는데 낙강(洛江)을 굽

〈퇴계선생물아일체도(退溪先生物我一體圖)〉, 최종현, 2005년.
이 그림은 퇴계 이황이 21세에 부인을 맞아 더부살이를 시작한 노송정에서부터 학문을 닦던 별서들(양진암과 지산와사 등), 그리고 마지막 서당인 도산서당까지 퇴계를 중심으로 그의 활동 영역을 필자가 직접 표현한 것이다. 그는 '퇴계'와 '낙천'이 굽어 흐르던 이 지역에서 별서와 서당들을 지어 그의 학문을 펼치고자 하였다.

어보며 남향으로 배치되어 있습니다. 당(堂), 재(齋), 사(舍)를 각기 도산(陶山), 완락(玩樂), 농운(隴雲)이라고 이름 붙였습니다. 도산서당을 면해 북에서 남쪽으로 정우(淨友), 몽천(蒙泉), 절우(節友), 천연(天淵), 곡구(谷口), 천운(天雲) 등의 원림 요소가 조성되어 있습니다.

서당 원림 바깥에는 고산(孤山), 일동(日洞), 월명담(月明潭), 한속담(寒粟潭), 경암(景巖), 미천장담(彌川長潭), 백운동(白雲洞), 단사벽(丹沙壁), 천사촌(川沙村) 등이 있는데요, 특히 월란암 주변의 '7대 3곡'인 초은대(招隱臺), 월란대(月瀾臺), 고반대(考盤臺), 응사대(凝思臺), 낭영대(朗詠臺), 어풍대(御風臺), 능운대(凌雲臺) 등과 석담곡(石潭曲), 천사곡(川沙曲), 단사곡(丹砂曲) 등의 경치가 유명합니다.

퇴계, 서당을 짓기 위해 노력하다

퇴계 이황은 31세가 되는 1531년에 자신의 첫 서재로 지산와사(芝山蝸舍)를 조영한 후, 1546년에는 토계(兎溪)의 동쪽 바위 자락에 '양진암(養眞菴)'을 조성합니다. 그 후 토계를 퇴계(退溪)라고 바꾸어 명명했지요. 1547년에는 자하산(紫霞山) '하명오(霞明塢)'에 터를 잡고 새롭게 서당을 건립하고자 합니다. 하지만 자하서원(紫霞西源), 하산정사(霞山精舍), 뇌석정(瀨石亭)이라 이름까지 지었으나 공사를 시작하지 못하게 됩니다.

이후 죽동(竹洞)에 다시 건물을 짓기 위해 〈옥사도(屋舍圖)〉까지 그렸지만, 역시 조영을 시작하지도 못하고 포기해야 했습니다. 죽동의 경우엔 공간의 제약이 있었지요. 골이 좁고 시냇물이 흐르지 않아 서당을 짓기에 무리가 있었습니다.

그러다 퇴계는 1550년 한서암(寒栖菴)을 짓고 육우원(六友園)을 조성합니다. '육우'란 자연의 다섯 벗, 즉 매화, 대나무, 소나무, 국화, 연꽃과 자기 자신을 의미합니다. 이 이름은 명나라 때의 풍응경(馮應京)의 『월령광의(月令廣義)』에 나오는 '삼우(三友)'에 연원을 두고 있지요. 거슬러 올라가면 당나라 때의 백거이까지도 연결되는 개념입니다.

퇴계는 그 후 광영당(光影塘)을 조성하고, 시내의 이름을 장명(鏘鳴)이리 합니다. 주자(朱子)의 시에 나오는 구절인 "자은 밭이랑 곁의 모난 연못에 하나의 거울이 열려 / 하늘 빛과 구름 그림자가 함께 떠도네〔半畝方塘一鑑開 天光雲影共徘徊〕"와, 그의 시 「백록동부(白鹿洞賦)」에 나오는 "골짜기 흐르는 물이 돌에 닿아 맑은 소리를 내는구나〔澗水觸石鏘鳴璆兮〕" 등의 구절에서 빌려온 이름이지요.

1556년 7월에는 귀몽대(龜夢臺)를 건축했고, 9월에는 '계남서재(溪南書齋)'를 세웠습니다. 서재는 원래 퇴계에 있는 '화암(花巖)' 곁에 있었는데 퇴계의 제자들이 조영한 것입니다.

1557년 3월에는 단사(丹沙) 등지에서 서당 터를 물색하다가 결국 도산 남쪽으로 입지를 정하게 됩니다. 같은 해 가을이 되자 이황은 창랑대(滄浪臺)에 올라 시를 짓는데, 다시 이곳의 이름을 천연대(天淵臺)라고 고쳐 짓습니다. 1558년 한성에서 성균관 대사성으로 취임하던 당시 퇴계는 〈도산정사도(陶山精舍圖)〉를 그렸지요. 그리고 편지를 보내 공사

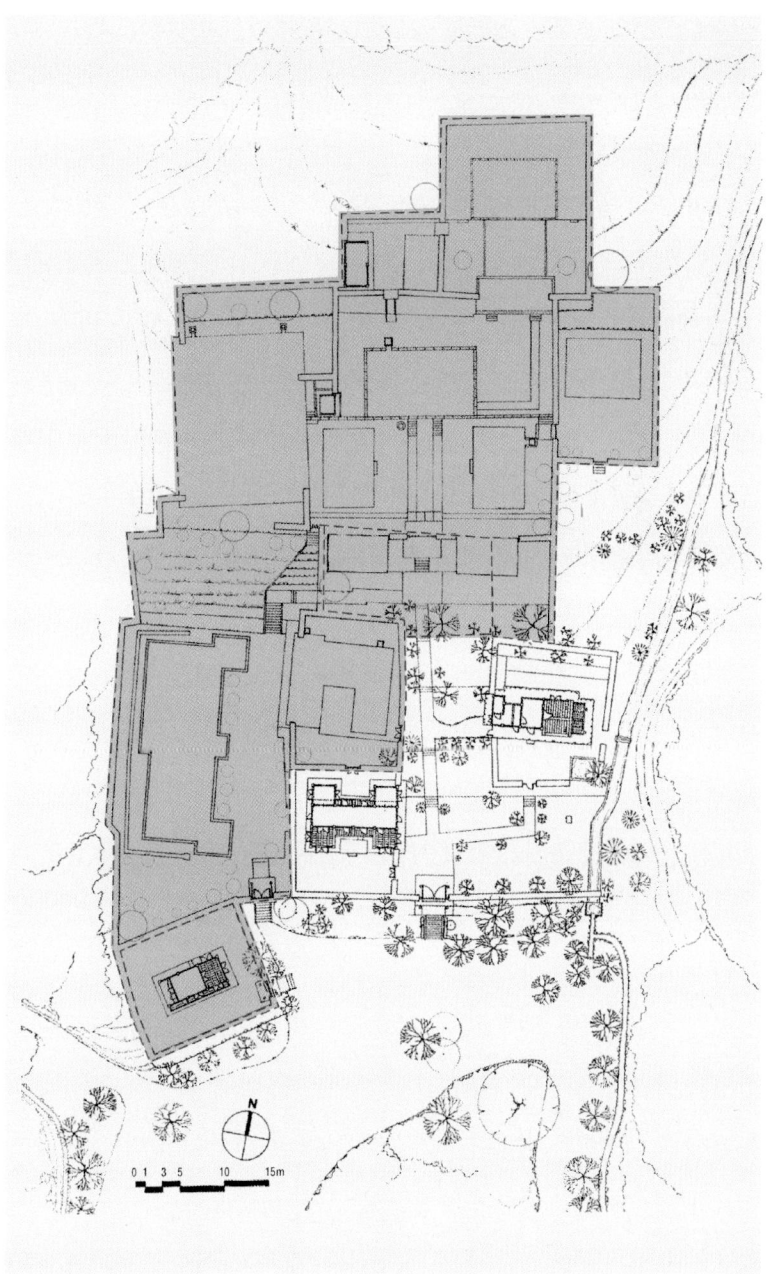

도산서당 배치도

실선 부분이 퇴계 생전에 조영된 건물들이고, 음영 부분은 그가 사망한 지 5년 뒤에(1575) 조성되어 도산서원으로 명명됨과 동시에 사액서원이 된 부분이다. 출처: 김일진, 『도산서원실측조사보고서』, 영남대학교 민족문화연구소, 1991 참고 및 수정.

진행에 신경을 쓰도록 확인하기도 합니다. 1559년 9월에는 벽오(碧梧) 이대성(李大成)과 함께 도산의 동봉에 올라 산의 이름을 '취미산봉(翠微山峯)'이라 불렀습니다. 두목지(杜牧之)의 시구에서 따온 이름입니다.

1560년 11월에 도산서당이 완성되는데, 당(堂)은 3간, 정사(精舍)는 8간이었습니다. 1561년 3월에는 절우사(節友社)를 조성하고, 11월에는 「도산기(陶山記)」와 「도산잡영(陶山雜詠)」을 지었습니다. 도산서당은 퇴계가 죽고 나서 5년 뒤인 1575년 여름에 사액서원(賜額書院, 왕으로부터 편액, 서적, 토지, 노비 등을 하사받아 그 권위를 인정받은 서원)이 되고 도산서원이라 불리게 됩니다.

퇴계 이황은 『도산잡영병기(陶山雜詠幷記)』[1]에서 "영지산 한 자락이 동으로 뻗어내려 도산이 되었는데, 혹은 이르기를 '이 산이 돈대가 두 번이나 솟았으므로 도산이라 이름 하였다'"고 도산서당의 입지를 설명합니다.[2] 또 "산의 왼편에 있는 것을 동취병(東翠屛)이라 하고, 오른편에 있는 것을 서취병(西翠屛)이라고 이름 하였는데, 동취병은 청량산(淸凉山)으로부터 이 산의 동편에 이르러서 여러 봉우리가 보일락 말락 하였고, 서취병은 영지산으로부터 이 산의 서편에 이르러서 봉우리가 우뚝이 솟았다"라며 산세를 설명하기도 했습니다.[3]

영지산 산자락의 북에 면해서 퇴계가 있고, 동남에 면해서 낙천이 감싸고 있습니다. 이를 "물이 이 산 뒤에 있는 것을 퇴계라 하고, 남에 있는 것을 낙천이라 하였다. 시냇물이 산의 북을 둘러서 이 산의 동에 이르러 낙천에 들고 낙천이 동취병으로부터 서로 달려서 이 도산의 자락에 이르러 넓고 맑고 쌓이고 출렁거려 몇 리 사이를 오르내려 보면 그 깊이가 가히 배를 저을 수 있으며"라고 이황은 설명합니다.[4] 낙천은 좌우로 수차례 반복해서 굽이쳐 흐르는데, "동취병과 서취병이 서로 바라보면서 남으로 달리되 굽이쳐 감돌아 8, 9리쯤 되어서 동에서 온 것은 서로 들고, 서에서 온 것은 동으로 들어, 남쪽 들판 아득한 곳에서 합세하게" 된다고 합니다.[5]

퇴계가 양진암을 지은 것이 그의 나이 46세인 1546년이었고, 한서암의 경우는 1550년에, 계상서원(溪上書堂)은 1552년에 지었습니다. 도산에 터를 잡을 때까지의 과정을 퇴계 자신은 이렇게 설명했습니다. "내 애초 퇴계 위에 터를 잡을 때 시내를 굽어 집 두어 칸을 얽어서 책을 간직하고 마음을 수양할 곳을 삼았으니, 대체로 이미 세 차례나 땅을 옮겼으나 문득 비바람에 헐리게 되었다. 또 퇴계는 짝궁지게도 고유하기는 하나 금회를 밝게 하고 넓히기에는 알맞지 못하기에, 다시금 옮길 것을 생각하여 도산 남쪽에서 이 땅을 발견하였다."[6]

도산서당의 원림 요소

퇴계 이황은 도산서당의 건축물의 옥호를 명명한 후 글에서 그 주변의 원림 요소들을 북에서 남의 순서로 설명했습니다. 정우당, 몽천, 절우사, 유정문, 천연대, 천운대, 곡구문 등의 순서입니다. "서당의 동편에 조그마한 모난 못을 파고는 그 가운데 연을 심고 정우당이라 이름하였다. 또 그 동편이 몽천이요, 몽천 산기슭을 파서 암서헌과 마주보게 하여 평평하게 단을 쌓고는 그 위에다 매화, 대나무, 소나무, 국화 등을 심고 절우사라 이름 하였다. 서당 앞 드나드는 곳에 싸리문을 달았으니, 이를 유정문이라 하고, 유정문 밖 가는 길이 개울물을 따라 내려가 동구에 이르면 두 봉우리가 서로 마주 대해 있었다. 그 동쪽 봉우리의 옆구리에다 바위를 뜯고 터를 닦으니, 작은 정자를 세울 만하나 힘이 미치지 못하여 다만 그 터만을 두었고 흡사 문처럼 생긴 것이 있으니 그 이름은 곡구암"이라고 한 것입니다.[7)]

다음으로 낙천을 축으로 해서 동에서 서로 탁영담(濯纓潭), 천연대, 천광운영대(天光雲影臺), 반타석(盤陀石) 등을 설명합니다. "이로부터 동으로 두어 걸음을 가면 산기슭이 단을 지어 바로 탁영담 위에 버티어서 커다란 바위가 층층이 깎아 섰으니 10여 길이나 되었다. 그 위를 쌓아서 대를 만들었더니, 소나무 그늘이 해를 가리우고 위로는 하늘, 아래에는 물이어서, 솔개는 날며 고기는 뛰노닐고 좌우 취병의 그림자가 푸른 물속에 울렁거리게 되었다. 한번 눈을 들면 강산의 아름다운 경치가 모두 앞에 나타났으니 이를 천연대라 불렀고, 서편 자락에 역시 그와 같이 대를 쌓고는 천광운영이라 이름 하였으니, 그 아름다운 경개가 천연대에 비하여 손색이 없을 것이다. 반타석은 탁영담 속에 있는데, 그 꼴이 넓적하여 배를 매어두고 술잔을 나눌 수 있었다. 매양 장마를 만나서 물이 부풀면 오목한 물배 구멍과 함께 물밑으로 잠겼다가 물이 줄어가고 물결이 맑은 뒤에 비로소 모습을 드러내곤 하였다."[8)]

도선서당에서 당과 사 같은 건축물을 제외하고 퇴계 이황이 인위적으로 더한 원림 요소를 서당 안과 서당 밖, 그리고 이곳에서 좀 떨어진

도산서당 주변의 원림 요소

몽천
도산서당 동쪽에 조성된 몽천은 도산서원 뒤에서 흘러내려와 낙동강으로 합류하는 실개천이다. 몽천을 동쪽으로 건너가면 절우사가 있다.

절우사
1561년, 퇴계 이황이 조성한 화단으로서 대나무, 소나무, 국화 등을 몽천 밖에 심어서 암서헌과 마주보게 하였다.

유정문
도산서당으로 출입하는 정문으로 나뭇가지를 엮어서 만든 싸리문이다. 빈한한 선비의 이미지를 표현한다.

천연대, 곡구암, 천운대
천연대와 천운대는 낙동강에 면해 돌로 이루어진 두 개의 대이며, 곡구암은 석문으로 이루어진 출입구를 말한다.

낙천과 그 주변 공간으로 나눠볼 수 있습니다. 정우와 절우 등은 당 안에 있고, 곡구와 천연, 천운 등은 당 밖에 있습니다. 낙천에는 탁영담, 반타석, 어량 등을 비롯해서 천변에 있는 동취병산, 서취병산, 석간대 등이 원림 요소로 존재합니다.

"석간대는 천연대 서쪽 동구에 있다. 임술년(1562)에 선생께서 배를 타고 청계를 찾으셨는데, 그 대의 이름이 곧 석간대이다. 매년 여름과 가을에 관가에서 번갈아가면서 이 대의 아래에 어량을 쌓아놓기 때문에 선생께서는 일찍이 찾은 적이 없었다. 그러나 농암 이현보(李賢輔) 선생과 함께 이 대 아래서 노닐며 답청시를 지은 글이 있고, 이강이(李剛而)가 와서 도산에서 며칠 머물다가 돌아갈 때 선생님께서 이 대에서 송별하였다."9)

특히 간류(澗柳)는 몽천이 흘러서 작은 도랑을 이루어 흐르는 가장자리에 심어진 버드나무를 부르는 이름입니다. 현재까지도 두 그루의 버드나무가 남아 있습니다. 퇴계의 편지글인 「답김이정(答金而精)」에서 "올해는 영남 지역의 봄추위가 예전에 없이 춥더니 요즈음 며칠 사이에 봄기운이 있음을 깨닫게 되니 지금부터 계상의 서재와 강변의 정사의 경치가 더욱 아름다워질 것이요, 계상에는 수양버들을 널리 심었는데 수년 후에 무성하게 자라서 그늘이 지게 되면 경치가 매우 좋아지게 될 것이고…"10)라 쓰고 있습니다. 이런 기록에서 퇴계가 직접 심은 버드나무라는 사실을 확인할 수 있습니다.

퇴계 이황의 문집을 읽어보면, 이황 자신은 도산서당 내외와 낙천을 넘어 더 넓은 범위에서 원림 요소를 생각했음을 확인할 수 있습니다.

도산서당 주변의 원림 요소

간류
현재 두 그루의 버드나무가 서 있는데 그 동편으로 몽천의 물이 흐르던 개울이 현재에는 묻혀버렸다.

고산정
낙천에서 바라다본 고산정과 주변의 풍광이다. 퇴계 이황의 제자였던 금란수가 장수하던 곳으로 퇴계도 이곳의 뛰어난 경치를 자주 찾아다녔다.

곡류단절
고산정에서 바라다 보이는 풍광으로 오른쪽으로 비스듬히 고산이 보인다. 이것이 바로 곡류단절이다.

단사촌
단사촌의 논자락이 보이고 오른편으로 단사벽이 시작되고 있다.

그의 여러 글에서 고산, 일동, 명월담, 한속담, 경마, 미천장담, 백운동, 담사곡, 천사촌 등 이 지역 일대를 아우르는 여러 지형들이 원림의 요소와 어우러지며 등장합니다.

퇴계 이황은 또한 자신이 젊은 시절에 자주 머물러 학문을 닦고 사색하던 곳인 월란암 주변도 글을 통해 관찰합니다. 월란암 주변의 7대와 3곡을 읊은 시가 그것입니다.[11] 7대 3곡은 초은대(招隱臺), 월란대(月瀾臺), 고반대(考盤臺), 응사대(凝思臺), 낭영대(朗詠臺), 어풍대(御風臺), 능운대(凌雲臺)[12]와 석담곡(石潭曲), 천사곡(川沙曲), 단사곡(丹砂曲)입니다.[13]

퇴계는 도산서당을 중심으로, 낙천을 중추로 하여 고산에서 하여에 이르기까지 상류 21개의 경물, 중심에 9개의 경물, 하류에 5개의 경물을 그의 시 속에서 명명하고 있으며, 마지막에는 원수(遠岫)로 경물을 마무리하고 있습니다.

성리학과 도산서당의 원림 요소

도산서당의 천연대는 경물을 감상하기에 가장 좋은 장소로 꼽힙니다. 조선 중기의 문신 금란수(琴蘭秀)는 그의 글 「도산서당영건기(陶山書院營建記)」에서 이렇게 설명합니다. "천연대는 무오년(1558) 3월에 승려 신여(愼如) 등에게 강가에 축대를 쌓게 하여 붙인 '창랑대'가 그 첫 이름이다. 강가에 임하여 경계가 탁 트인 곳이다. 갑자년(1564) 여름에

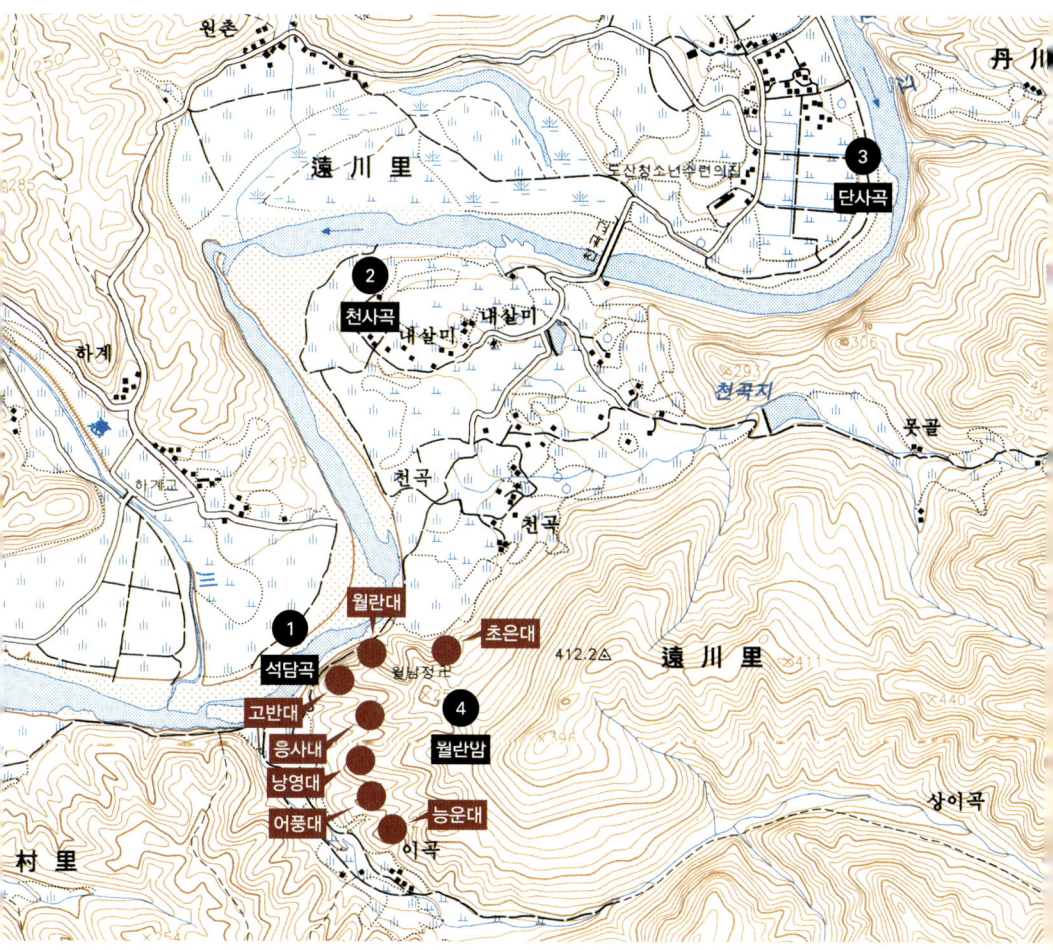

월란암 7대 3곡 위치도

1, 2, 3은 물이 감아 돌아가므로 곡(曲)이라는 골 이름을 붙였다. 4의 주변의 대는 위에서부터 초은대, 월란대, 고반대, 응사대, 낭영대, 어풍대, 능운대 순이다.

내가 고산으로부터 와서 선생을 뵈오니, 선생은 지팡이를 짚고 대 위를 거니셨다. 날씨는 해맑고 경물은 화창하여 천리의 유행(流行)이 아무 데도 걸림이 없는 듯한 묘함이 있어 하늘을 우러러 보고 대지를 굽어보기에 족하였다"[14]고 쓰고 있습니다. 퇴계가 도산에 머물던 당시 천연대의 기능을 잘 보여주고 있는 구절입니다.

유교의 경전과 연관 지어 생각해볼 때, 천연대는『중용』의 첫 머리 구절 "하늘이 명한 것을 성(性)이라 하고, 성에 따름을 도(道)라 하고, 도를 닦는 것을 교(敎)라 한다〔天命之謂性 率性之謂道 修道之謂敎〕"의 핵심이 되는 성, 도, 교 등이 "솔개가 하늘을 날고 고기가 못에서 뛰는〔鳶飛魚躍〕"이라는 어구를 통해서 표현되는 장소라고 할 수 있습니다. 퇴계는 "사물의 자연스러움이란 이 같은 리(理)다. 솔개가 하늘로 날고 고기가 못에서 뛰는 것이 어찌 억지로 힘써서 되는 일이겠는가"라고 표현했습니다.[15] 이곳은 경물과 경색을 탐승하는 가장 빼어난 장소인 동시에, 천리를 깨우치는 교화의 장소이기도 한 것입니다. 퇴계의 시「천연대」에도 이런 점이 자세히 나타납니다.[16] "높은 대에 올라보니 통창하기 짝이 없네, 구름 위에 솔개 날고, 고기는 뛰노누나. 어찌 밖에 구하리오, 깊은 뜻을 헤쳐 볼꼬" 등의 시구가 있지요.

「학유 김순거의 '천연대' 시에 차운〔次韻金舜擧學諭題天淵臺佳句〕」2절,[17]「김자앙이 나의 '천연대' 시를 화답한 시에 차운〔奉次金子昻粹和朱天淵臺韻〕」[18]「김사순이 읊은 시를 차운〔次韻金士純踏雪乘月登天淵臺〕」5절,[19]「달밤에 천연대에 올라〔月夜登天淵臺贈士純〕」[20] 등의 시가 그렇습니다.

한편 이황의 시구에는 '채포(菜圃)' '화체(花砌)' '서록(西麓)' '남반(南

원수
천연대와 천운대에서 멀리 바라다 보이는 곳이 '원수'다. 이곳에서 퇴계는 하늘이 명한 것을 성(性)이라 한다는 뜻의 '천명지위성(天命之謂性)'을 깨우쳤다.

沜)' 등의 표현이 등장하는데, 이들은 원림 요소로서 도산서당의 각 방위에 배치되어 있습니다. 글 속에서 채포[21]는 '절우사남(節友社南)'으로, 화체[22]는 '당후중화(堂後衆花)'로, 서록[23]은 '초천서록(悄蒨西麓)'으로, 남반[24]은 '천강지반(千江之沜)'이라는 표현으로 나타납니다. 이를 분석해 보면 네 가지 각각이 도산서당을 중심으로 하여 동서남북에 배치된 것으로 보입니다.

이황의 또 다른 시구에는 '어량(魚梁)'[25] 및 '어촌(漁村)'이라는 표현이 등장합니다. 물고기를 잡는 데에 쓰는 어량은 퇴계 이황 생전에도 있었던 것입니다. "도산정사 아래 어량이 있는데 관금(官禁)이 엄하여 사람들이 감히 사용(私用)으로 물고기를 잡지 못한다. 선생이 여름철에는

반드시 계사에서 지내지만 한 번도 가본 적이 없었다"는 기록이 있습니다.[26]

한편 어촌[27]에 대한 설명에서 '의인지촌(宜仁之村)'과, 원수(遠岫)[28]에 대한 설명에서 '미망상대석(微茫常對席)'과 '표묘정하주(縹緲定何州)'는 도산서당의 천연대 및 천운대에서 마주 대하는 가장 먼 곳의 산봉우리를 말합니다. 도산서당에서 약 80여 리에 위치한 금계산(金鷄山)이 그곳입니다. 비가 내리고 맑게 갠 다음날이나 가을에만 분명히 보일 만큼 멀지요. 하지만 도산서당의 원림 요소로 포함되어 있다는 점이 이채롭습니다. "네 절구의 경물이 있는데 천연대와 천운대에서 바라보이는 것들이다. 다 주인이 있으므로 도산에 소속시키지 않고, 따로 아래에 기록한다. 이 또한 산곡의 이른바 차경(借景)의 의(義)이다"[29]라는 설명을 보면 원림의 구성 요소로 먼 곳의 경치까지 포함시켰음을 알 수 있습니다.

도산의 시에 나오는 식물

퇴계 이황이 쓴 『도산언지(陶山言志)』에는 도산을 읊은 시 가운데에 대나무를 비롯한 나무들이 등장하는 시구가 몇 절 있습니다.[30] 「모춘에 도산정사에 돌아와 쉴 제[暮春歸寓陶山精舍記所見]」[31]에는 "이때 산의 서와 북에는 모두 꽃이 피지 않았는데, 유독 도산의 접동꽃이 산만하게 피었다. 살구꽃도 뒤를 따라 핀 지 10여 일이 되었으나, 봄은 오히려 다

하지 않았다"는 구절이 나옵니다.[32] 「도산 저문 봄에〔陶山暮春偶吟〕」[33]에는 복숭아꽃이, 「남의중의 '도산잡흥'시를 차운〔次韻南義仲致利陶山雜興〕」[34]에는 난초와 국화가, 「융경 정묘년 답청일에〔隆慶丁卯踏靑日病起獨出陶山〕」[35]에서는 하얀 매화가, 「가을날 도산에서 놀다〔秋日遊陶山夕歸〕」[36]에는 혜란(蕙蘭)과 상수리(참나무) 등이 등장하지요.

서당 내의 건물 이름이며 원림 요소이기도 한 '정우(淨友)'[37]라는 표현은 염계 주돈이의 시 「애련설」[38]에서 그 의미와 표현을 차용해온 것입니다. 이황 본인이 붙인 주석에는 "염계의 '애련설'을 보면 연의 아름다움을 일컫는 것이 한 가지만 아닌데 증단백(曾端伯)이 유독 정우라고만 하였으니, 아마도 극진하지 못한 것이 아닌가 한다"는 구절이 있어서 직접적인 영향을 설명해줍니다.

당내의 원림 요소 중 하나의 이름인 '절우(節友)'[39]라는 표현은 도연명의 삼우(三友), 즉 소나무, 대나무, 국화의 일화에서 온 것입니다. 이황이 붙인 주석에는 "도공(陶公)의 삼경(三經)에도 매화가 빠졌으니 이소(離騷)[40]만이 흠전된 것은 아니다"라는 구절이 나옵니다. 퇴계는 매화를 사랑하여, 매화에 대한 시들을 남기기도 했습니다.

도산서당 밖에 있는 버드나무인 '간류'는 원림 요소인 한편으로 우리나라의 전통 버드나무를 일컫습니다. 이와 관련된 이황의 시구에는 도잠과 소옹을 거론하고 있습니다. '도소상호(陶邵賞好)'라는 표현이 그것입니다. 도잠은 집 주변에 버드나무 다섯 그루를 심고 자신의 호를 '오류선생(伍柳先生)'[41]이라 했고, 소옹은 「버들 바람 일어 낯 위에 부네」라는 시를 지은 바 있습니다.

퇴계 이황의 시에 나타난 화훼류로는 '삼우'라고 부르는 송죽매를 비롯해 두견화, 살구꽃, 복숭아꽃을 비롯하여 난초와 국화, 연꽃 등이 있습니다. 특히 퇴계는 '절우'와 '정우'를 설명하면서 연꽃, 소나무, 대나무, 국화, 매화와 자기 자신을 포함하여 육우(六友)라는 표현을 쓰고 있습니다. 이는 증단백(曾端伯)의 '화중십우(花中十友)'[42]에서 착안한 것이지요.

퇴계 이황은 「종질인 빙이 동산의 화훼를 읊어주기를 구하다〔從姪憑索詠園中花卉〕 8수」[43]라는 시에서 소나무, 국화, 매화, 대나무, 모란, 두견화, 작약 등을 읊었습니다. 시 속에서 이 식물들을 다양한 비유를 들어 설명하고 있지요. 소나무는 등룡(騰龍), 국화는 색향(色香), 매화는 진백진향(眞白眞香), 대나무는 고절(高節), 모란은 풍기향색(豐肌香色), 두견화는 건곤시조화(乾坤施造化), 작약은 나기(羅綺) 등으로 표현했습니다. 그는 또 다른 시[44]에서 소나무를 '계(桂)'와 같이 보고 있으며, 대나무는 '개(芥)'나 '소(蕭)'로, 매화는 고절(孤絶)로, 국화는 산야취(山野趣)로, 외(瓜)는 야인(野人)으로 비유하기도 했습니다. 퇴계가 개별 식물에 부여한 의미와 이미지를 알 수 있는 부분입니다.

퇴계 이황은 소나무에 대한 글[45]에서 '천년을 늙지 않는다〔千年不老〕'거나 '등룡(勝龍)' '은자(隱者)' 등의 표현을 썼습니다. 또한 수명이 길고 잎의 빛깔이 사계절 푸르므로 장수와 절조, 번성의 의미로 쓰인다는 설명도 이어집니다. 이는 『시경』 소아(小雅)의 「사간편(斯干篇)」에 나오는 "짙푸른 참대가 우거지듯이, 소나무 청청하게 무성하듯이"[46]라는 구절이나 『논어』 「자한편(子罕篇)」에 나오는 "날씨가 추워진 후에야 비로소 소나무와 전나무가 아직 시들지 않음을 알 수 있다"[47]는 구절과 맥락이 이어집니다.

　퇴계는 「설죽가(雪竹歌)」[48]를 비롯해서 대나무에 대한 시를 16수 남긴 바 있습니다. 그 시들 속에는 대나무를 의미하는 다양한 표현들이 등장합니다. 그 가운데 '십죽십절(十竹十節)'[49]을 읊은 시구에서 설월죽(雪月竹), 절견(節堅), 풍죽(風竹), 풍명(風鳴), 노죽(露竹), 호확룡등(虎攫龍騰), 상절(霜節) 등으로 아주 다양한 표현이 나옵니다. 주로 대나무의 꼿꼿하고 절개가 강한 이미지와, 바람에 스치는 대나무의 소리나 계절에 따라 변화하는 모습 등에 착안한 이미지가 많습니다. 이황의 이런 비유는 특히 백거이의 「양죽기(養竹記)」[50]에서 영향을 받은 듯합니다.

　퇴계가 가장 사랑했던 꽃은 역시 매화였습니다. 매화에 대한 시는 무려 113수나 남겼습니다. 특히 그 외 「매화를 다시 찾아보다〔再訪陶山梅〕」 10절[51]에는 옥골빙혼(王骨氷魂), 옥선(玉仙), 일화(一花) 등의 표현이 나옵니다. 스스로가 붙인 주석에 따르면, 일화란 양성재(楊誠齋)의 매화 시에서 "한낱 꽃이 힘입을 이 없이 사람을 등지고 피었도다"는 구절에서 의미를 가져온 것입니다.[52]

　또 이런 글도 있습니다. "내 일찍이 중엽매를 남녘 고을 친구에게 얻었더니, 꽃이 피자 하나하나가 모두 땅을 향해 거꾸로 드리워서 곁에서 바라보면 화심(花心)을 볼 수 없고 반드시 나무 아래에서 얼굴을 들어 쳐다보아야만 비로소 둥근 화심의 하나하나가 보이며 가히 사랑스러웠다. 두보가 '강가의 한 그루가 드리워 피었도다'라고 이른 것이 아마 이런 종류의 매화인가 싶다." '옥골빙혼'이라는 표현은 소식의 시구인 "나무산 기슭에 마을의 매화는 옥설(玉雪)이 뼈라면 그 혼은 얼음에서 온 것입니다.

매화는 퇴계 이황뿐 아니라 소동파를 비롯한 옛 중국의 여러 문인들로부터 많은 사랑과 아낌을 받아온 꽃입니다. 퇴계가 매화에 대해 읊은 것은 그런 고전적인 사례에 응답하고 화답하는 의미가 있었습니다.

퇴계는 도산서당을 소재로 하여 「도산잡영」뿐 아니라 칠언시 18수, 오언시 26수, 차경 오언 4수를 지었습니다. 이 시구들과 여러 글에서 그는 공자의 글을 비롯해 『중용』과 『시경』, 중국의 고전적인 여러 문인들을 인용하고 거론하였습니다. 퇴계의 수양 원칙은 매사에 거경궁리(居敬窮理)하는 것이었습니다. 마음을 경건하게 하여 이치를 추구하고자 한 것이죠. 도산서당과 그 주변 역시 거경궁리의 대상이었습니다. 또한 그는 도산의 주변을 단순한 외부의 환경이나 풍경으로 본 것이 아니라 물아일체(物我一體)의 대상으로 삼았습니다. 풍경 속 경물 하나하나에 의미를 부여하고 그 의미를 보다 더 높은 차원으로 끌어올리고자 했던 것입니다. 또한 그 의미란 항상 자기 수양과 학문 연마에 잇닿아 있었습니다.

도산서당만이 아니라 성리학과 관련된 여러 건축물이나 원림 등의 조영 원리 역시 도산서당의 경우와 크게 다르지는 않았습니다. 요즘에 와서는 옛 조영물들을 연구하고 답사하면서 학문과 이념, 철학적인 조영사상에 대해서는 크게 관심을 갖지 않는 사례도 많습니다. 편안한 마음으로 부담 없이 옛 건축물과 원림들의 아름다움을 즐기는 것도 물론 좋은 태도일 것입니다. 하지만 그 조영을 있게 한 원리와 사상에 대해서도 조금은 호기심과 관심을 가져보는 건 어떨까요?

5장
도산서당을 지은 생각들

*5강은 필자의 졸고 「고전 속에 나타난 도산서당의 조영사상 연구」(『도시설계』, 한국도시설계학회, 2005)를 고쳐 쓴 것이다.

　도산서당, 즉 도산서원은 근래 들어 많은 내외국인들에게 인기 있는 여행지가 되었습니다. 계절을 가리지 않고 많은 사람들이 도산서원을 찾아가 아름다운 풍경과 단아한 옛 건축을 보며 감탄하곤 하지요. 또한 도산서원은 우리나라의 천 원짜리 지폐에 새겨진 건물이기도 합니다. 지폐의 그림을 유심히 들여다보는 사람이 그리 많지는 않지만, 옛 건축 중에서 이곳은 사실 우리에게 가장 널리 알려진 건축에 속하는 것이지요.

　하지만 우리는 도산서당에 대해 과연 잘 알고 있을까요? 도산서당을 방문했던 분들 가운데에 도산서당의 건축에 바탕이 된 사상과 이념에 대해 궁금해했던 사람들이 얼마나 될까요? 어쩌면 우리는 도산서당의 명성에 비해선 정작 그곳에 대해 별로 많은 것을 알고 있진 못한 게 아닐까요?

　퇴계 이황에 대해서는 현대에 들어 많은 연구가 진행되고 있습니다. 특히 그의 사상에 대한 인문학적 연구는 한국뿐 아니라 일본, 중국, 러

시아, 미국 등에서도 왕성하게 진행되고 있지요. 하지만 물리적인 측면에서 퇴계에 대한 연구는 그다지 없는 것 같습니다. 김동욱의 「퇴계의 건축관과 도산서당」, 권오봉의 「퇴계의 연거(燕居)와 사상형성」 등의 획기적인 연구 성과가 있기는 했습니다만, 아쉽게도 권오봉 선생은 이제 고인이 되고 말았지요. 저는 권오봉 선생의 연구를 보완해가며 퇴계의 도산서당을 사상적인 측면과 건축적 측면을 연결해 고찰해볼까 합니다.

제가 도산서당을 연구한 것은 성리학이라는 이념이 건축물의 구체적인 조영에 어떻게 영향을 주고 있는지가 궁금해서였습니다. 흔히 조선 시대의 모든 분야에 성리학 이념이 스며들었다고 하지만, 정작 대표적인 성리학자인 퇴계 이황의 건축에 성리학이 어떻게 반영되었는지에 대한 연구가 없다는 것이 의아했지요. 그래서 저는 도산서당에 대한 여러 글과 그림을 분석해보았습니다.

퇴계가 도산으로 옮기기까지

퇴계는 21세 되던 1521년 허 씨를 부인으로 맞고 노송정에서 더부살이를 하면서 본인은 산사나 영천으로 다니면서 과거를 준비했습니다. 영천은 지금의 경상북도 영주(永州)에 해당하는 조선 시대의 행정구역입니다. 당시에는 영천에 산사나 의원(醫院)이 있어서 근방의 사람들이 많이 찾았다고 하는데, 이황도 영천의 산사를 다니곤 했습니다. 26세에는 성균관에서 유학을 하던 온계공의 집인 삼백당(三栢堂)을 빌려서 어머니를 봉양했는데, 이곳이 서재(西齋)이지요. 서재란 주로 성균관이나 향교의 명륜당 서쪽에 위치해 유생이 거처하고 공부하는 곳을 이릅니다. 31세 되던 1531년에는 지사(芝舍)¹⁾를 세웠는데 편액을 '지산와사(芝山蝸舍)'²⁾라 했습니다. 이곳은 후일에 문인 이국량(李國樑)에게 주었는데, 바로 지금의 양곡당(暘谷堂)입니다.

1546년에는 조용히 학문을 닦을 곳을 찾아서 별서를 조성했습니다. 퇴계라는 곳의 동쪽 바위 가에 양진암(養眞庵)³⁾을 지었습니다. 이곳에는 언지시(言志詩)가 남아 있습니다. 양진암을 계장(溪莊)이라고도 하는데, 이 동쪽 바위가 의지하고 있는 산정에 퇴계의 무덤이 남아 있습니다. 이곳과 관련된 퇴계의 시로는 「동암언지(東巖言志)」⁴⁾ 「계장우서(溪莊偶書)」 「계촌즉사이수(溪村卽事二首)」 「우음육언(偶吟六言)」 등이 있습니다.

1547년에 퇴계는 이런 기록을 남겼습니다 "5년 전 경성에서 꿈을 꾸었는데, 선성(宣城)의 산수 사이를 노닐고 몽유시까지 읊었는데, 자하산이 꿈에 본 경치와 꼭 들어맞는 것을 기뻐하고 「하명두(霞明塢)」라는 시를 지었다." "내가 신묘년(1531)에 지산(芝山) 기슭에다 조그만 집을 지은 일이 있다. 26년의 세월이 지났다. 그동안 슬픈 일, 기쁜 일, 사람의 삶과 죽음이 숱하게 있었다. 나는 퇴계로 옮겨 삼경(三徑) 생활을 하고 있다." 〈방자운률시서(傍字韻律詩序)〉의 주(註)에 딸린 구절입니다.⁵⁾ 지산과 지산와사에 대해서는 일찍이 "지산 기슭 끊어진 곳에 집터를 잡으니 달팽이 뿔 같은 좁은 땅이 몸만 용납한 정도일세"라는 시를 쓴 적도 있었지요.

퇴계가 이 지산와사를 문인인 이국량에게 양도했던 데에는 사연이 있습니다. 이국량은 농암 이현보의 조카이기도 한데요, 퇴계 자신의 기록을 보겠습니다. "우리 시골 영지산에 절 하나가 있었는데, 내가 일찍이 오가면서 글을 읽었다. 그 후 그곳 산 뒷자락에 작은 집을 지었다. 벼슬을 다니면서도 때로는 돌아가고자 하였으나 이룩하지 못하고 이제 스스로 영지산인이라 일컬었다. 농암 선생이 시골로 돌아오자 이 암자를 사랑하며 거듭 수리하여 영지정사라 이름 하고는, 때로 지팡이와 나막신으로 그 가운데에서 소요하면서 시를 읊어 나에게 부쳐주었다. 또 이르기를 '그대 옛날에 이 산 기슭에 집을 짓고 영지산인이라고 지칭하였는데, 이제 내가 먼저 와서 살고 있으니 이야말로 손님을 일컬어 주인이라고 하는 격이 아니겠는가. 조만간에 송사를 일으켜 찾으려무나'라고 하였다. 일찍이 선생의 높은 의를 느꼈는데 외람되이 시와 편지를 받들어 웃음과 해학의 자료를 만들어주심이 기쁘고 다행함을 이기지 못하여, 삼가 그 시를 차운하여 올린다. 황공하여 두 번 절한다."[6] 여기에 근거하여 지산와사는 이국량에게 양도하고, 이황은 퇴계로 다시 수양처를 찾아간 것입니다.

퇴계는 「천사촌(天沙村)」이라는 시에서 "나도 역시 이웃 삼아 서녘 동학 맡아두고, 띠 이엉 집 그 가운데 만 권 책을 지녔다오"라고 읊은 적이 있습니다. 시 속에 등장하는 곳은 바로 하명동(霞明洞) 자하봉(紫霞峯) 자락입니다. 이곳은 퇴계의 다른 시인 「답청등하봉(踏靑登霞峯)」에도 등장합니다. 이 시에 "하산에 올라와서 푸른 봉우리에 앉았도다"라는 구절이 등장하지요. '희작칠대삼곡시(戲作七臺三曲詩)' 가운데 한 작품인 「삼사곡(三沙曲)」에서 "서녘을 바라보니 붉은 놀 저 언덕에, 작은 풀집 또 보이니 숨은 선비 예 있으리" 하고 읊은 곳 역시 이곳입니다.

이 시구들처럼 퇴계는 하명동 자하봉 기슭에 터를 정하고, 자하서원(紫霞書院), 하산정사(霞山精舍), 뇌석정(瀨石亭)이라 이름까지 지었습니다. 하지만 사정상 공사를 끝내지 못하고 대신 죽동(竹洞)에 새로 지을 집의 〈옥사도(屋舍圖)〉를 그리게 됩니다. 죽동을 세 차례나 답사한 후 아들 준에게 그림처럼 지으라고 명했지만, 실제 입지에는 골이 좁고 시냇물이 흐르지 않아 계상으로 입지를 옮겨야 했습니다.

1550년에 퇴계는 계상으로 옮겨 시내 서쪽에 자리를 잡아 한서암[7]을 짓습니다. 이와 관련해서는 같은 해 5월 18일에 지은 「화도집이거운시(和陶集移居韻詩)」가 있습니다. 1551년 청명일에는 한서암을 시내 북쪽으로 옮겼습니다. 처음에 지은 한서암은 집이 지나치게 커서 다시 옮겨 거처한 것이라고 합니다. 퇴계는 한서암에 머물던 당시에 스스로의 당호를 '정습(靜習)'이라 했는데, 이는 명나라 잠계 송렴(潛溪 宋濂, 1310~1381, 명나라 초기 한림학사로 임명되어 제도와 문물을 만드는 데 참여했으며 문장이 아름답기로 유명하다)이 취했던 것을 차용한 말입니다. 또한 육우원(六友園)을 조성하고 4월에는 광영당(光影塘)을 팠습니다. 시내의 이름은 장명수(鏘鳴漱)라 불렀습니다.

1552년 1월에는 계상서당을 짓는데, 안동, 예안, 영천, 풍기 등의 지방에서 수학하기 위해 한서암에 찾아오는 문인이 머물며 공부할 수 있는 정사(精舍)가 필요했기 때문입니다. 계상서당의 위치는 속칭 '초당골'이었습니다. 1556년 7월에 귀몽대(龜夢臺)를 건축하였는데, 이곳과 관련된 글로는 「입추일계당서사삼수(立秋日溪堂書事三首)」가 있습니다. 귀몽대는 자산(玆山)의 산수가 아름다운 곳에 자리하여 좌우에 책이 가득하였으며, 향을 피우고 정좌하니 엄숙함이 감돌았다고 합니다. 여기서 평생을 마치고 싶었던 것이 퇴계의 바람이었습니다. 9월에는 계남서재(溪南書齋)[8]를 지었는데, 원래 최계의 화암(花巖) 곁에 있던 건물입니다. 제자들이 재물을 모아 지었다고 합니다.

1557년 3월에 퇴계는 단사(丹沙) 등지를 유람하며 서당을 옮길 곳을 찾았습니다. 그러다 마침내 찾은 곳이 도산입니다. 그는 도산을 찾고 "계상 위에 복거하니 지형이 협착하여, 탄식하며 다시 찾고자 높고 깊은 곳을 다 돌아보았네"라고 심경을 읊기도 했습니다.

도산서당은 어떻게 지어졌나

퇴계 이황은 도산서당의 터를 찾은 후 「심개복서당지득어도산지남유감이작이수(尋改書堂地得於陶山之南有感而作二首)」[9]와 「재행시도산남동유작시남경상·금훈지·민생응기·계아안도(再行視陶山南洞有作示南景祥·琴壎之·閔生應基·溪兒安道)」[10] 등의 시를 남겼습니다. 많은 우여곡절을 거쳐 어렵사리 찾은 서당이니 그만큼 신중하게 다시 검토하고자 했을 것입니다. 창랑대에 올라 이름을 천연대로 고치기도 했지요. 1557년에 대용 이숙량(李叔樑)에게 답한 편지에서 "전에 이른바 강물을 굽어보는 도산 남쪽 절승한 곳을 택하고 근일 분천(汾川) 제군과 그곳에 모여 승려 신여(信如)의 무리로 하여금 축조하여 대(臺)를 만들게 하여 그 이름을 창랑[11]이라 붙였는데 그 경치가 몹시 아름답습니다"[12]라고 한 기록에서 그간의 경위를 알 수 있습니다. 창랑대와 관련된 시로는 「추일등대(秋日登臺)」 「창랑영양(滄浪詠懷)」 등이 있지요.

1558년 10월에 퇴계는 마침내 〈도산정사도('陶山精舍圖')〉를 그립니다. 대성 이문량(李文樑)에게 쓴 편지에 보면 이때의 심정이 잘 드러납니다. "나의 안식처를 도산에다 마련하게 되었으니 이것이 만년의 가장 다행스러운 일입니다. (…) 승려 법련(法蓮)이 그 일을 담당하겠다고 나서니 이는 하나의 기이한 인연입니다."[13] 이와 비슷한 내용이 담긴 편지를 조사경(趙士敬)에게도 썼는데요, "이미 도본을 그려 준에게 보내면서 (…) 속히 법련을 불러 소상히 설명해서 그가 분명히 알 수 있도록 하여 주십시오"라는 구절입니다.[14] 퇴계는 도산서당의 건축에서 "당은 반드시 정남향으로 (…) 배치와 간수를 정하여 주고, 정사의 이름을 홍경농상다백운(弘景隴上多白雲)에 취하여 '홍경(弘景)'으로 하려 한다"라는 원칙을 정합니다.

같은 해 퇴계가 금문원(琴聞遠)에게 쓴 편지에는 『중용』에 나오는 '전학(傳學)'에 대한 내용[15]과 함께 창랑에 집 짓던 일을 주관하던 승려 법련의 죽음에 대한 이야기가 나옵니다. 이 시기 그가 남긴 여러 편지에는 도산에 서당을 짓는 일에 대한 퇴계의 의지가 잘 드러나 있습니다.

1559년 9월에 퇴계는 이문량과 함께 도산의 동봉(東峯)에 올라 산 이름을 '취미(翠微)'라고 부릅니다. 중국의 시인 두목(杜牧, 803~853)의 '구일휴호상취미(九日攜壺上翠微)'에서 취한 표현입니다.[16] 1560년 이중구

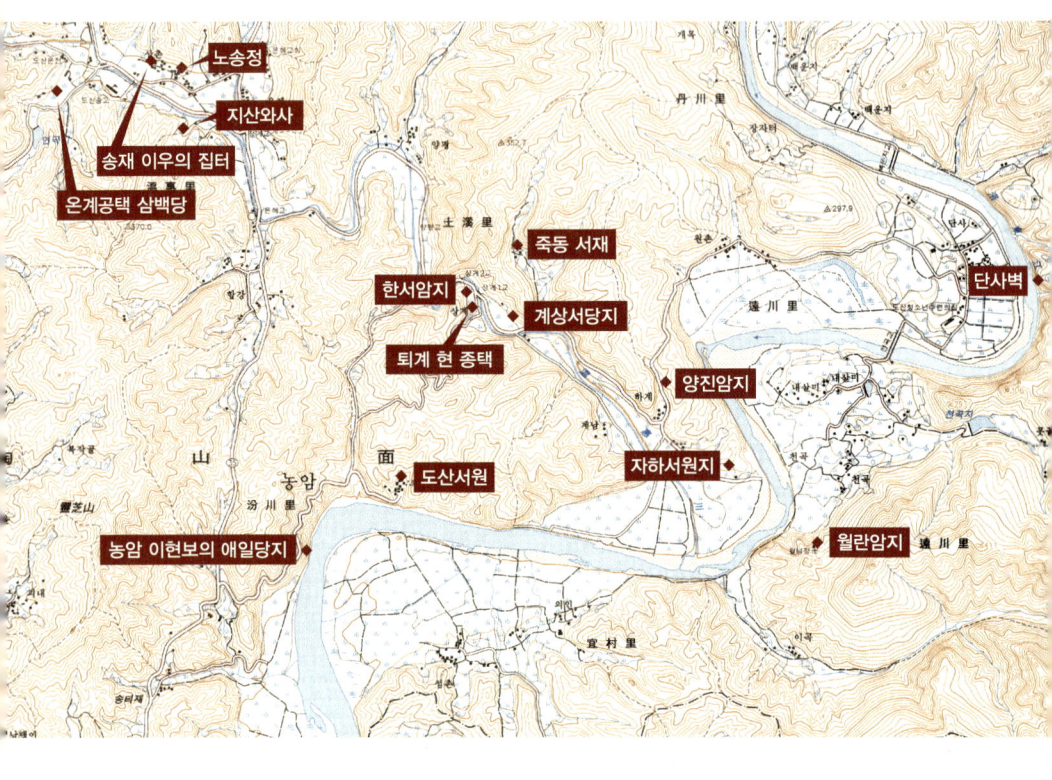

온혜, 퇴계, 낙천과 도산서원이 위치한 지역의 지형도

에게 보내는 편지에서는 "당은 약허(若虛), 재(齋)는 신사(信斯), 사(舍)는 농운(隴雲)"이라고 여러 건물들의 이름을 밝힙니다.[17]

서당의 건축 과정 역시 퇴계가 남긴 글과 편지를 통해 짐작할 수 있는데, 그리 순조롭지 않았던 것 같습니다. 이정(李楨)에게 보낸 편지에서 "나는 졸렬함이 심하여 아직도 찾아오는 벗들이 유숙할 곳이 없었는데, 근래 강가에 작은 집을 짓고 있으나 아직 완성되지 못하였습니다"라고 하였고,[18] 또 황중거에게 보낸 편지에는 "도산의 건축은 정령 어쩔 수가 없습니다. 이제 비로소 3칸을 세웠는데, 자력이 모자라 중단을 해야겠습니다"라고 했으니까요.[19]

법련의 죽음은 도산서당의 조영에 나쁜 영향을 미쳤습니다. 이문량에게 보낸 편지에서 퇴계는 "정사(精舍)에 대한 일은 전부 법련을 믿었는데 지금 들으니 죽었다고 합니다. 하늘이 어찌 나를 돕지 않는 것이 이 지경에 이른 것입니까?"라고 말하기도 했습니다.[20]

퇴계는 서당이 완공되기 전에 미리 시를 시었던 것을 후회하기도 했습니다. "도산의 시를 지은 것이 너무 빠른 것은, 참으로 장자가 이른 바 계란을 보고서 닭 소리를 구하는 것과 같습니다. 대개 그 옥사(屋舍)가 아직 완성되지 않았으니, 그 시의 내용이 모두 예상해서 지은 것이어서 현실에 가깝지 않습니다"라고 쓰기도 했으니까요.[21]

1561년은 마침내 서사(書舍)가 완성되고 절우사 역시 조성되지만 서당의 건축이 다 마무리되지는 못했던 해입니다. 퇴계가 이중구(李仲久)에게 보낸 편지에는 그 사정이 이렇게 표현되어 있습니다. "새로운 거처에 대한 일은 아직도 대부분 끝을 다 맺지 못했습니다. 자중(子仲)이

도산의 별서 명칭의 변천 과정

단계별 \ 요소	당	정사	대
1		홍경정사	찬랑대
2	약허서당: 신사재	농운정사	천연대
3	도산서당: 암서헌, 완락재	농운정사: 시습재, 지숙요, 관란헌	천연대, 천운대

왔을 때도 역시 그곳에서 머물러 잠자리는 못하고 단지 하루의 유완만 가졌는데 경취(境趣)가 좋았습니다."[22] 완공은 되지 않았어도 조금씩 도산의 이 공간 저 공간을 사용하기 시작했음을 알 수 있지요. 황중거에게 보낸 편지에서 "오늘 답청이라 오로(梧老)와 더불어 도산서사에서 함께 술을 마시다가 편지를 읽고 함께 멀리 그리운 생각을 이길 수가 없습니다"라는 쓴 내용이나,[23] "집안에 천연두가 근래 심하여 도산에 피해 와 있은 지가 이미 한 달이 지났습니다. 조사경을 비롯하여 네 다섯 명이 함께 와 있으니 산속이 쓸쓸하지 아니하여 궁색하고 피로한 마음을 위로해줄 만합니다"[24] 등의 내용을 보면 도산에서 보내는 퇴계의 생활을 상상할 수 있습니다.

퇴계에게 도산서당은 중요한 공간이었습니다. "조용히 지내는 호젓함을 말로 표현할 수가 없습니다. (…) 피서의 계절에 개울가에 자취를 감추고 있으니 과연 지나친 근신 같기도 합니다. (…) 다행히 여름에서 가을에 걸친 두세 달 말고는 강산과 풍월을 거두어 관리할 사람이 없는지라, 가까이 그에 비길 만한 경치 좋은 곳이 없으니 그곳에서 늘그막을 즐기는 곳으로 삼을까 합니다."[25] "황(滉)에게 도산이 천직과 같은 곳이라, 집이 완비되지 못했다고 오래 비워둘 수가 없습니다."[26] "황(滉)은 지난달 도산에서 조용히 지내니 참으로 좋았는데 하루는 큰 비가 내려 골짜기의 물이 마구 쏟아져 연못을 메워버리고 계단을 무너뜨려 고칠 수가 없게 되어 그윽한 정취를 아주 망가뜨려버렸기에 계장(溪莊, 양진암과 한서암)에 와서 지낸 지가 며칠 되었습니다"[27] 등의 기록들이 그런 추측을 뒷받침해주고 있습니다.

이황은 도산서당에 대한 시 「도산언지(陶山言志)」[28]와 『도산기(陶山記)』를 지었습니다. 그런데 이 『도산기』가 세상에 알려지면서 퇴계는 후회도 했다고 합니다. 안도손(安道孫)에게 보낸 편지에서 "『도산기』는 뜻밖에 전파됨이 이에 이르렀으니, 끝까지 숨겨두지 않고 가벼이 남들에게 내어 보인 것을 매우 뉘우친다"고 밝혔지요.[29] 조사경에게 보낸 편지에서 "전날 초벌로 쓴 것에는 아직 확정하지 못한 곳이 있는지라 그대가 가져가려는 것을 말렸어야 했습니다. 다만 기문 가운데 내 나름으로 지어본 새 논조가 이치에 맞는지 알지 못하여 그대가 자세히 살펴보고 병폐를 지적해주기를 바랐던 때문이었습니다만 뜻하지 않게도 그대는 한 구절의 조언도 보내지 않은 채 재빨리 사람들에게 전파하였습니다"라는 책망의 구절이 등장하는 것으로 보아서,[30] 퇴계의 가장 가까운 제자였던 조목(趙穆, 1524~1606)이 『도산기』를 전파한 것으로 보입니다. 서당이 도산서당이라는 이름으로 불리게 된 것도 이 당시부터인 것 같습니다. 1562년 11월의 일입니다.

도산서당의 입지와 공간

퇴계는 『도산기』의 「서문」에서 서당의 입지와 명칭을 이렇게 설명합니다. "영지산 한 자락이 동으로 뻗어내려 도산이 되었다. 혹자의 말에는 '이 산의 돈대(墩臺, 평지보다 높직하게 두드러진 평평한 땅)가 두 번이나 솟았으므로 도산이라 이름 하였다' 하고, 또 더러는 이르기를 '산중에 옛날에 질그릇을 굽던 가마가 있었으므로 이름한 것이다'고 한다."[31]

서당의 당(堂)은 모두 세 칸인데, 이 가운데 한 칸은 완락재(玩樂齋), 동쪽의 한 칸은 암서헌(巖棲軒)이라 하고, 합쳐서 편액을 '도산서당'이라 했습니다. 사(舍)는 여덟 칸인데, 재(齋, 심신을 깨끗이 하고 머무는 곳, 즉 공부방)는 시습(時習), 료(寮, 숙사, 즉 잠자는 곳)는 지숙(止宿), 헌(軒, 방에 붙여 내민 마루)은 관란(觀瀾)이라고 이름을 붙였습니다. 이들을 합쳐서 편액을 농운정사(隴雲精舍)라 했지요. 또한 네모난 못에 연꽃을 심고 이름을 정우당(淨友堂)이라 붙였으며, 연못 동쪽에 몽천(蒙泉)을 만들고 단을 쌓아 그 위에다 매화와 대나무, 소나무, 국화를 심고 이름을 절우사라고 불렀습니다. 당 앞으로 출입하는 사립문은 유정문(幽貞門)이라는 이름을 붙였습니다.

도산서당에는 산의 문처럼 생긴 바위가 있었는데 이름을 곡구암(谷口巖)이라고 했습니다. 여기에서 동으로 두어 걸음 나가면 산록이 높이 끊어지고 큰 바위가 깎아 질러 12층이 되어 보입니다. 그 위에 대를 쌓았는데 "소나무 가지들이 해를 가리고 위로는 하늘과 아래로는 물과 새와 고기가 날고뛰며 좌우 취병(翠屛, 산이 병풍처럼 첩첩한 모양) 위 흔

퇴계가 조성한 당암의 입지와 원림 요소

당암·요소	양진암	한서암	계산서당	도산서당
입지	퇴계 동쪽	퇴계 서쪽	퇴계 북쪽	낙천 북쪽
향	건지산 남동향	영지산 북동향	건지산 남향	영지산 남향
당	원형	괴형	직방	정방
원	풀밭	송·죽·매·국·과	송·죽·매·국	송·죽·매·국
천		몽천	몽천	몽천·열정
대	동암		임성대	천연대·천운대
문		시비	고등암	곡구암·유정문

들리어 새파랗게 잠기어서 강산의 승경을 한번 보아 다 터득할 수 있다"고 했습니다. 이 대의 이름이 천연대입니다. 서쪽에도 역시 대를 쌓을 작정으로 천광운영(天光雲影)이라 했는데, 그 경치가 천연대 못지않았다고 합니다.

산의 뒤쪽에 있는 물을 퇴계, 산의 남쪽에 흐르는 물을 낙천이라고 했습니다. 퇴계는 산의 북쪽으로 돌아 나와 산등에서 낙천으로 들어가고 낙천은 동취병에서 내달려 산 밑에 와서는 길게 흐르며 모입니다. 낙천의 한 부분은 깊어서 배를 띄울 만하며 금모래가 깔려서 물이 맑고 투명하며 새파랗고 싸늘한데, 이곳이 탁영담(濯纓潭)입니다. 탁영담 가운데에는 반타석(盤陀石)이 있는데 모양이 울퉁불퉁하여 배를 매고 술자리를 벌일 만하다고 했습니다. 이곳은 물이 불어나면 수면 아래 잠겼다가 날씨가 잔잔해지면 형체를 드러내곤 했습니다. 이 공간을 무대로 하여 퇴계는 여러 편의 시를 남기기도 했습니다.

도산서당의 여러 건축물 입지는 성리학의 영향을 입었다고 알려져

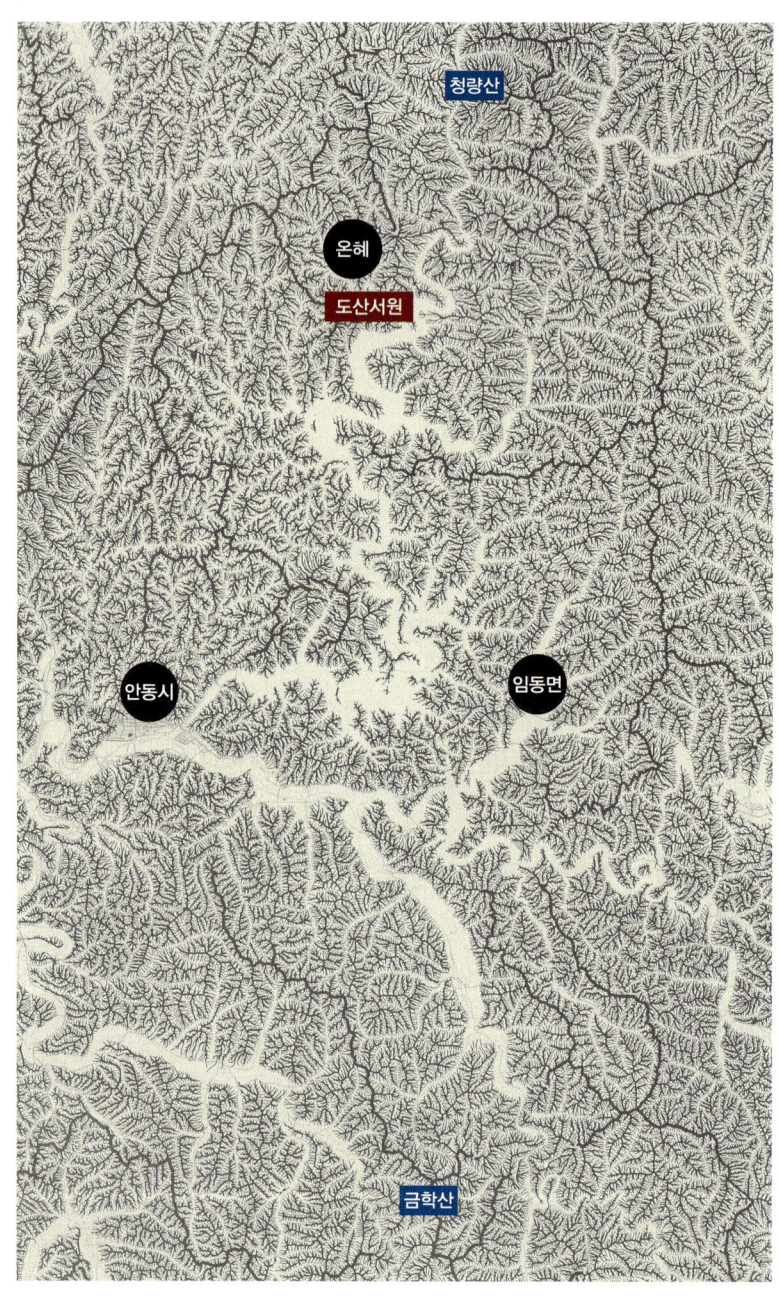

도산서원의 시각 구조 및 영역을 보여준다. 맨 앞의 금학산은 차경의 일종인데, 영역의 가장 끝이 되는 '터미널 뷰(terminal view)'이기도 하다.

있습니다. 성재 금란수(琴蘭秀)가 『도산서당영건기(陶山書堂營建記)』에서 그 사실을 밝히고 있지요.[32] 그의 설명에 따르면 도산서당 건축물의 방향은 '양용왕간(陽用王間)'의 제도라고 합니다. 정우당, 유정문과 천연대 등은 중국 송나라의 유학자 주돈이(周敦頤, 1017~1073)의 「애련설(愛蓮說)」[33]에서 의미를 취했고, 『주역』과 『시경』 등에서 내용을 택해서 지은 이름입니다. 도산서당에 있는 대부분의 당과 재, 대, 원림 등은 경서와 선현의 시구 등에서 취해 이름을 붙였지요. 하나하나의 이름과 구절에서 성리학적 근거를 찾을 수가 있습니다. 물론 선현들의 표현에서 의미를 취하는 것도 좋겠지만 퇴계만의 독창성이 있는 작명이 있었다면 더 좋지 않았을까 하는 아쉬움이 있습니다. 또한 퇴계는 도산서당을 주제로 많은 시를 썼습니다. 도산서당을 수시(首詩)로 하는 18절(칠언), 몽천(蒙泉)을 포함해서 26절(오언), 또 4절(오언)로 농암(聾巖), 분천(汾川), 하연(賀淵), 병암(屛巖) 등을 읊은 작품이 있습니다.

퇴계는 도산에서 초봄부터 여름 중반까지와 9~10월 동안에만 머물렀다고 합니다.[34] 동짓달과 섣달, 6~8월에는 다른 곳에서 지냈는데, 겨울은 추위를 피해서였고 한여름은 어량(魚梁)을 설치하는 기간이라 피했다고 합니다. 어량은 물이 흐르는 곳을 막고 한 군데만 열어서 그곳에 물고기를 잡는 통발을 설치한 것을 말합니다. "뜻하지 않은 사고나 어량을 피해서 계상에서 지내는 것"이 일반적이었던 것으로 보입니다.[35]

퇴계는 선조 3년(1570) 12월 8일에 70세로 세상을 떠납니다. 12월 17일 대궐에 부음이 전해지자, 왕은 영의정 벼슬을 내리고 3일간 철시

(轍市, 국상이 났거나 대신이 죽었을 때 저자의 문을 닫고 쉬던 일)를 명했습니다. 1571년 3월 임오일에 장사를 지냈는데 장지는 양진암의 뒷산이었습니다. 1572년 11월 초일에 퇴계의 위패를 본인이 「서원기」를 썼던 이산서원에 봉안했습니다. 1573년 봄에는 서원을 도산 남쪽에 세우기로 하였고, 1575년 여름에 서원이 낙성되어 '도산서원'이라는 현판을 하사받게 됩니다. 이보다 먼저 1574년 2월 정축일에 노강서원에서 퇴계의 위패를 모시고 제사를 지냈습니다. 이 서원들은 낙동강 상류, 읍내 동쪽 30리 되는 곳에 안동의 선비들이 세운 것입니다.

그림 속에 나타난 도산서당

퇴계 이황이 66세 되던 명종 21년 5월 22일에 왕은 화공에게 도산과 주변의 경치를 그림으로 그리라고 명합니다. 임금은 "이황을 부른 것이 한두 번이 아니었으나 황이 병으로 부름에 응하지 못하자, 은밀히 화공에게 명하여 이황이 살고 있는 도산의 경치를 그려서 올리도록 하였다"고 합니다.[36] 그림이 완성된 후에 왕은 "여성군(礪城君) 송인(宋寅)을 시켜서 「도산기」와 「도산잡영(陶山雜詠)」을 쓰게 하고 병풍을 만들어서 거처하는 방 안에 펼쳐놓게 하였다"고 전해집니다.

퇴계는 이런 과정을 소상히 알고 있었던 것으로 보입니다. 그가 큰아들 준에게 보낸 편지에는 "팔려위(八礪尉)가 이정존(李靜存)에게 도산의 그림을 보내어 그 가부를 물었는데, 그가 [퇴계의 손자인] 안도(安道)

와 정자중 등에게 확인을 했고, 자중이 잘못된 곳을 지적했다고 한다. 이 일은 지극히 놀라운 일로서 안도도 동참해서 시비를 논했다니 더더욱 미편한 일이다"37)라고 쓰고 있거든요.

영조 임금도 도산서당의 그림에 대한 일화를 남겼습니다. 영조 대의 기록에는 이런 것이 있습니다. "시독관(侍讀官) 오원(嗚瑗)이 '도산은 선정(先正)이 살았던 곳인데 명조(明朝)께서 그림으로 그려 올리게까지 하셨습니다'라고 했다. 임금이 말하기를, '문순공의 유화(遺化)가 지금까지 없어지지 않았다 하니, 내가 실로 흠탄하다. 특별히 근신을 보내어 도산서원과 예안의 고택에 제사를 지내게 하고 그림을 그려 올리게 하라'고 명했다."38) 같은 왕 39년 8월 25일에는 "임금이 춘방관(春坊官) 이현묵(李顯默)을 소견했는데, 그가 이언적(李彦迪)의 후손이기 때문이었다. 옥산서원의 산수 경치가 좋은 것에 대해 묻고 도신(道臣)에 명하여 도산서원의 예에 의거하여 그림으로 그려서 올리게 하였다"는 기록이 등장합니다. 도산서원과 그 그림의 경우가 본보기가 되었던 것이지요.

명종 때 병풍으로 제작되고 영조 때 그림으로 그려진 도산의 그림은 현재에는 남아 있지 않습니다. 오늘날까지 남아 있는 도산 그림으로는 〈도산서원도〉와 〈이문순공 도산도〉 화첩, 겸재 정선의 〈도산서원〉, 강세황의 〈도산도〉, 작자 미상의 〈무이구곡 도산십이곡도〉 등의 작품이 전해지고 있지요.

〈도산서원도〉는 순조 때의 화가인 이징(李澄, 1581~?)39)의 작품으로 도산서원 일대를 묘사한 그림입니다. 이 그림은 17세기 초에 당시 전해오던 〈도산도〉를 보고 그린 그림인데, 그 후 안동에 거주하던 연안

〈도산서원도〉, 이징, 130.0×29.5cm, 17세기, 계명대학교 동산도서관 소장.

사람 이만녕(李萬寧, 1690~1729)이 숙종 42년(1716)에 이 그림을 서첩으로 만들어 후대에 전했다고 합니다.

그림의 오른쪽에서 왼쪽 방향으로 살펴보면, '선정구거계상촌(先正舊居溪上村)'이라고 쓴 아래에 한서암이 보입니다. 그 다음으로 퇴계가 47세 되던 해에 『심경(心經)』을 공부했던 월란암과 동취병, 그 뒤쪽 아래로 월정과 의인촌, 천연대, 반타석, 탁영담, 몽천, 절우사가 있습니다. 도산을 정점으로 도산서원, 곡구암, 어촌, 역락재, 천광운경대, 어량, 강사, 석간대, 서취병, 애일당, 분천서원, 분강촌, 영지산이 배치되어 있는 것도 볼 수 있습니다. 낙천에 임해 아래에서 위로 곡구암과 그 좌우에 천연대와 천운대, 그 위 줄에 도산서당과 농운정사, 정우당, 그 다음 줄에 진도문을 통해서 전교당과 장판각이 있으며, 맨 위 줄에는 상덕촌을 비롯한 사우군이 있습니다. 도산서당뿐 아니라 주변의 경치와 경물

17세기 초에 화가 이징이 당시 전해오던 〈도산도〉를 보고 그린 그림이다. 이만녕이 1716년에 이 그림을 화첩으로 만들어 후대에 전했다.

까지 모두 묘사하고 있는 작품입니다.

〈이문순공 도산도〉(154~155쪽 그림)는 가로 17.5, 세로 29.0센티미터 크기의 서첩인데, 숙종 때 정언 벼슬을 지낸 김창석(金昌錫, 1652~1720)의 작품⁴⁰⁾입니다. 그는 당시 안동 지방에서 시서화에 두루 뛰어나 이름이 높았습니다. 서첩의 좌측에서부터 보자면, 한 면에 월란암, 동취병, 선인촌이 묘사되었고, 다음 면에 반타석, 탁영담, 어촌, 천연대, 월정, 몽천, 절우사, 도산서원, 곡구암, 역락재, 운경대, 어량이, 그 다음 면에 강사, 병암, 서취병, 애일당, 분천서원, 분강촌 등이 묘사되었습니다. 중심부에 있는 도산서원의 구도는 앞에서 보았던 〈도산서원도〉의 구도와 비슷합니다.

겸재 정선이 그린 〈도산서원〉(155쪽 그림)은 가로 21.3, 세로 56.4센티미터 크기의 화폭에 그려져 있습니다. 경종 원년(1721)에 겸재가

〈이문순공 도산도〉, 김창석, 39.0×27.5cm(화첩 크기: 34.5×42.0cm), 연세대학교 도서관 소장.
김창석은 숙종 대에 정언을 지냈다. 이 그림은 퇴계 이황이 학문을 연구하고 제자들에게 강학을 하던 도산서원과 주변 경치를 그린 작품으로 1쪽은 월란암, 계상서당, 의인촌, 동취병 등을 묘사하고 있다.

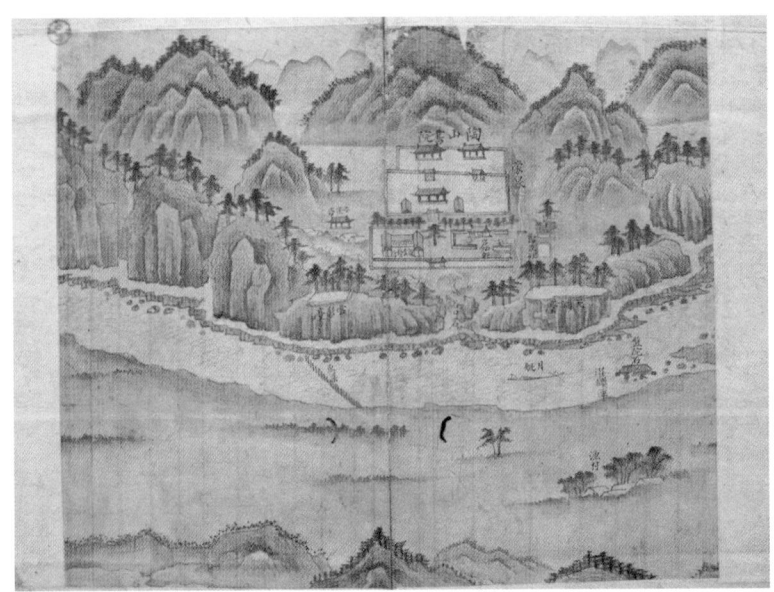

〈이문순공 도산도〉, 김창석, 화첩, 34.5×42.5cm, 연세대학교 도서관 소장.
석간대, 서취병, 강사, 병암, 애일당, 분천서원, 분강촌 등이 묘사되어 있다.

〈이문순공 도산도〉, 김창석, 화첩, 34.5×42.4cm, 연세대학교 도서관 소장.
도산서원을 중심으로 해서 곡구암 좌우로 천연대, 천운대, 탁영담, 어량, 월정 등이 묘사되어 있다.

〈도산서원〉, 정선, 종이에 담채, 21.3×56.4cm, 1777년, 간송미술관 소장.
도산서원과 가까운 주변을 묘사하고 있다. 동취병 일부와 취미봉, 반타석, 천연대, 곡구암, 월정, 역락재, 천운대, 석간대 등이 표현되어 있다.

46세의 나이에 경상도 하양현감으로 부임하자, 그 전별의 자리에서 담헌 이하곤(李夏坤, 1677~1724)이 이렇게 전별시를 읊었다고 합니다.

도산 한 물굽이에 퇴계 노인 사셨으니 　　陶山一曲退翁居
시내 위 사립문에 늙은 나무 많겠지 　　　溪上柴門老木餘
조만간 자네는 가서 응당 그릴 터 　　　　早晚君行應縱筆
먼저 한 장 그려서 내게 부쳐주게나 　　　先將一紙寄扵余

정선의 이 그림으로는 그가 도산서원을 찾아가서 실경을 묘사했는지 여부를 알 수 없습니다. 새삼스레 겸재의 필력을 언급할 필요는 없을 것이고, 그림의 내용만 보자면 매우 간략하고 거친 편이어서 실제의 도산서당 풍경과 대조하여 분석하기는 조금 어려울 것 같습니다. 이 그림은 도산서원과 가까운 주변으로 범위를 한정하고 있습니다. 왼쪽부터 보자면 동취병이 약간만 스쳐 보이고, 취미봉과 반타석, 천연대, 도산 아래에 도산서원, 곡구암, 월정, 역락재, 천운대, 석간대 등이 있다고 정리할 수 있습니다.

〈무이구곡 도산십이구곡도〉는 작자나 글의 제원도 알 수 없기에 여기의 논의에서는 생략하기로 하고 다음으로 강세황이 그린 〈도산서원도〉를 보겠습니다. 강세황은 41세인 영조 27년(1751)에 〈도산도〉를 그렸는데, 가로 26.8, 세로 138.5센티미터 크기의 작품입니다. 두루마리 형식으로서 도산서원을 중심에 두고 왼쪽부터 시작해서 오른쪽으로 월란암, 동취병, 의인촌, 어촌 등이 보입니다. 가운데에는 낙강에 면해

〈도산도〉, 강세황, 종이에 담채, 26.8×138.5cm, 1751년, 국립중앙박물관 소장.
도산서원을 중심에 두고 폭넓게 월란암, 동취병, 의인촌, 어촌 등이 주변에 묘사되어 있다.

서 도산서원과 그 주변 경물, 원림 요소들이 묘사되어 있습니다. 탁영담, 몽천, 절우사, 천연대, 월정, 정우당, 열정, 도산서원, 곡구암, 강사, 역락재, 어량, 천운대 등도 보입니다. 또 오른쪽에는 석간대, 병암, 서취병, 애일당, 분천서원, 분강촌 등이 그려져 있지요. 두루마리 후미에는 강세황의 발문이 있습니다. 성호 이익(李瀷)의 청에 의해 그려진 작품으로 현재는 국립중앙박물관에 소장되어 있으며 보물 제522호로 지정되어 있기도 합니다. 말미에 1927년 가을에 쓴 육당 최남선의 「수장기(收藏記)」 2행이 적혀 있습니다. 이 그림 역시 실제로 도산서원의 풍경을 보고 그린 그림은 아니고, 전해지는 그림을 모사하여 그린 것으로 추정됩니다.

여기서 살펴본 네 작품을 요소별로 비교해보면 표 〈회화에 표현된 도산서원의 경물 요소 비교〉와 같습니다. 정선의 그림은 실경보다는 도산서당의 상징적인 이미지에 더 비중을 두고 그린 작품입니다.

회화에 표현된 도산서원의 경물 요소 비교

	그림			
	〈도산서원도〉	〈이문순공도산도〉	〈도산서원〉	〈도산도〉
경물 요소	분천서원·분강촌	분천서원·분강촌		분천서원
	애일당	애일당		애일당
		서취병		
	병암·서취병	병암		병암·서취병
	석간대	병암		석간대
	강사	강사	석간대	천운대
	역락재·천운대·어량	역락재·천운대·어량	역락재·천운대	역락재·어량
	도산서당·곡구암·어촌	도산서당·곡구암	도산서당·곡구암·월정	도산서당·곡구암·강사
	몽천·절우사	몽천·절우사		절우당·열정
	천연대·탁영담	천연대·월정	천연	몽천·절우사 천연대·월정
	반타석	반타석·탁영담·어촌	반타석	탁영담
	의인촌			어촌
	동취병			의인촌
	월란암	의인촌		동취병
	한서암	월란암·동취병		월란암

    네 그림 모두가 좌우로 흐르는 낙천에 임해서 곡구암과 좌우에 있는 두 대, 도산서당과 농운정사, 입구에 있는 진도문과 전교당, 장판각, 광명당 등 부속 건물들, 상덕사, 전사청을 비롯한 건물들을 보여줍니다. 낙천에 임해 있는 대는 서원 내부의 공간이라기보다는 자연을 접할 수 있는 외부 공간입니다. 내부 공간인 도산서당과 농운정사 등의 건축물들은 인공적으로 조성된 원림과 더불어 수양생활과 도학이 중심이 되는 공간입니다.

이념을 구현한 도산서당의 공간

퇴계는 도학(道學)을 무척이나 중요하게 생각했습니다. 도를 닦는 사람, 즉 구도(求道) 또는 견도(見道), 입도(入道), 진도(進道)하는 사람은 후학에게 경전을 소개하고 교육하여 가르쳐야 하며, 학생은 선생을 공경하고 존모해야 한다고 믿었지요. 그가 이런 생각을 가지게 된 데에는 『중용』이 특히 중요한 역할을 했습니다. 그 가운데에서도 『중용』 수장(首章)에 있는 경구인 "하늘이 명을 내려 부여한 것이 성이며, 성을 따르는 것이 도이며, 도를 수양하는 것이 교이다(天命之謂性, 率性之謂道, 修道之謂敎)"의 내용이 중심이 되었습니다.

도산서당의 공간은 『중용』의 이 경구에 따라 설명할 수 있습니다. 교육의 공간, 도의 공간, 성(性)의 공간으로 나누어볼 수 있는 것이지요.

중용이라는 도는 하늘의 섭리인 동시에, 사람이 도와 통하는 심법(心法)이기도 합니다. 처음부터 인간 사회에 적용되는 것을 목적으로 하고 있기에, 사람을 떠난 중용의 도는 아무런 의미가 없다고 할 수 있지요. 『중용』에서는 온 세상 사람들을 덕으로 교화시키는 것을 이상적인 사회라고 보았습니다.

퇴계 이황은 아들 준에게 보낸 편지에서 『중용』의 중요성을 설파했습니다. "읽고 있는 『중용』은 이미 읽은 곳은 익숙하게 읽어 외우고, 읽지 않은 곳은 토가 있는 책을 얻어야 할 것이며, 또 벗에게 질문하여 다 읽되, 모두 익히 읽어 능통한 뒤에 또 『맹자』를 읽도록 해라."[41]

율곡 이이에게 쓴 편지에서는 『중용』을 읽는 법을 설명하고 있기도

도산서당과 『중용』 첫 머리글의 비교

사우군	상덕사, 전사청 등		대
학사군 및 원우	전교당, 동서재, 광명실, 장서각, 진도문 등	안	도(道)를 닦는 것을 교(敎)라 한다
	도산서당, 농운정사, 몽천, 정우당, 절우사, 열정 등	안	성(性)에 따름을 도라 한다
인공 자연	곡구암, 천연대, 천운대, 낙천, 반타석, 탁영담	밖	하늘이 명한 것을 성(性)이라 한다

합니다. "『대학』은 사람을 가르치는 법도이므로 학문하기를 마땅히 이리저리 해야 한다고 말하였고, 『중용』은 도를 전하는 책이므로, 이 도는 이리저리 해야 한다고 말한 것입니다. 두 책의 주된 뜻이 본래 같지 아니하므로, 말이 각각 거기에 알맞은 바가 있는 것입니다."[42] 이 밖에도 퇴계가 『중용』의 가치를 높이 숭상했음을 알려주는 기록들이 많이 있습니다. 그가 자신의 사상을 구현하는 도산서당에서 『중용』의 사상을 건축의 바탕에 둔 것은 어쩌면 당연한 일이라고 할 수 있습니다.

구체적으로 도산서당의 공간들이 어떻게 도학의 원리에 대응하는지 몇 가지 사례를 살펴보겠습니다. 낙천에 면해 있는 곡구암은 『주역』에 나오는 다음 구절의 내용과 대응됩니다. "대축은 정(貞)함에 이로우니 가식(家食)하지 않음이 길하고, 대천(大川)을 건넘에 이로우니라. 가식하지 않고 길함은 어진 이를 기름이요, 대천을 건너 이로움은 천(天)에 응함이다."[43] 천연대와 천운대 등은 '성(性)', 즉 천리를 깨우치는 장치이지요. 도산서당과 농운정사 등은 '성'을 따르는 '도(道)'의 공간입니다. 전교당, 상덕사 등은 도를 익히는 교육의 공간이 되겠지요.

『주역』에 "직(直)은 그 바름이요, 방(方)은 그 의로움이다. 군자는 경(敬)으로써 내(內)를 곧게 하고, 의(義)로써 외(外)를 방정하게 하여 경의

(敬義)가 서서 덕이 외롭지 않다"는 구절이 있습니다.[44] 도산서당의 안과 밖이 나뉘는 것은 이런 사상을 공간적으로 구현한 것으로 볼 수 있습니다. 특히 외부 공간에 해당하는 천연대, 천운대 등은 도산잡영 칠언시 18수, 오언잡영 26수, 차경 4수 등의 요소를 매개로 하여 천리, 즉 성(性)을 읽는 매개처 역할도 했습니다. 천리, 즉 하늘의 이치가 시각적인 현상으로 나타나는 것이 곧 경물(景物)과 경색(景色)이기 때문입니다.

　퇴계의 건축 조영은 시 짓기를 동반하고 있는 점이 독특합니다. 그의 시 가운데에는 학문적 포부나 성취를 읊은 것뿐 아니라 조영사상을 표현한 작품도 여럿 있습니다.

　조용하게 도학을 수련할 수 있는 곳을 오랫동안 찾아 다녔던 퇴계는 공간의 변화와 더불어 '호(號)'도 변했습니다. '운지산인(雲芝山人)'과 '퇴계(退溪)'라는 호는 1546년 동암에 잠시 살던 당시에 썼던 것입니다. 죽동천에 잠시 머물던 때에는 '서간병옹(西澗病翁)'과 '서간병수(西澗病叟)'라는 호를 썼지요. '취병거사(翠屛居士)'라는 호는 자하봉에 머물던 때의 것입니다. 그러다 1550년 계상에 정착한 뒤로는 '계옹(溪翁)' '퇴계노인(退溪老人)' '계상병수(溪上病叟)' 등의 호를 썼으며, 청량산에 관심을 갖던 시기에는 '청량산인(淸凉山人)'이라 하기도 했습니다. 이후 도산에 정착을 결정한 이후에는 '도옹(陶翁)'이라는 호를 비롯해 '산로(山老)' '산주(山主)' '노병기인(老病畸人)' '도산병일수(陶山病逸叟)' '도산진일(陶山眞逸)' '도산노병한인(陶山老病閒人)' 등의 호를 썼습니다. 1665년 '진성야로(眞城野老)', 1569년에는 '백수(白叟)'라는 호도 사용했지요. 만년에 이르러 유계에는 '퇴도만은(退陶晚隱)'이라는 표현이 나옵니다.

도산서당의 조성은 한 번에 일사천리로 이뤄진 것이 아닙니다. 건물들의 명칭은 몇 차례의 번복과 변안 끝에 결정되었고, 건축 조성에서도 퇴계 본인이 도면을 만들고 몇 번씩이나 반복해서 설명하는 모습을 보였습니다. 모든 과정에서 퇴계는 신중하게 궁리하고 고민했던 것으로 보입니다. 건축물 주변의 원림을 계획할 때에는 중요한 요소부터 배치한 후 비중이 적은 것을 배치하는 '근접성의 사고'를 적용하기도 했습니다. 예를 들면 도산서당에서 정우, 절우, 몽천 등의 순으로 연못과 뜰, 개울, 나무 등을 배치해나갔던 것입니다.

1970년 안동 댐이 생기면서 인근 지역이 수몰되었습니다. 지금의 도산서원의 건축, 특히 조경과 배식은 그 당시에 조성된 것입니다. 원형대로 살릴 수 없다면, 불필요하게 덧붙인 것들을 제거하는 것이 퇴계의 학문과 사상을 이해하는 데에 도움이 될 것이라 봅니다. 도산서원은 단순한 건축물이 아니라 퇴계가 자신의 사상과 이념을 구현하기 위해 정밀하게 계획해서 조성해낸 공간이기 때문입니다.

제 개인적인 생각입니다만, 오늘날 퇴계에 대한 연구는 인간이라기보다는 성인의 한 사람으로 퇴계의 위상을 높이는 경향이 있는 것 같습니다. 물론 퇴계는 우리나라의 성리학에서 빼놓을 수 없는 중요한 사상가입니다만, 그에 대한 신격화가 오히려 바른 평가를 가리고 있는 것은 아닐까 걱정이 될 때도 있습니다. 인간으로서의 퇴계와 그의 학문과 인생행로가 더 깊이 연구되어야 할 필요가 있지 않을까요? 도산서원 공간에 대한 이 연구가 그런 시도의 출발점이 되었으면 좋겠습니다.

퇴계의 일생

퇴계 이황은 연산군 7년(1501) 11월 25일에 태어나서 중종, 인종, 명종 대를 거쳐 선조 4년(1570) 12월 8일에 70세로 세상을 떠났다. 당시의 경상도 예안현 온계리에서 진사 식(埴)의 7남 1녀 중 막내로 태어나 7개월만에 아버지를 잃는다. 그가 태어난 곳은 지금도 노송정(老松亭)이라고 불리고 있으며 태실도 보존되어 있다. 이황은 숙부인 송재공(松齋公) 이우(李堣)의 보살핌을 받으며 자랐다. 7세 때 진주목사였던 송재공을 따라 진주 청곡사(淸谷寺)로 가서 공부하기 시작하여 20세에 이르기까지, 그 후에도 자주 청랭사(淸凉寺), 봉정사(鳳停寺), 용수사(龍壽寺), 월란암(月瀾庵) 등지에서 수학했다.

21세가 되던 1521년 퇴계는 진사 허찬(許瓚)의 딸 허씨에게 장가들었고 1523년 10월 첫 아들 준(寯)이, 1527년 10월에는 둘째 아들 채(寀)가 태어났다. 같은 해 11월에 부인 허씨와 사별한다. 1530년 봉사(奉事) 권질(權礩)의 딸 권씨와 재혼하여 1531년 6월 셋째 아들 적(寂)이 태어난다. 46세가 되던 해에 권씨 부인과도 사별한다. 1548년에는 경도에서 둘째 아들 채가 죽었다는 소식을 접하게 된다.

퇴계는 1523년에 처음 태학에 들어갔다. 이때부터 향시, 회시, 사마시, 문과 등에 응시하여 합격했다. 32세에 문과별시에 합격하고, 다음 해인 1533년에는 성균관에서 유학한다. 1534년 3월에 급제한 퇴계는 4월에 승문원 권지부정자, 예문관 검열, 승문원 부정자로 벼슬길을 시작했다. 1548년 정월에 외직을 요청하여 충청도 단양군수로 임명되고, 10월에는 풍기군수로 전보된다. 1549년 12월에는 백운동서원의 편액과 책을 내려달라는 서장을 쓰고 1551년에 소수서원이라는 편액과 사서삼경, 성리대전 등을 반강(頒降)받기에 이른다. 이때 썼던 「상심방백서(上沈方伯書)」는 사액서원의 단서를 여는 글이라고 말해진다. 1559년 겨울에는 『이산서원기(伊山書院記)』를 짓고 원규(院規)를 정했으며 편액(扁額)을 쓴다. 1560년 7월에는 『영봉서원기(迎鳳書院記)』를 짓는다. 1565년에 『서원십영(書院十詠)』을 지었다. 1567년 10월에는 『연경서원기후』를 짓기에 이른다. 1570년 5월에 문인과 역동서원에서 모임을 갖고, 8월에는 역동서원 낙성에도 참석했다. 16세기 이후 조선 성리학의 발전과 사학 창달에는 퇴계의 서원 교육 운동이 발단이 되었다고 볼 수 있다.

이황은 31세가 되는 1531년에 지산와사(芝山蝸舍)의 조영을 시작으로 해서 빈번하게 학문을 닦을 만한 장소를 찾고 조성하는데, 1546년에는 퇴계의 동쪽 바위 가에 양진암(養眞庵)을 조성한다. 그 후 한서암(寒棲庵), 계산서당(溪上書堂) 등을 지었다. 1557년 3월에는 도산(陶山)의 남쪽을 두 번에 걸쳐 답사한 후 만족하여, 자제들과 제자들을 그곳으로 데려가서 시까지 짓느나. 1560년 11월에 도산서당이 완성되었는데, 당(堂)은 3칸, 정사(精舍)는 7칸이었다. 이곳이 퇴계 사후 도산서원이 된다.

1557년 가을 퇴계는 창랑대(滄浪臺)에 올라 시를 짓는데, 이곳은 후에 천연대(天淵臺)라 이름을 고쳤다. 1558년에는 경성에서 〈도산정사도(陶山精舍圖)〉를 그린 후, 고향의 친지들에게 편지를 하여 그 일의 지휘, 감독을 부탁하고 승려 법련(法蓮)에게 조성 공사를 맡겨 짓도록 하였다. 1559년 9월에는 벽오(碧梧) 이대성(李大成)과 함께 도산의 동쪽 봉우리에 올라 '취미산봉(翠微山峯)'이라 일컬었는데, 두목지의 '구일휴호상취미(九日攜壺上翠微)'에서 취한 이름이다. 1560년 11월에 도산서당이 완성된 후 다음 해 3월에 절우사(節友社)를 조성하고, 11월에 『도산기(陶山記)』를 지었다. 1566년 임금이 화공에게 명하여 퇴계가 살고 있는 도산의 경치를 그려서 올리도록 하였다.

1570년 12월 정유일에 형의 아들 녕(寗)에게 명하여 유계(遺戒)를 쓰게 했는데, "첫째 예장(禮葬)을 사양할 것이고, 둘째 비석을 세우지 말고 단지 조그마한 돌에다 그 전면에는 퇴도만은진성이공지묘(退陶晚隱眞成李公之墓)라고만 새기고, 그 후면에는 간략하게 향리와 조상의 내력과 지행(志行), 출처(出處)를 쓰되 가례 중에 말한 것처럼 하라"고 하였다. 같은 달 8일에 운명하였다. 곧바로 임금의 특명으로 영의정에 증직(贈職)되었다.

1572년 11월 1일에는 이산서원(伊山書院)에 위패가 봉안되었다. 1573년 봄에 서원을 도산 남쪽에 세우기로 하였다. 1575년 여름에 서원이 낙성되니 도산서원이라는 현판을 하사받았다. 1574년 2월 정축일에 노강서원(盧江書院)에서 먼저 위패를 받들어 모시고 제사를 지냈다. 이곳은 백련사의 옛터였다. 1576년 12월 1일에 임금이 시호를 문순(文純)이라 하사하고 유관을 보내어 제사를 지내게 했다. 1596년 지석(誌石)을 묻었다. 1600년 사후 30년 만에 문집이 이루어졌다. 1601년에는 천연대라는 글자를 새겼다.

6장

풍경의 발견과 관동 지방

*6강은 필자의 졸고 「안축의 승경관에 관한 연구: 관동별곡을 중심으로」(『한국전통조경학회지』, 한국전통조경학회, 2000)를 고쳐 쓴 것이다.

고려 후기의 문신인 안축(安軸, 1282~1348)이 「관동별곡(關東別曲)」을 지었다는 사실은 많이 알려져 있습니다. 그런데 그가 작품 속에서 구현한 '경치' 또는 '풍경'의 개념에 대해서 주목하는 사례는 별로 없는 것 같습니다. 사실 현대인들은 경치가 좋은 곳을 찾아서 여행하는 일에 이미 익숙해져 있습니다. 어떤 곳을 가리켜 경치가 좋다고 하는지 굳이 따져볼 필요도 없지요. 하지만 안축이 「관동별곡」을 지었던 시대는 조금 다릅니다.
　저는 「관동별곡」과 더불어 고려 시대 사람들이 풍경과 경치, 자연과 원림에 대해 어떤 생각을 했는지를 고민해보려 합니다.

안축의 관동 지방

관동(關東)[1]이란 원래는 중국 전국 시대부터 있었던 말입니다. 우리나라에서는 대관령의 동쪽 지방, 즉 강원도 동부 지역을 관동이라고 부르지요.

오늘날의 행정 구역으로는 강원도에 속하는 지역인데, 관동 지역이 강원도라는 명칭으로 불리기까지는 꽤 오랜 시간이 걸렸습니다. 고려 성종 14년(995)에는 화주(和州, 지금의 영흥)와 명주(溟州, 지금의 강릉) 등의 고을로 삭방도(朔方道, 고려 시대의 지방 관제인 10도의 하나)를 만들었고, 명종 8년(1178)에는 삭방도를 연해명주도(沿海溟州道)라 고쳐 불렀습니다. 춘주(春州, 지금의 춘천) 등의 고을은 처음으로 춘주도라 하였는데, 동주도(東州道)라 이르기도 했지요. 이때에는 명주도를 동계(東界)라 부르기도 했습니다. 충숙왕에서 공민왕을 거쳐 우왕 14년(1388)에 처음으로 삭방도를 가르고, 조선 태종 13년(1413)에 영흥, 길주로 하여 영길도로 고쳤다가 중종 14년(1509)에 강원도와 함경도로 이름을 고쳐 오늘날 우리가 알고 있는 강원도가 됩니다.

이처럼 이름난 승경지가 많은 이유는 관동 지역의 지리적 특징 때문입니다. 동해는 조수가 없는 까닭에 물이 맑고 깨끗하며, 바닷가 가까이에 호수가 생성될 수 있는 여건도 조성되어 있습니다. 게다가 고려 시대부터 알려진 기암괴석의 경물들이 많았고, 수목과 숲 또한 유명한 것이 많았습니다. 조선 후기의 실학자 이중환(李重煥, 1690~1752)이 쓴 『택리지』에는 관동 지방의 풍경을 이렇게 설명하고 있습니다. "동해에는 이름난 호수와 이상스런 바위가 많고 높이 올라가 보면 푸른 바다가 망망하고 동네에 들어가면 물과 들이 그윽하여 경물이 실로 전국에서 첫째다. 누대, 정관(亭觀)의 승지도 많다." 이런 경치 가운데 조영된

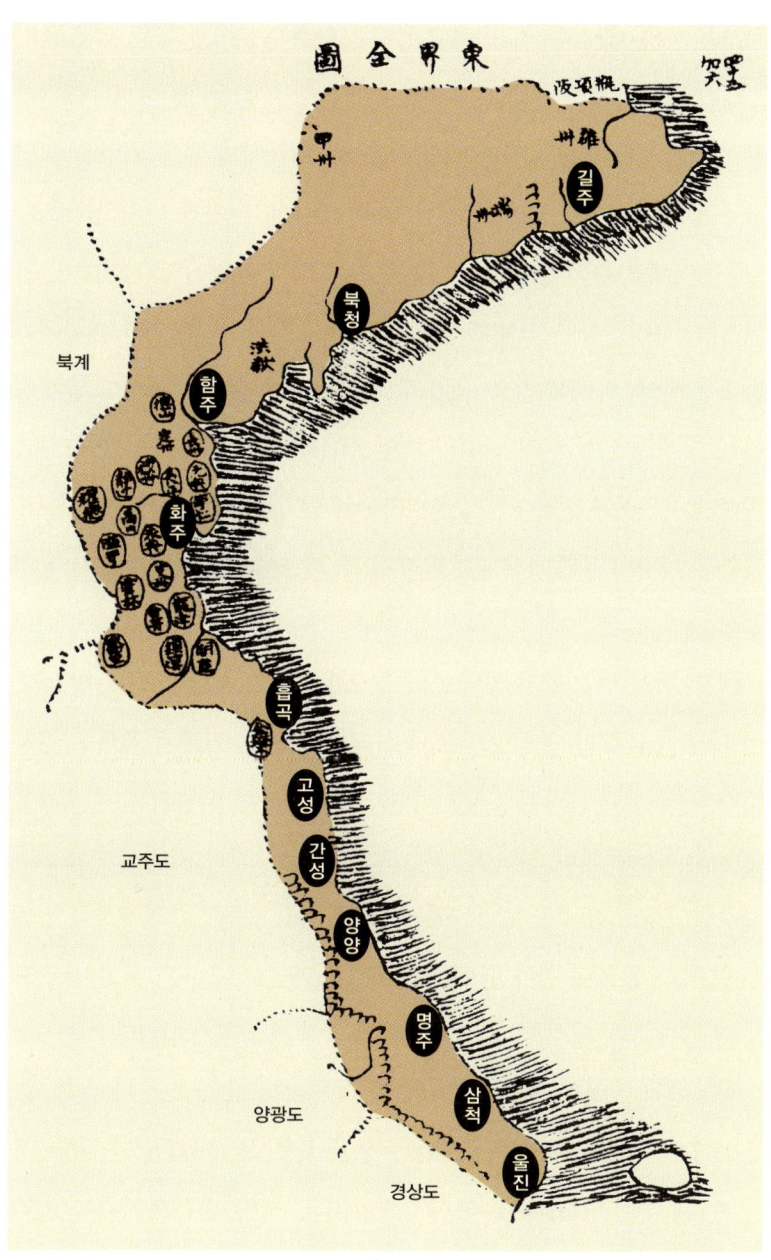

『대동지지』, 〈동계전도〉

고려 전기인 성종 14년(995), 화주(지금의 영흥), 명주(지금의 강릉) 등을 포함한 백두대간의 동쪽 지역이 행정 구역상 처음으로 삭방도로 정해진다. 고려 중기 이후 삭방도를 둘로 나눠 강원도 지역을 명주도라 일컫기 시작하였는데, 조선 초기인 태종 3년(1413)에 이르면 영흥, 길주 등지를 영길도라고 따로 붙이고, 중종 14년(1509) 이 두 지역의 이름을 강원도와 함경도로 각각 고쳐부르게 되면서 관동은 오늘날 우리가 알고 있는 강원도라는 명칭으로 불리게 되었다.

누각과 정자, 대(臺)는 이 뛰어난 경치를 한층 돋보이게 했을 것입니다.

대관령은 백두산에서 시작해서 지리산으로 끝을 맺는 백두대간의 산줄기입니다. 우리나라 산경도(山經圖)의 맥락에서 관동 지방을 설명하자면 이렇습니다. 함경도 안변 남쪽 60리에 위치한 백학산(白鶴山) 설운령(雪雲嶺)부터 동남, 남서, 동북으로 산맥 방향이 움직이다가, 안변 남쪽 90리, 풍류산(風流山)과 회양(淮陽) 북쪽 39리 철령(鐵嶺)에서 동으로 향해, 바다에서 50~60리 정도로 가까이 면해 산맥이 남쪽을 향해 진행하다가, 평해(平海)의 백암산(白巖山)까지 이르는 곳에 산과 바다가 어우러져 이루어진 승경지(勝景地)를 일러 관동이라 합니다.

관동 지방의 북쪽에서는 안변과 흡곡, 회양을 가르는 백두대간의 기죽산(騎竹山) 한 지맥이 동북으로 뻗어나가다가 후봉산(後峯山)을 이루는데, 여기서 두 지맥이 동쪽으로 흡곡의 읍치 경계를 이루고, 한 지맥이 황룡산(黃龍山), 조압산(鳥鴨山)을 지나며 40여 리를 북쪽으로 향하다가 두 줄기로 갈라져서 30여 리를 더 진행하여 안변의 읍치 경계를 형성합니다. 안변의 진산(鎭山)과 안산(案山)은 각각 학성산(鶴城山)과 법수산(法水山)입니다. 조압산에서 한 지맥이 북쪽으로 진행하다가 해안을 따라 동으로 뻗어 원수대(元帥臺)를 만들고 끝나는 곳에 학포(鶴浦)가 있습니다. 이 지역이 관동 지역의 북쪽 승경지가 됩니다.

관동에는 경치로 이름난 곳이 많습니다. 안변의 학포는 이야기했고, 흡곡의 시중호(侍中湖)와 천도(穿島), 통천의 총석(叢石)과 금란(金蘭), 삼일포, 해금강, 명사(鳴沙), 해산정(海山亭), 고성의 내금강, 선유담(仙遊潭), 청간정(淸澗亭), 간성의 영랑호, 양양의 청초호, 낙산사, 관란정(觀

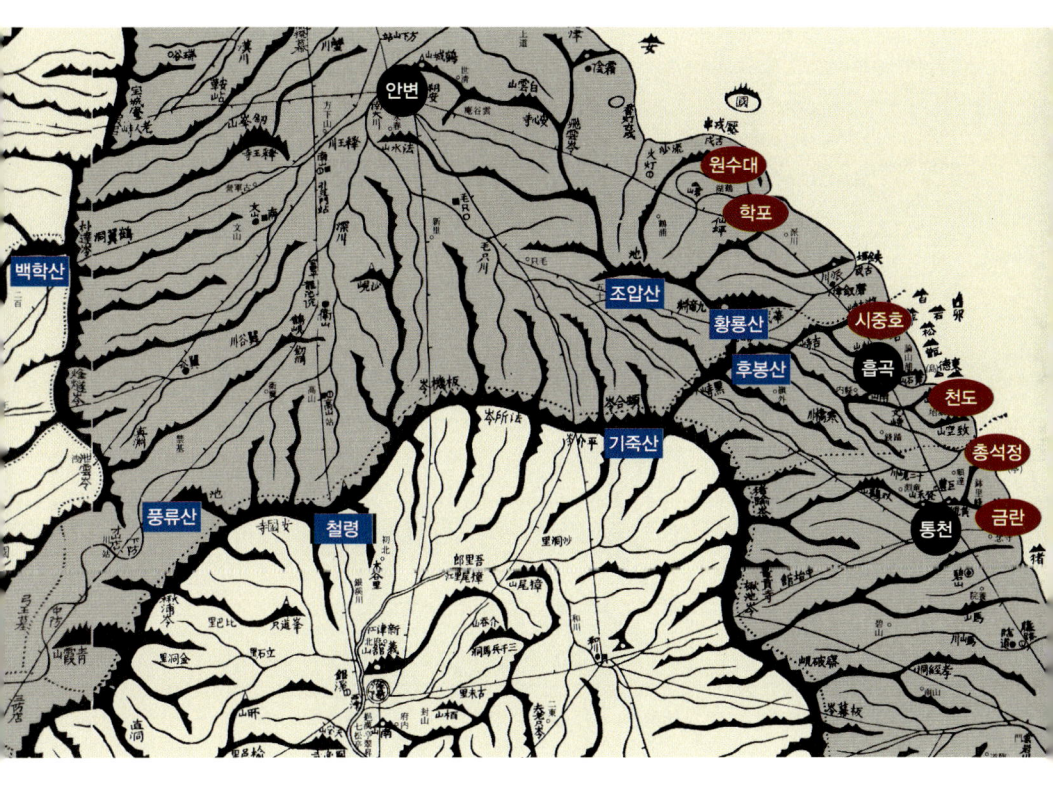

『대동여지도』, 안변·흡곡·통천 지역

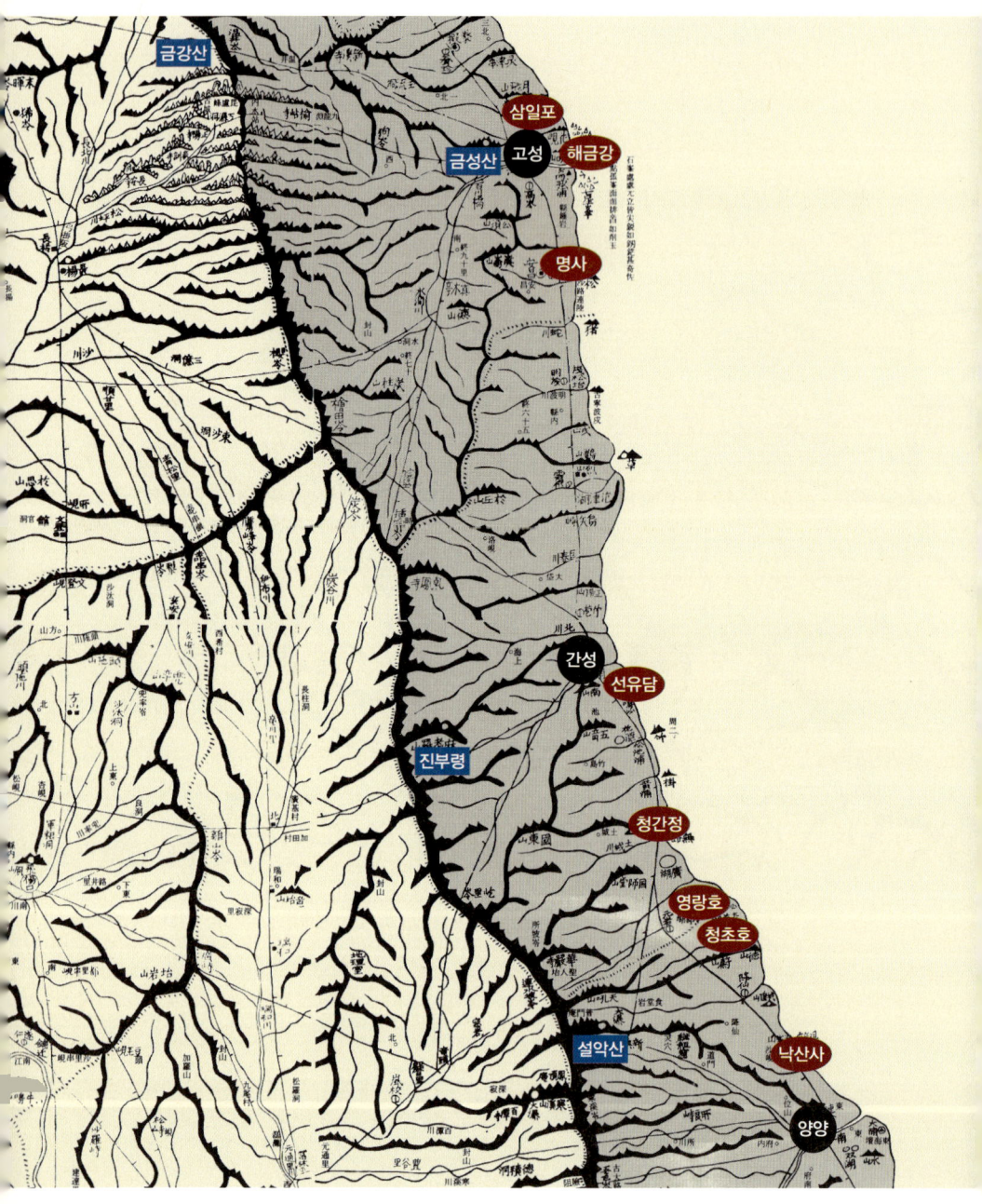

「대동여지도」, 고성·간성·양양 지역

蘭亭), 강릉의 경포대와 한송정(寒松亭), 삼척의 오십천, 죽서루, 능파대, 울진의 성유굴와 취운루, 평해의 망양정, 월송정, 망사정 등이 있지요.

풍경의 분류, 경물과 경색

경치라는 말은 지금은 일반적이고 흔히 쓰이는 단어입니다. 하지만 예전부터 항상 오늘날 같은 의미로 쓰이지는 않았죠. '경(景)'이라는 글자가 들어가는 단어는 무수히 많습니다. 이 단어들을 두루 살펴 거칠게 나눠보자면, '경'이라는 말에는 풍물, 경치, 정취, 멋 등의 의미가 모두 포함됩니다. 사전적인 정의로 보자면 '경치(景致)'는 "산천수륙(山川水陸)의 아름다운 현상을 말하며, 그것은 물형(物形)과 색채(色彩)를 의미하는 말로서 물색(物色)이라고도 한다"7 되어 있습니다.

이런 설명에서 보자면 '물(物)'과 '색(色)'이라는 표현이 나옵니다. '경물'과 '경색'이라는 표현도 종종 들을 수 있는 말이죠. 회화 이론을 비롯한 동아시아 미학에서는 '물'과 '색'을 구분하고 있습니다.

'색'은 경상(景象)을 말한다고 합니다. 정경(情景), 풍경, 형상 또는 자연계의 현상이라고 할 수 있습니다. 중국의 시인 소식(蘇軾, 1037~1101)의 시 구절에 "봄의 색이 사람을 번뇌하게 만들지만 눈으로는 볼 수 없다[春色惱人眼不得]"는 구절이 나오고, 『반야심경』의 유명한 "색즉시공 공즉시색"이라는 구절도 있는데요. 그런 의미와 이어서 파악할 수 있는 것이 '색'입니다. 조선 전기의 문신 서거정(徐居正, 1420~1488)이 강릉에 있는 운금루(雲錦樓) 기문에서 이런 구절을 썼습니다. "아침 볕과 저녁노을, 사시(四時)로 바뀌는 것과, 온갖 물경(物景)이 변하는 '천 가지 만 가지 형상'은 한두 가지로서 표현할 수 없다."[2] 여기에 나오는 '천 가지 만 가지 형상'이 이른바 경색(景色)이지요. 따라서 경색은 시간의 변화에 따라서 나타나는 기후로 인해 변화하는 현상들, 즉 아지랑이, 연무, 저녁노을, 정월달, 밤비, 저녁 눈 등을 뜻하며, 인간 감정에 의해서 그 의미가 깊게도 엷게도 표현됩니다.

'물(物)'은 '외경물(外境物)' 혹은 '외계(外界) 환경'을 말하는데, '물상(物象)'을 뜻합니다. 한자의 표현에 물시인비(物是人非), 즉 '자연은 그대로인데 사람은 변화한다'는 내용이 있는데, 이것이 '물'의 의미에 가깝습니다. 또 자연의 아름다운 현상이나 모습을 뜻하는 '물화(物華)'라는 단어가 있는데, 두보의 시 구절에 "향기로운 술을 다 마시면서 물상의 아름다움을 즐긴다〔且盡芳樽戀物華〕"는 구절이 있어서 이 단어의 쓰임을 볼 수 있습니다.

'경물(境物)'은 물질 현상으로서, 산과 바다가 대립되어 이루어지는 물질의 긴장 관계를 말합니다. 산천, 시내와 돌 등이 경물인데요, 쉽게 말하자면 바위, 물, 모래, 나무 등 사람의 손이 가지 않은 자연물을 총칭하는 것입니다. 사람들이 만들어낸 성시(城市), 취락, 절, 정자, 누각 등이 경물의 부가적인 요소가 되지요.

대체로 경치를 담은 문학이나 미술 작품에서는 그 경치를 표현하는 인간의 정서를 이야기하려는 경향이 있습니다. 저는 그 점에 주목하여 작품 속에 나타난 아름다운 경치, 즉 승경에 대한 묘사를 두 가지 범

주로 분석하려 합니다. 예를 들어 금강산의 형태나 자연의 기이함을 묘사한다면 경물이 주가 되는 것이고, 시간이나 계절, 기후의 변화에 따라 변화하는 것들을 묘사한 것은 경색이라고 할 수 있겠지요.

관동을 다룬 글들

관동 지방에서 대부분의 승경지는 신라 화랑이 놀던 곳이며 풍류도의 근원이라는 말이 전해지고 있습니다. 하지만 서지학적으로 기록을 찾아본다면 『삼국유사』나 『삼국사기』에 이 지역의 개골산이나 오대산, 태백산 등이 화랑과 연관되어 거명되는 정도입니다. 다른 승경지는 언급되어 있지 않지요.

관동의 승경지에 대한 시문이 등장하는 것은 12세기부터입니다. 주로 금강산을 중심으로 나타납니다. 고려 시대의 문인 이인로(李仁老, 1152~1220)[3]의 시문에서 한송정, 단혈(丹穴) 등이 나오고, 마찬가지로 고려 시대의 문인 임춘(林椿)[4]의 「동행기(東行記)」, 고려 후기의 문신 홍간(洪侃, ?~1304)의 『홍안집(洪崖集)』 등의 문집에 관동 승경지에 대한 시문 및 기문이 나옵니다.

이 시기부터 승경지가 문학 속에 등장하는 데에는 시대적 이유가 있습니다. 고려 중기에 2차에 걸친 정중부 일파의 군사 반란이 있었음은 모두 알고 있을 겁니다. 최씨 일파가 정권을 완전히 장악하고 무단정치를 펴면서 무신들의 횡포가 심해지자, 문신들은 산야로 은신하거나 불문으로 출가하기도 했습니다. 정치적으로 큰 화를 만난 문신들은 정치에 대해 낙심한 후 시와 술로 나날을 보내며 현실에서 도피하는 성향이 생겨났습니다. 이인로, 오세재, 임춘, 황보황, 조통, 함순, 이담지 등이 함께 어울리며 세상사에서 멀어져 있었는데, 이들을 죽고칠현(竹高七賢)이라 부릅니다.

죽고칠현은 문신들의 잠복문학(潛伏文學) 활동으로서 특출한 것이었으며, 이들로 인하여 문학은 죽지 않고 오히려 성황을 이루게 되었습니다. 이 시기의 작품들은 은일(隱逸) 사상을 표현했다고 평가받고 있는데요, 그중에서 관동을 유람하고 기문을 쓴 사람은 임춘(林椿)이 유일한 것 같습니다. 당시 문장가였던 이규보는 자신이 관동을 유람하지 못했음을 매우 한스럽게 생각했습니다.[5] 하지만 임춘의 「동행기(東行記)」는 상세하지 못한 것이 흠입니다.

그 후 고려 후기에 최자(崔滋, 1188~1260)가 엮은 시화집인 『보한집(補閑集)』에 풍악, 금란, 총석에 대한 언급이 있으나,[6] 그 내용이 간략하여 관심을 가질 만하지 못합니다. 이외에 승려 일연(一然, 1206~1289)이 「관동풍악발연수석기(關東楓岳鉢淵藪石記)」[7] 등을 남겼습니다.

13~14세기 문인 중에서 관동에 대한 글을 남겨 특히 주목할 만한 이가 안축과 이곡(李穀, 1298~1351)[8]입니다. 안축은 「관동와주(關東瓦注)」와 경기체가 형식의 「관동별곡」을 썼고, 이곡은 기행문인 「동유기(東遊記)」를 남겼지요.

「동유기」는 시기와 여행의 목적을 쓴 후 일기 형식으로 노정을 쓰고, 보고 들은 주요한 내용, 풍광을 보고 느낀 것, 만난 사람들을 서술

했습니다. 특히 관심을 가져야 할 내용은 노정입니다. 이 여행의 출발은 충정왕 1년(1349) 가을로, 당시 고려의 서울이던 송경을 출발해서 천마령(세상에서 전하기를, "속인이 이 재에 올라 금강산을 본 자는 머리를 깎고 중이 되고자 한다. 그런 까닭에 '단발령'이라고도 이름 하였다), 표훈사(表訓寺), 정양사(正陽寺), 장안사(長安寺) 등 내금강을 보고, 다시 천마령을 넘어 회양부에서 철령을 넘었습니다. 철령은 함경도와 강원도를 가르는 백두대간의 한 줄기로서 고려에서 조선조까지도 주요한 군사 요충지였지요.[9] 이곡은 다음으로 안변[10]의 국도, 학효, 원수대, 흡곡의 시중호와 천도, 통천의 총석과 금란, 고성의 풍악(금강산)[11]과 삼일포 등을 보고 해안을 따라 남으로 평해 월송정까지를 유람했습니다.

「관동별곡」과 관동 지역

안축의 「관동별곡」은 머리절을 포함하여 9절입니다. 절의 끝은 각각 '경기여하(景幾何如)?'로 마무리됩니다. 머리절은 "해천중산만첩관동별경(海千重山萬疊關東別境)"으로 시작하고, 영주의 직책으로 삭방도를 다스리는 본인의 임무와 그 임무를 수행하기 위해서 '명사로(鳴沙路)'[12]를 순행하는 모습을 설명합니다.

머리절을 제외하고 관동별곡의 대상은 관동 지방 각 군현의 승경입니다. 제2절에서는 안변과 흡곡의 국도(國島)와 천도, 제3절에서는 총석과 금란의 기암괴석을 도교와 불교적인 수사로 읊었습니다. 제4절에

「관동별곡」에 나타난 승경 요소

내용 군별	자연호수	섬 유무	기암괴석	수목	누·정·대	비고
안변	학호	작은 섬	국도(해중)		원수대	별곡 2절
흡곡			천도(해중)			별곡 2절
통천			총석·금란굴		총석정	별곡 3절
고성	삼일포	작은 섬	주변 36봉	송림	사선정	별곡 4절
간성	선유담·영랑호	작은 봉우리가 호수 안에 있음	명사	장송이	정지	별곡 5절
양양					강선정(역)*· 상운정(역)*	별곡 6절
강릉	경포호		죽도·백사정	송림	경포대·한송정	별곡 7절
삼척	오십천				죽서루	별곡 8절
울진			명사	송림	취운루·서촌팔경	별곡 8절
평해			평사	송림	월송정·망사정	별곡 8절
정선			풍암·수혈	상·죽림	의풍정	별곡 9절

*괄호 안의 '역'은 역원을 뜻하는데, 강선정과 상운정 두 정자는 각각 강선역과 상운역이라는 역원 안에 위치해 있었음을 가리킨다.

서는 고성 삼일포의 6봉, 미륵당, 안상저(安詳渚), 육자단서(六字丹書) 등을 불교와 도교의 수사로서 읊고, 제5절에서는 간성의 5개 자연 호수 중 선유담과 영랑호를 도교적 수사로서 읊었지요. 제6절에서는 양양의 두 역인 강선과 상운의 역 정자를 남북으로 대응시켜 도교적인 수사로 표현합니다. 제7절에서는 강릉의 두 승경지인 경포대와 한송정을 남북으로 대응시켜서 유교와 도교적 수사로서 읊고, 제8절에서는 삼척, 울진, 평해의 오십천과 죽서루, 서촌팔경[13]과 취운루, 월송정과 십리청송, 망사정, 창파만리 등으로 구성하여 도교적인 표현으로 묘사합니다. 제9절에서는 정선의 읍치를 전후로 해서 그곳을 둘러싸고 있는 자연, 즉 강과 절벽 등을 대응시켜 설명합니다. 안축이 풍경을 묘사하기 위해 사용했던 구체적인 표현들을 한 번 보겠습니다.

「관동별곡」의 제2절에서는 안변의 진산(鎭山) 학성산의 산성을 시작으로 그 동쪽에 위치한 승경지 원수대, 천도, 국도 등을 거론한 후, '삼신산' '십주(十洲)'[14] '금오' 등의 도교적인 표현이 나옵니다. "자주빛 안개를 거두고 붉은 아지랑이를 걷으니, 바람은 잠잠 물결은 고요한데 올라가서 창명을 보니" 같은 표현은 도교의 영향이 느껴지는 경색의 묘사입니다.

반면 같은 절에서도 천도와 국도는 경물로서 묘사됩니다. 안축은 국도를 읊은 그의 시에서 "거울 같은 호수" "푸른 봉 사면의 물" "진세(塵世)의 땅이 아니거늘" "미인의 노랫 소리 피리 소리" 등으로 표현하고 있는데, 그것은 곧 도교적인 이상향에 가깝습니다.

제3절에서는 통천의 총석과 금란을 명명하는데, 국도나 천도와 같은 범주의 경물을 의미합니다. "옥으로 만든 비녀" "구슬 박힌 산" 등의 도교적 상징물이 등장하며 한층 더 도교적인 분위기를 강조하는 것도 특색입니다. 이 부분에서는 경색적 표현이 완전하게 배제된 것 또한 주목할 만하지요. 안축의 총석정 기문에는 "방직(方直)하고 평정(平正)한 것이 먹줄을 쳐서 세운 것 같으며"[15]라고 설명하고, 주변의 풍광을 "전도암(顚倒巖)과 사선봉(四仙峰) 푸른 이끼 낀 옛 빛깔"로 표현합니다. 경물을 설명하면서 마무리를 시간의 요소로 윤색하는 것이지요.

제4절에서는 고성 삼일포를 명명하고 그곳의 경물들을 설명하는데, 미륵당과 안상저 36봉을 '기관과 이적', 즉 불교적 내용으로 표현하면서 "밤은 깊고 깊은데, 물결은 일고" "소나무 끝에 걸린 조각달" "고풍

「신묘년풍악도첩」에 나타난 〈삼일호〉, 정선, 37.3×36.2cm, 국립중앙박물관 소장.
삼일호는 고성 북쪽에 위치한 호수로서 주변으로 중첩한 36개의 봉우리가 둘러싸고 있으며 물 가운데 작은 섬에는 사선정이 있다.

스럽고 따뜻한 모습" 등으로 묘사합니다. 삼일포 기문에서 안축은 "밖으로는 중첩한 봉우리들이 둘러쌌으며 그 안에 36봉이 있다"[15]고 시작하면서 산, 나무, 돌 등을 요소로 설명하기도 했지요. 하지만 그 설명 끝에 도교와 불교적 내용이 교차 설명되고 있습니다.

제5절에서 간성의 선유담과 영랑호 두 호수를 명명하고, "주변의 푸르른 산봉우리"와 호수 가운데 있는 섬 같은 동쪽 봉우리 등의 경물을 묘사하고, "바람과 연기가 십리" "향기는 피어나고" "비취빛은 번쩍이고" "유리 같은 수면" 등의 표현으로 경색을 묘사합니다. 그런데 말미에서는 "순채국과 농어회" "은빛 실과 눈처럼 흰 실오라기" 등의 표현과 함께 술과 곁들인 음식으로 마무리를 짓고 있지요.

제6절에서 설악과 낙산의 두 산을 매개로 양양을 명명하면서 강선역과 상운역의 정자를 도교적인 서술로 묘사합니다. "자주색 봉황(紫鳳)과 붉은 난새(紅鸞)"라는 비유가 나오지요. "구슬을 희롱하고" "거문고를 연주하니" 등의 표현에서 이 공간들을 도교적인 이상 공간으로 표현하고 있음을 알 수 있습니다. 말미에는 진나라 때 인물인 산간(山簡)의 고사(高師)가 등장합니다.

제7절에서 예의와 풍류의 고장으로 임영(臨瀛, 지금의 강릉)을 명명하면서, 경포대와 한송정을 '병월'과 '청풍'에 비유합니다. 경포대에 대해 안축이 기록한 글에는 이런 내용이 나옵니다. "그 봄가을 연기와 달이며, 아침저녁으로 '그늘졌다 개었다' 하며 때에 따라 변하는 기상이 일정하지 않은 바 이것이 대(臺)의 경치의 대략이다. 내 오랫동안 앉아서 가만히 보다가 막연히 정신이 집중됨을 저도 깨닫지 못하였다. 지극

한 맛은 한가하고 담담한 중에 있고 속세를 떠난 생각이 기이한 형상 밖에 뛰어나서 마음에 홀로 일면서 입으로는 형용할 수 없음이 있었다."[16] 경포대를 묘사하면서 경색을 주로 논의하고 있음을 알 수 있지요. 경포대와 한송정이 경색이 빼어나다는 점을 강조하며 관동에서도 승경으로 으뜸이라는 점을 도교적 표현으로 설명하는 것입니다.

제8절에서는 다른 절과 달리 삼척과 울진, 평해 세 고을의 경승을 명명합니다. "옥적(玉篴, 옥피리)을 불고 요금(瑤琴, 아름다운 소리를 내는 금(琴) 악기)을 희롱하며" "청가(淸歌, 맑은 목소리로 부르는 노래)와 완무(緩舞, 느린 춤)" "아름다운 손을 영송(迎送, 맞아들이고 보냄)" 등의 표현은 도교적인 풍류를 나타냅니다.

제9절에서는 "강은 십리요 벽은 천 층"이라며 정선을 명명하고, "병풍처럼 둘렀고 거울처럼 맑구나"라는 표현으로 대응합니다. 다시 반복구로서 "풍암에 기대고 수혈에 임하니"를 "비룡의 정수리 위"로 대응시키고 있으며, "유월 청풍 피서" "주진촌 도원"이라는 도교적 수사로 말미를 맺습니다. 해변을 따라 승경을 읊던 작가가 심산유곡의 경물로 글을 맺는 사실이 인상적입니다.

위에서 본 것처럼 안축의 「관동별곡」은 유불선 모두를 수용하고 있는 점이 특징입니다. 금난굴(金蘭窟)에 대한 기록에서는 관음보살에 대한 묘사와 표현이 등장하고 있기도 하지요. 다만 상대적으로 불교에 대해서는 불신하는 모습을 보여주고 있는데, 이것은 무신정권과 오랜 외침으로 인해 불교의 사원 경제가 만연하여 폐단이 있었던 시대적 상황이 영향을 미친 것이 아닐까 합니다.

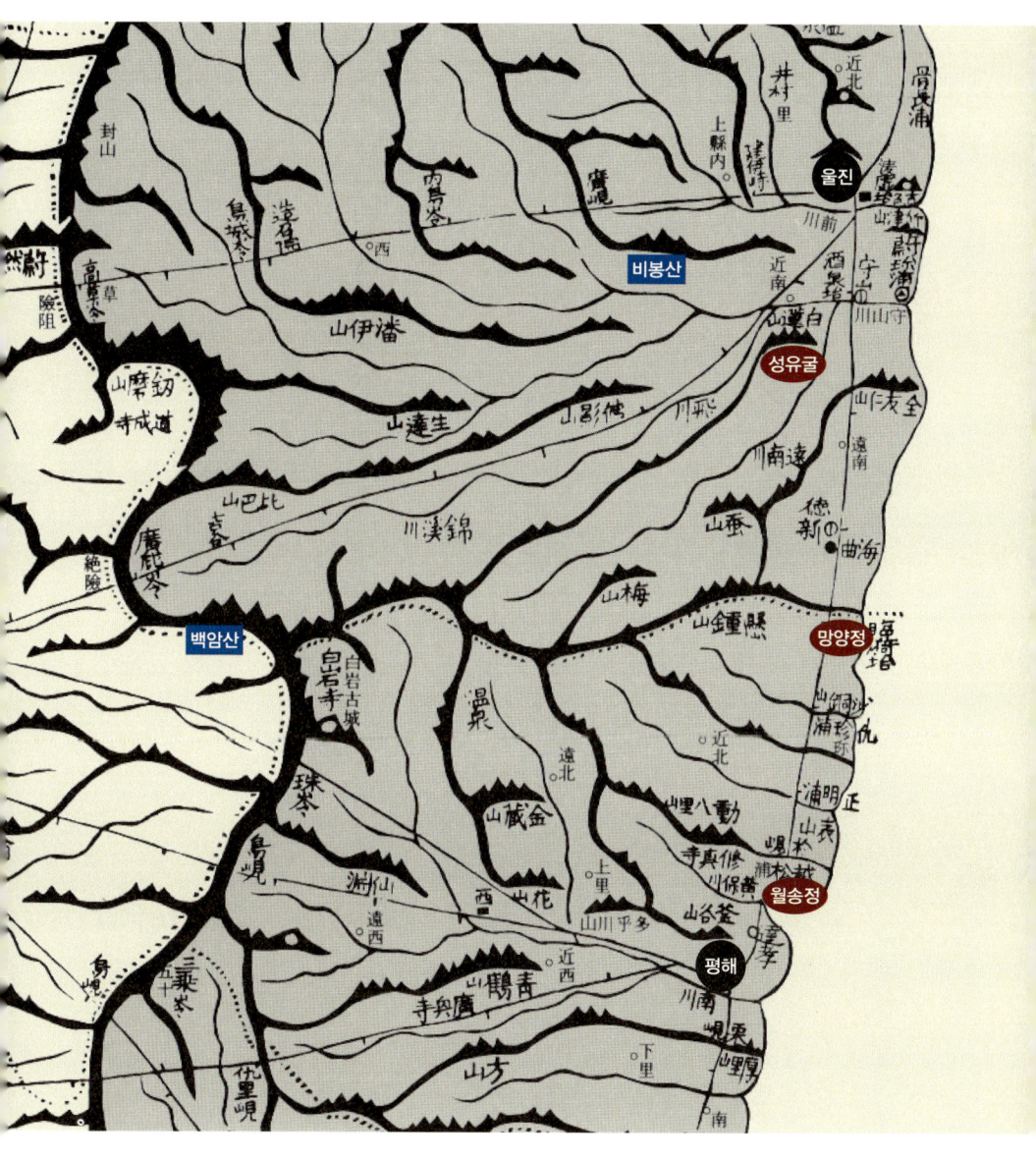

『대동여지도』, 울진·평해 지역

「금강사군첩(金剛四君帖)」에 실린 〈경포대〉, 김홍도, 비단에 담채, 30.4×43.7cm, 1788년(정조 12년), 삼성문화재단 개인 소장.
강릉의 경포대는 둘레가 20리로, 그림의 아래쪽 봉우리 위에 누대가 있으며, 그림의 위쪽으로 5리에 이르는 백사장이 있다. 사장 밖은 또 넓은 바다가 있어서 누대에서의 조망이 기이하다고 자주 묘사된다.

「관동명승첩」의 〈월송정〉, 정선, 57.7×32.2cm, 1738년, 간송미술관 소장.
평해 월송정은 푸른 소나무와 흰 모래로 주로 묘사된다. 겸재의 그림에서도 짙푸른 소나무 숲이 화면의 중심을 차지하고 있다. 우측에는 월송정이, 좌측에는 그에 대응하여 소나무 몇 그루가 심겨 있는 봉우리가 인상적으로 표현되었다.

지도와 회화 속에 나타난 관동 지역

관동 지방은 지도와 지리지 속에 어떻게 등장했을까요? 김정호의 『대동여지도』와 『대동지지』를 근간으로 해서 한 번 살펴보도록 하겠습니다. 아쉽게도 고려 시대의 지도 중 이 지역을 제대로 보여주고 있는 것이 없어서 조선 시대의 지도를 참조하도록 하지요.

지도는 지역과 지역 간의 지경(地境)을 구획하기 위해 만들어지기 시작했지만 제작자의 목적과 의도, 지적 수준, 표현과 방법에 따라 매우 다양한 모습을 갖습니다. 하지만 역시 지도의 제작 목적이라고 하면 객관적인 소통이 가장 우선이 될 것입니다.

고려 시대에 전국 규모의 지경은 중기 이후 고종 대(1213~1259)에 이르러 정착되기 시작했습니다. 그것이 곧 '5도양계' 제도입니다. 5도는 문주도, 전라도, 양광도, 경상도, 서해도를 가리키고, 양계는 북계와 동계인데요. 북계는 조선 시대의 평안도 지역, 동계는 조선 시대의 관동 지역을 말합니다. 그런데 강원도의 정선은 백두대간 서쪽에 위치하지만 강릉의 속현(屬縣)으로서 동계에 편입되어 있는 점이 독특합니다. 백두대간을 넘어 서쪽에 튀어나와 있으며 큰 고개를 넘어 가야 하므로 접근하기 쉽지 않은 탓에 안축은 정선을 무릉도원에 비유하기도 했습니다.

관동이 갖고 있는 지리적 여건 때문에 도로망은 해안을 가까이 해서 백두대간 북에서 남으로 연결되는 형태로 형성되었고, 그에 수반되는 역원도 조성되었습니다. 역은 고려 시대부터 30리를 전후해서 설치

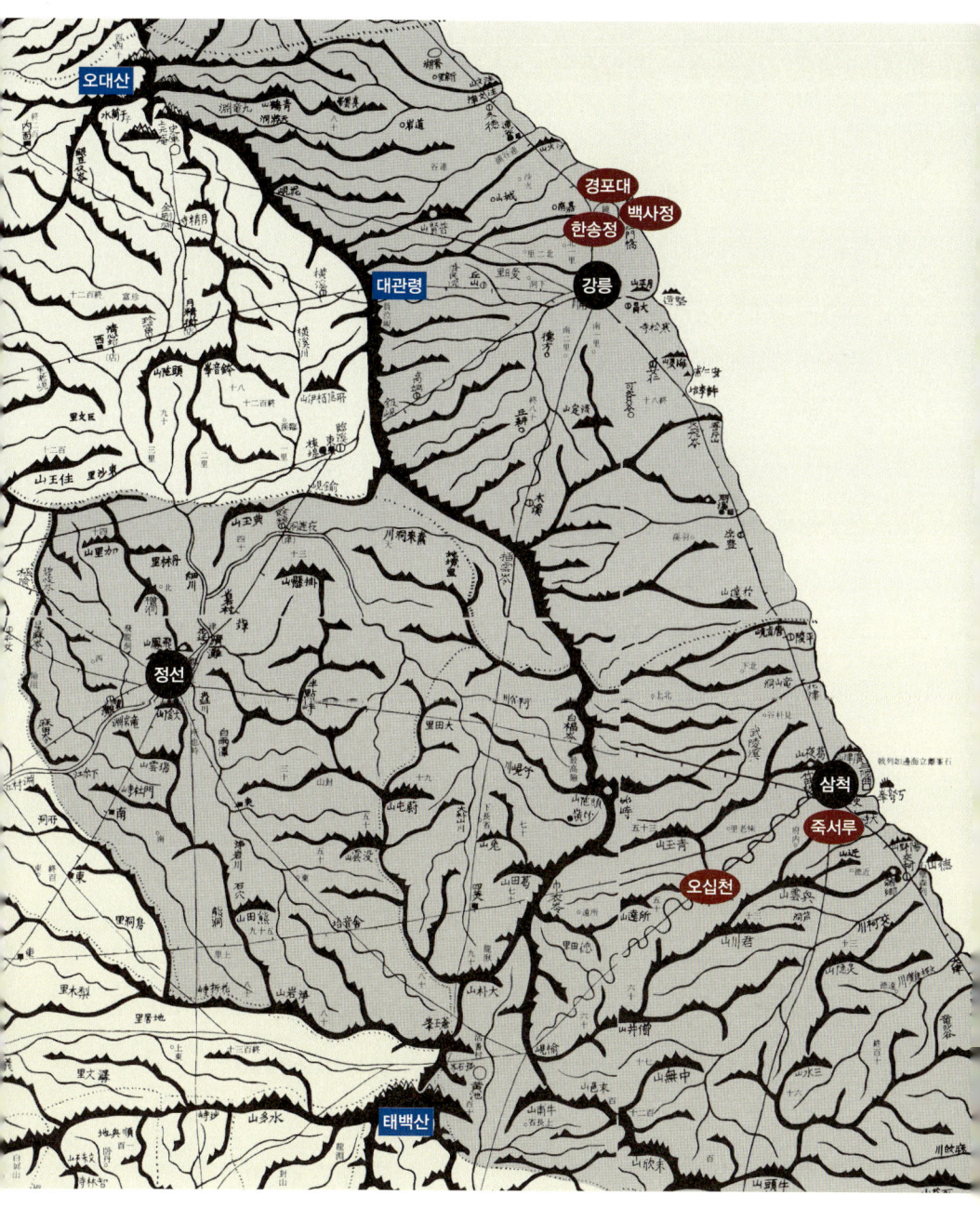

『대동여지도』, 강릉·정선·삼척 지역

되고, 역이 생기면 부수적으로 누각이나 정자가 설치되는 것이 일반적이었습니다.

누와 정은 사람들의 휴식을 위한 곳이기도 하지만, 역에 누정이 들어선 것은 역의 입지 가운데 승경이 좋은 곳이 많았기 때문이기도 합니다. 고려 시대에 안변에서 간성까지의 역은 고산(孤山), 즉 위산(衛山)을 비롯해서 장기(長岐), 부령(富寧)에 이르는 42개가 있었다고 합니다. 조선 시대에 와서도 역원 제도는 거의 고려의 것을 계승 발전했는데요, 도로망 자체의 변화는 거의 없는 상태에서 역을 관리하는 주체가 변한 정도였으리라 추측됩니다. 김정호의 『대동여지도』에도 이 지역의 역 이름과 가로망이 나타나 있습니다.

택당 이식(李植)은 안창역(安昌驛)을 순행하면서 12개 역을 거치며 차운(次韻, 남이 지은 시의 운자를 따서 시를 지음)한 시를 남긴 바 있습니다. 그가 쓴 「만경대기(萬景臺記)」에는 "천후산(天吼山) 한 가닥이 굽이굽이 바닷가로 내려와서 작은 언덕을 가로 벌여놓았다"는 경치 묘사가 등장합니다.[17] 이런 지형은 만경대뿐 아니라 관동 지역에서 일반적인 특징입니다. 이식은 특히 양양의 강선과 상운, 두 역에 대해서는 별곡의 제6절에서 역에 있는 정자의 경치를 읊기도 했습니다.

대부분 관동의 승경지들은 육지와 바다가 면해 있는 곳에 있습니다. 백두대간의 일부인 큰 산등성이를 뒤에 두고 바다를 향해 대(臺)나 벼랑, 낮은 산봉우리들이 정면을 향하고 있는 양상이 일반적이지요. 이러한 논리에 반대되는 경우가 삼척의 죽서루입니다. 죽서루는 남서로 수로를 따라서 열린 계곡과 오십천을 향해 지어졌습니다. 또한 승경지

「관동명승첩」의 〈죽서루〉, 정선, 57.7×32.2cm, 1738년, 간송미술관 소장.
삼척 죽서루는 높은 절벽과 기이한 바위들이 총총한 중앙에 위치한다. 아래에 '오십천'이 임해 흐르는데, 냇물이 휘돌아서 절벽 아래에서 못을 이루며 그 중앙에 배가 떠 있는 것이 보인다.

와는 조금 멀리 있지만 정선 역시 산을 정면으로 남향이기 때문에 일반적인 관동 지역의 승경지와는 배치가 조금 달라집니다.

우리나라의 옛 그림 가운데 관동의 승경을 묘사하고 있는 고려 시대의 작품은 한 점도 찾아볼 수 없는 실정입니다. 현존하는 그림들 대부분은 조선 중기 이후의 것인데, 대부분 바다나 경치를 정면으로 향하는 구도를 취하고 있습니다. 그림 속에 묘사되는 풍경은 주로 경물이 주를 이룹니다. 관동 지역의 특징인 산과 바다의 대립 형태가 낳는 물질 사이의 긴장 관계는 화가들에게 경색보다는 한결 묘사하기 수월한 대상일 것입니다.

특히 주목할 만한 것은 극히 일부의 그림 속에서 등장하는 차경법(借景法)입니다. 차경법이란 승경지에서 멀리 떨어져 있는 승경물을 그림 속 구도로 끌어 들여서 묘사하는 방법입니다. 관찰자의 시각에 보이지 않는 좌우의 중경이나 원경에 있는 경물을 그림 속 구도로 끌어들여 와 묘사하는 흥미로운 방법이지요. 이런 사례는 겸재 정선이나 단원 김홍도의 그림 속에서도 발견할 수 있지요. 흔히들 겸재를 진경산수의 대가로 묘사하고 있지만 사실은 그의 작품 속에는 차경법을 사용한 풍경도 등장하고 있다는 말입니다.

회화에 나타나는 이런 차경법은 문학에서 시공을 자유롭게 초월하는 수사적인 표현을 본뜬 것으로 볼 수 있습니다. 이를 테면, 안축의 「관동별곡」 제2절에서 표현된 학포, 천도, 국도 등이 시공을 초월하는 예가 될 것입니다. 정선은 자신의 그림 〈총석정도(叢石亭圖)〉에서 현실의 공간적인 한계를 초월하는 수사적 표현을 보여주었습니다.[18]

「신묘년풍악도첩」의 〈총석정〉, 정선, 37.5×38.3cm, 1738년, 국립중앙박물관 소장.
통천의 총석정은 정자가 바닷가의 총석에 임한 것에서 이름 하였다. 수십 개의 돌기둥이 화면 아래에 있으며 네 개의 돌기둥은 형상이 옥을 깎아놓은 것 같다고 이른다. 강렬한 돌기둥과 너른 바다를 대비시켜 인상적으로 표현되었다.

관동 지역을 다룬 문인들의 글은 경물도 경물이지만 경색, 즉 자신의 감회와 사상을 드러낸 부분이 많습니다. 안축의 「관동별곡」이 그런 좋은 예가 됩니다. 반면 그림에서는 경물이 주된 묘사 대상으로 등장합니다. 아무래도 그림은 문학보다는 공간적으로나 시간적으로도 제약을 갖게 되기 마련이니까요. 문학과 회화라는 매체가 가진 속성이 관동 지역을 형상화한 작품에서도 그대로 반영되어 나타나고 있는 것이지요.

반면 문인들은 관동의 아름다운 경치, 즉 경물을 제대로 묘사할 수 없음을 한탄했을지도 모릅니다. 말로 표현하기 어려운 경치이다 보니 자연히 사람의 내면적인 감회나 옛사람들의 고사를 끌어들여 설명하게 되었을 수도 있습니다. 그런 문인들은 지도나 회화의 구체적인 형상화를 부러워했을지도 모르겠네요.

"시 안에 그림이 있고, 그림 안에 시가 있다〔詩中有畵 畵中有詩〕"며 소동파(蘇東坡)가 왕유(王維)를 칭송했던 글귀처럼, 글과 그림은 서로를 보완하면서 우리에게 어떤 공간을 좀 더 깊이 있게 잘 이해할 수 있도록 도와줍니다. 공간과 지리, 건축을 연구하면서 우리가 반드시 글과 그림을 가까이 하며 공부해야 하는 이유가 여기에 있습니다.

7장

조선 이전의 누정과 그 이름들

저는 옛 건축을 공부하면서 누(樓)와 정(亭)의 중요성에 주목하게 되었습니다. 사실 누와 정은 본격적인 건축물이 아니라 보조적인 역할을 하는 건축물로 생각하는 사람도 많습니다. 하지만 누와 정이 세워진 자리는 해당 지역의 지형에서 특별한 의미가 있는 곳입니다. 누정의 입지를 살펴보면서 그 지역의 풍광과 지형에 대해 알게 되는 배움도 적지 않지요. 이 글에서 저는 옛 역사서, 특히 『삼국사기』와 『고려사』를 중심으로 우리 옛 누정의 조영과 명칭의 연원을 알아보려 합니다. 누정의 이름이 어떤 과정을 거쳐서 지어졌는지를 살펴보면 그 시대의 조영사상을 조금이나마 엿볼 수 있으리라 생각하기 때문입니다.

원림은 일반적으로 산, 물, 꽃나무, 누정 등의 요소로 구성됩니다. 산수(山水)는 원림의 토대이며 조영자의 안목에 따라 입지가 좌우되기 때문에 일차적인 원림의 근간을 이룹니다. 원림의 '원(園)'은 '생 울타리로 담을 두른 수목의 재배지'를 뜻합니다. 편안히 쉬면서 좋은 경치를 즐겨 구경하기 위해 축조한 건물이 있는 곳을 의미한다고 할 수 있습니다.

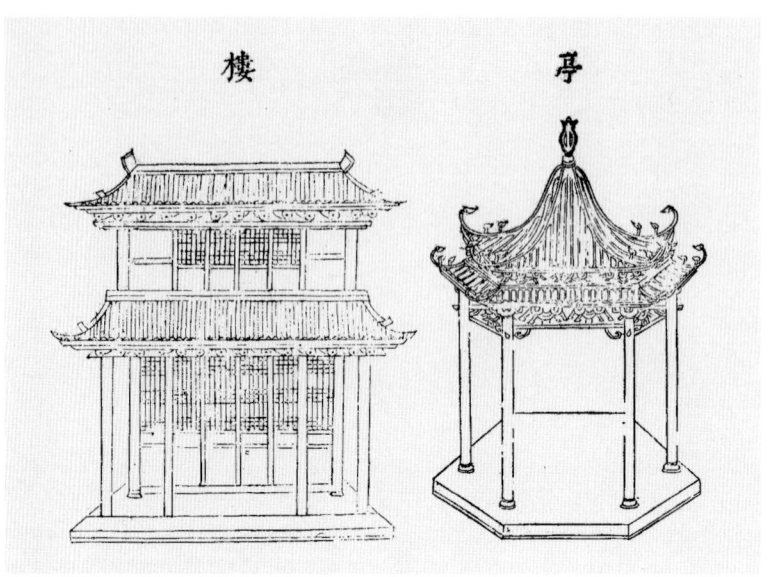

누와 정, 『삼재도회(三才圖會)』「궁실」 1권.
'누'는 적을 정찰하거나 먼 곳을 바라보기 위해 설치한 다락이며, '정'은 역참을 의미하거나 경치가 좋은 곳에서 경물을 즐기며 쉴 수 있는 건축물을 일컫는다.

원림 조영에서 주요한 건축적 구성물로는 누, 정, 연못, 다리 등이 있지요. '누', 즉 다락은 높은 곳에 위치한 건축물로서 조망을 목적으로 만든 것입니다. 고대 궁궐의 성벽 위에 많은 사각 다락을 축조하여 적을 정찰하거나 먼 곳을 바라보기 위해 설치한 데에서 유래합니다. '정'은 길 가는 사람들이 머물러 숙박하고 식음하는 곳인데, 중국 진한(秦漢) 시대의 제도에 '십리일정(十里一亭), 십정위향(十亭爲鄕)'이라는 것이 있었다고 합니다. '정'은 주막, 여인숙, 여관 등의 기능과 더불어 역참(驛站)을 의미하기도 하고, 경치가 좋은 곳에서 경물을 즐기며 쉴 수 있는 건축물을 의미하기도 합니다.

신라 시대의 누정

『삼국사기』「신라본기」를 보면 미추왕 원년(262)에 "대궐 동쪽 못에 용이 나타났다"[1]는 기록이 있습니다. 대궐에 연못이 있다는 것으로 보아 못을 파고 원림을 조성했을 것으로 짐작이 됩니다. 또 실성왕 12년(413) 8월에는 "남산에 구름이 피어올라 누각처럼 보였다. 향기가 퍼져 오래도록 사라지지 않았다. 그 후로 이곳에 벌목을 하지 못하게 하였다"[2]는 설명이 있습니다. 이는 숲을 성역화(聖域化)한 사례로 보이는데, 이후 문무왕 19년(679)에 이곳에 사천왕사가 창건된 사실이 이런 추측의 근거가 되어줍니다.

인공적으로 연못을 조성하는 예는 경덕왕 19년(760)에 나타납니다. "궁 안에 큰 못을 파고, 또 궁 남쪽 문천 위에 '월정(月淨)'과 '춘양(春陽)' 두 다리를 놓았다"는 기록이 나옵니다.[3] 이때부터 못을 의식적으로 조성했던 것으로 보입니다. 신라의 대표적인 궁원(宮園)인 '임해전(臨海殿)'의 경우는 조성 연대가 밝혀져 있지 않습니다. 다만 효소왕 6년(697), 혜공왕 5년(769), 경순왕 5년(931) 등에 사용된 기록이 있어서 그 이전에 지어진 것을 추정할 수 있습니다. 임해전은 못을 조성하는 과정에서 파낸 흙으로 가산(假山)을 조성하고, 화목을 심고, 전각을 축조한 곳입니다. 왕실 연회를 베풀던 공간이지요.

'누'에 대한 기록은 불교적 색채가 강한 명칭을 가진 '월상루(月上樓)'에서 처음 찾아볼 수 있습니다. 이 누각의 창건 연대는 알 수 없으나 경문왕 11년(871)에 누각을 고친 것으로 알려져 있습니다. 헌강왕 6년

(880)에는 "중양절에 좌우의 신하들과 월상루에 올라가"[4]라는 기록도 보입니다. 누각 이름의 '월상'은 불교에 연원을 둔 표현입니다.

누정에 관한 또 다른 기록은 『삼국유사』 수로부인(水路夫人) 조에서 찾을 수 있습니다.[5] 거기에 '임해정(臨海亭)'이라는 명칭이 보이는데, '동해안 해변 가로'라는 것 말고 구체적인 위치나 창건 연대 등은 알 수 없습니다. 또한 도화녀비형랑(桃花女鼻荊郞) 조에는 흥륜사 남문루의 명칭이 '길달(吉達)'이었다는 기록이 나오기도 합니다.[6] 경덕왕 대(742~779)의 포천산오비구(布川山伍比丘) 조에는 통도사 치목루(置木樓)에 대한 언급도 보이지요.[7] 경덕왕 19년(760) 월명사 도솔가에 등장하는 청양루(靑陽樓)의 청양은 '봄 하늘'을 지칭합니다. 맑은 기운과 따뜻한 태양을 뜻하죠. 어원으로 보자면 임금의 동당(東堂)으로 봄에 거처하는 전당을 청양이라 부르기도 합니다.

『예기』「월령(月令)」에 보면 '맹춘지월(孟春之月)'은 "천자는 청양의 왼편, 곁방에 있으면서 정무(政務)를 살핀다. 난로(鸞路)를 타고 푸른 빛깔의 말에 멍에를 메운다. 청기(靑旂)를 세우고 청의(靑衣)를 입고 창옥(蒼玉)을 차고 보리와 양고기를 먹는다. 그 쓰는 그릇은 조각이 성기고 나뭇결이 곧다"는 말이 나옵니다. 이런 고전의 예에서 미루어 보건대 청양루는 아마 궁궐 동쪽에 위치한 문루였을 것입니다.

백제 시대의 원림과 누정

백제의 누정에 관한 기록은 비류왕 때부터 보입니다. 비류왕 17년 (320) 8월에 "궁궐 서쪽에 활 쏘는 누대를 쌓아놓고"[8]라는 기록이 그것입니다. 사정(射亭, 활터에 세운 정자)의 한 유형이라고 판단됩니다. 침류왕 원년(383) 9월에는 "인도승 마라난타(摩羅難陀)가 진(陳)나라로부터 왔는데, 처음으로 불법(佛法)이 시행되고",[9] 다음 해 "한산에 불사가 창건"[10]되었다는 기록으로 미루어 보건대, 이때부터 백제는 고대국가로 발전했을 것으로 보입니다.

진사왕 7년(391) 정월에 "궁실을 중수하면서, 못을 파고 산을 조성하여, 진귀한 새를 기르고 기이한 화초를 가꾸었다"는 내용의 기록이 등장합니다.[11] 아마 앞서 말한 한산에 축조된 궁원을 가리키는 것으로 추측됩니다. 문주왕 원년(475) 백제는 웅진으로 천도했고, 동성왕 22년 (500)에 "대궐 동쪽에 임류각(臨流閣)을 세우고, 또 못을 파고, 기이한 짐승을 길렀다"[12]고 합니다. 임류각은 규모도 크고 화려해서 간관들이 조성을 거세게 반대하기도 했으나, 왕이 이를 묵살하고 진행시켰다고 합니다.

정확한 배경이나 원인은 알려져 있지 않지만, 백제는 성왕 16년(538)에 웅진에서 사비(泗沘)로 천도합니다. 국호도 남부여(南夫餘)라고 바꾸었어요. 그 후 무왕 35년(634)에는 "궁궐 남쪽에 못을 파고, 20여 리 밖에서 물을 끌어들이고, 4면 언덕에 버들을 심고, 물 가운데 방장선산을 흉내 낸 섬을 쌓았다"[13]고 합니다. 방장선산(方丈仙山, 도교를 신봉하는 도관이 머물면서 수도하는 곳으로 외진 산간 지역에 있다)은 신선 사상, 즉 도교의 영향이 보이는 표현입니다. 백제의 경우 이상의 사례에서 알 수 있듯이 '불사가 창건된 뒤에야 궁궐 원림이 조성된다'는 것을 알 수 있습니다. 다른 삼국, 즉 신라와 고구려의 경우도 크게 다르지 않았을 것입니다.

한나라 상흠(桑欽)이 지은 『수경(水經)』에 역도원이 주를 달아 만든 『수경주(水經注)』「하수(河水)」에 보면, "방장은 동해 가운데 있고〔方丈在東海中央〕, 동서남북 사방이 모두 같은 길이이다〔東西南北岸相去正等方丈〕"라는 설명이 나옵니다. 여기에서 방장[14]은 1장(丈) 사방 10척으로 구획된 것을 의미합니다. 무왕의 경우를 보자면 삼국 시대 원림에서는 '못 가운데에 섬을 조성하고, 소규모(10척)의 정방형 누 또는 정을 축조한 것'으로 해석하는 것이 합리적이라고 판단됩니다. 같은 왕 37년(636)에 "왕이 망해루에서 군신들을 위하여 잔치를 베풀었다"[15]는 기록으로 보아 망해루는 못 가운데 조성한 섬에 축조한 누일 것입니다. 의자왕 15년(655)에는 "궁궐 남쪽에 망해정을 세웠다"[16]는 기록이 있는데, '망해정'과 앞서 언급한 '망해루'는 서로 다른 위치에 축조된 것이 아닐까 합니다.

삼국 시대의 불교 전래와 누정

삼국 시대의 경우 궁궐 원림의 조성이 불교의 수용과 관련이 있다는 것이 제 생각입니다. 시기적으로 사료를 살펴보면 그 사실을 알 수 있습니다.

삼국 가운데 중국과 외교적 교섭을 가장 일찍 시작한 나라는 고구려입니다. 소수림왕 2년(372)에 불교가 전래 수용되었습니다. 하지만 고구려의 궁궐 원림에 관한 기록은 전혀 남아 있지 않지요. 백제는 앞서 보았듯이 침류왕 때 불교가 전래되고, 다음 해 한산에 사찰이 생겼으며, 몇 년 후 진사왕 때 궁궐 원림을 조성했다는 기록이 나옵니다. 성왕 16년(538) 봄에 도읍을 사비로 옮기고, 같은 왕 19년(541)에 "왕이 양(梁)나라에 사신을 보내 조공하고 아울러 표문을 올려 '모시(毛詩)' 박사와 '열반(涅槃)' 등의 의미를 풀이한 책과 기술자, 화가 등을 보내주기를 요청하니, 이를 허락하였다"는 기록도 있습니다. 여기서 '모시'는 『시경』을 말하고, '열반'은 불경을 말합니다. 이때에 이르러서 경서와 불경 등이 백제에 전해진 것입니다.

사비에 조영된 불교 사찰에 대한 기록은 무왕 때의 사서에서 찾아볼 수 있습니다. 무왕 35년(634) 2월에 "왕흥사가 준공되었다. 그 절은 강가에 있었으며, 채색 장식이 웅장하고, 왕이 매번 배를 타고 절에 들어가서 향을 피웠다"는 기록이 그것입니다.

신라는 백제의 기록보다는 늦은 법흥왕 8년(521)에 "사신을 양(梁)나라에 보내 토산물을 바쳤다" 하고, 같은 왕 13년(528) 불법이 시행됩니다. 진흥왕 5년(544)에는 흥륜사(興輪寺)가 완성되지요. 같은 왕 10년(549) 봄에는 "양(梁)나라에서 사신과 유학승 각덕(覺德) 편에 부처의 사리를 보내왔다"고 합니다.[17] 역시 같은 왕 26년(565) 9월에는 "진(陳)

나라에서 사신 유사(劉思)와 중 명관(明觀)을 보내와 예방하고 불경 1,700여 권을 보내왔다"는 기록도 있습니다.[18] 당시 신라의 승려들이 중국에 들어가 불교를 공부했다는 기록들이 여러 곳에 보입니다.

이런 교류 기간 동안에 신라에서는 분황사(634), 영묘사(635) 등이 완공되었으며, 선덕왕 14년(645)에는 자장의 요청에 의해서 "황룡사탑을 세웠다"고 합니다.[19] 문무왕 14년(674) 2월, "궁궐 안에 못을 파고 산을 조성하여, 여러 종류의 화초를 심고, 진기한 새와 기이한 짐승을 길렀으며"[20] 같은 왕 19년(679)에는 "궁궐 문 각각에 액호(額號)를 붙이기 시작했다"는 기록도 나옵니다.[21] 효소왕 6년(697) 9월에 "임해전에서 여러 신하들에게 연회를 베풀었다"는 기록으로 보면[22] 그 이전에 임해전도 축조되어 있었습니다.

추측컨대 7세기 중반까지는 불교가 삼국에 있어서 모든 분야, 심지어 원림의 조성에까지도 심대한 영향을 미쳤다고 보입니다. 앞서 보았던 신라의 월상루 경우만이 아니라, 삼국 시대 누정의 조성과 명칭에서 불교와의 관련은 조금 더 꼼꼼하게 살펴야 할 것 같습니다.

고려 시대의 원림과 누정

왕건은 918년에 고려를 개국하고, 그해 11월에 철원에 있는 의봉루(儀鳳樓)에서 팔관회(고려 시대에 연등회와 함께 국가의 2대 의식으로 꼽히는 불교 의식)를 관람했다고 합니다. 이 시기 역사서에는 신라 소유의 포석

『고려사』에 나타난 개성부의 누·정·각

왕명	연수	연도	정자명
태조	즉위년	918	위봉루(19년)
현종	즉위년	1009	낭원정(즉위년)
덕종	즉위년	1031	신봉루(즉위년)
정종	6년	1040	의춘루, 구령각(7년)
문종	10년	1056	장원정, 송악정(21년), 옥촉정(22년), 상춘정(24년), 평리역정(27년), 봉래정(31년)
선종	4년	1087	영봉루(4년)
숙종	원년	1096	동락정, 사루(4년), 궁남루(5년), 미화정(7년, 유미정, 서경), 부벽루, 회복루(7년)
예종	원년	1106	산호정, 가창루, 옥촉정(2년), 남루(5년), 악빈정(10년), 다경루(11년, 서경), 마천정, 천장각(12년), 청연각, 옥잠정(16년), 향림정(17년)
인종	5년	1127	기린각, 강정(6년), 벽란정, 관상루(16년), 소휘루
의종	3년	1149	관덕정, 만수정(6년), 양화루(8년), 양성정(10년), 충허각, 태평정(11년), 관란정, 양이정, 양화정, 임정, 중미정(21년), 모정, 만춘정, 영덕정, 옥간정, 응덕정, 황락정, 연복정(22년), 청원루, 희미정(23년), 용서정, 벽잠정
고종	4년	1217	문두루(4년)
충렬왕	6년	1280	양루, 한벽루
우왕	14년	1388	백사정, 풍월루
공양왕	4년	1392	해온정

정(鮑石亭)이 있고, 견훤에게 보내는 편지 가운데 오강정(烏江亭)이 등장하기도 합니다. 태조 19년(938) 9월에는 "왕이 백제로부터 돌아와서 위봉루(威鳳樓)에 앉아 문무백관과 백성들의 축하를 받았다"고 합니다. 고려가 개국한 후 처음 등장하는 수도 개성의 누입니다. 성종 16년(997) 9월에 "왕이 흥례부 태화루(太華樓)에 가서 여러 신하들에게 잔치를 베풀어주었다"는 기록도 나옵니다. 『고려사』에 등장하는 누와 정, 각을 표로 표현한 것이 표 〈『고려사』에 나타난 개성부의 누·정·각〉과

『고려사』에 나타난 지방의 누·정·각

누·정명	소재지	연도	비고
의봉루	철원	901~917	궁예가 개국한 태봉국 당시에 창건이 추정됨
오강정	중국 안휘성 화현	기원전 209~207	중국 안휘성 화현 동북 장강 서쪽 오강포 언덕
태화루	울산 흥례부	7세기 중반	자장율사가 창건해 부처님 진신사리를 보관했던 태화사문루
평리역정		1073	고려 때 역원을 설치하고 정자를 세운 최초 기록이 발견됨
안흥정	서산 해미	1077	중국 사신을 영접하고 전송하던 곳
관풍정	평양	1087	
영봉루	평양	1087	
미화정(유미)	평양	1102	
부벽루	평양	1102	
회복루	평양	1102	
다경루	평양	1116	
숭수원서정	평주	1168	역원에 부속되어 설치했던 정자
동선역벽파	황주	1168	역원에 부속되어 설치했던 정자
팔경정	평양	1169	중국 송나라 송적의 소상팔경시의 전래 이후 영향을 받은 것으로 추정됨
용서정	평양	1169	
벽파정	전라도 진도	1271	
백사정	해주	1388	
풍월루	평양	1388	청풍명월의 준말로 맑고 아름다운 자연의 경색을 뜻함

《『고려사』에 나타난 지방의 누·정·각》입니다. 이 표를 근거로 하여 등장하는 여러 누정들의 이름의 연원을 살펴볼까 합니다.

태조 대의 기록에 나타나는 포석정은 경주 남산 서록에 있습니다. 오강정은 태조 11년(930) 후백제의 견훤에게 보내는 답서의 내용 중에 나오는 것으로, 사마천이 지은 『사기』 권7의 「항우본기」 제7의 내용을 인용하면서 등장합니다. 성종이 잔치를 베풀었다는 태화루는 자장율사가 창건한 태화사의 문루라고 알려져 있지요.

현종 즉위년(1009)에는 낭원정(閬苑亭)에 대한 기록이 나옵니다. 전왕 대에 축조해서 사용해오던 원지(園池, 원림의 못)를 혁파하여 조류와 짐승과 어류들을 산과 늪으로 놓아 보낸 것이라고 합니다. '낭원'[23]이라는 이름은 선경(仙境, 경치가 신비스럽고 그윽한 곳)을 뜻하기도 하지만 당나라 때의 궁원을 의미하기도 합니다.

정종 7년(1041)에는 의춘루(宜春樓)와 구령각(龜齡閣)에 대한 기록이 나타납니다. '의춘'이라는 표현은 의미의 연원을 잘 알 수 없습니다. '구령'이란 장수와 영원, 불멸성을 상징합니다. 거북이 100년 이상을 산다고 하는 데에 비하여 나이가 많음을 의미합니다.[24]

현화사 문루의 명칭으로 알려진 '봉래'는 '쑥과 잡초가 우거진 은자가 머무는 곳'이란 뜻입니다.[25] 또 선종 때 등장하는 정자 이름인 '관풍'이라 상황을 살펴 진퇴를 결정한다는 뜻이고,[26] 숙종 때 등장하는 정자 이름 '동락'[27]은 "이것은 다른 까닭이 아니라 백성들과 함께 즐거워하기 때문입니다. 이제 왕께서 백성들과 함께 즐거워하시면 왕자가 될 만합니다"에서, 역시 같은 시대의 정자 이름인 '유미'[28]는 "눈과 색상에 있어서도 공통된 미감을 갖고 있는 것이니"라는 구절에서 차운한 것입니다.

고려 의종 때의 기록에 "옥촉정에 원시천존상(元始天尊像)을 처음으로 조성해 안치하고 달마다 제사지내게 하였다"는 구절이 나옵니다.[29] 여기의 원시천존은 도교 최고의 신인데, 당시 왕실에서 도교 사원을 설치했음을 알 수 있습니다. 문종 때 나오는 옥촉(玉燭)이라는 이름은

'사계절 기후가 고르고 날씨가 화창하고, 달과 그림자가 환히 비치는 것'을 뜻하고, 덕종 때 기록에 나오는 신봉루(神鳳樓)의 '신봉'은 예부터 봉황을 신조(神鳥)라 한 데에서 연유합니다.

예종 때의 정자 이름인 '산호(山呼)'[30)]는 천자의 장수를 빌면서 만세 만만세라 축하하는 것을 뜻합니다. 한나라의 무제(武帝)가 친히 숭산(崇山)을 위해서 제사를 지낼 때 신민이 만세를 삼창한 데에서 연유한다고 합니다. 역시 예종 때 나오는 '천장각(天章閣)'[31)]은 원래 송나라 진종(眞宗)이 시작하여 다음 해에 준공한 건물로 황제가 저술한 서한을 보관하는 전각인데, 이를 모방하여 붙인 이름으로 보입니다.

의종 때의 기록에는 "양성정(養性亭)과 어원(御苑)의 화초를 두루 관람하고, 충허각(沖虛閣)에서 간소한 연회를 배설하였다. 이에 앞서 왕이 대궐 동북쪽에 정각을 세우고 충허각이라는 현판을 붙였는데 고운 색채(金碧) 단청이 선명하였으며, 또 내합 별실에 좋은 약품을 비치하여 여러 사람들의 병을 광범히 치료하려는 의도로 '선구보'라는 현판을 붙였다"[32)]는 구절이 나옵니다. 여기에서 '양성'은 "그 마음을 보존하고 그 천성을 잘 기르는 것은 하늘을 섬기는 바요"라는 경전의 구절에서 나온 명칭이며,[33)] '충허(沖虛)'는 '충담허정(沖澹虛靜)'을 줄인 표현으로 "성질이 맑고 깨끗하며 욕심이 없고 잡념이나 망상이 없이 조용함"을 의미합니다.[34)]

같은 의종 대에 등장하는 '관란(觀瀾)'은 '물을 보는 방법이 있나니, 반드시 그 물결을 보아야 한다'에서 온 표현입니다.[35)] 뒤이어 '환희(歡喜)'[36)]와 '미성(美成)'이라는 두 대(臺)의 이름이 나타나는데, 환희는 불교에서 말하는 낙원으로 도리천(忉利天)에 있는 동산, 즉 석가모니가 환희원에 있는 파리질다라수(波利質多羅樹)라는 나무 아래 계시면서 석 달 동안 안거하였다는 고사에서 온 이름입니다. 이어 나오는 '만춘(萬春)'이라는 이름은 영원, 천만년을 뜻합니다.[37] "삼월중삼일(三月重三日) 천춘속만춘(千春續萬春)"이라는 표현에서 따온 것이며 중국 한나라 대의 낙양 궁궐 문의 하나인 만춘문도 있습니다. 또한 만춘전이라는 궁전이 당나라 양의전(兩儀殿) 동쪽에 있었으며, 만춘전 서쪽에는 천추전이 있었다고 하지요.

고려 명종 11년(1181)에는 궁궐의 현무루에서 기우제를 지냈다는 기록이 나옵니다. '현무(玄武)'는 '북방칠숙(北方七宿)'의 총칭으로 양나라 대명궁(大明宮) 북쪽의 문루였습니다. 고려의 현무루 역시 궁궐의 북문루였을 것으로 추측됩니다. 우왕 때의 기록에 나오는 '풍월'은 맑고 깨끗한 자연의 경색을 의미합니다.[38] 함께 나오는 '백사(白沙)'라는 표현은 한나라 무제 때 하뢰(下瀨) 장군이 백사에서 사신으로 출발했던 고사와, 북위 경명(景明) 4년 원영(元英)이 양나라 장군 오자양(鳴子陽)을 하남성 광산현 서남 백사에서 섬멸한 고사에서 유래한 명칭입니다. 공양왕 4년(1392) 2월에 "해온정(解慍亭)을 지었다"는 대목이 고려의 누정에 대한 마지막 기록인데요, '해온(解慍)'은 "남풍이 따뜻하게 불어오면 우리 백성들 원한을 풀어줄 것이오, 남풍이 때맞춰 불면 우리 백성 재물을 늘려주리니"라는 구절에서 유래한 표현입니다.[39]

기문 속에 나타난 누정의 명칭과 의미

사서뿐만 아니라 여러 기문(記文)에서도 누정의 명칭과 그 의미가 여러 곳에 등장합니다. 조선 성종 때 편찬한 시문선집 『동문선(東文選)』에는 신라 최치원의 「서천나성도기(西川羅城圖記)」에서 시작하여 고려시대 김연(金緣)의 「청연각기(淸燕閣記)」, 이인로, 이규보, 이곡·이색 부자의 기문 등 신라 시대 후반부터 조선 초기에 이르는 기문들이 나타납니다.[40]

이인로(李仁老, 1152~1220)의 「쌍명재기(雙明齋記)」에는 이런 구절이 나옵니다. "우리 공(公)은 자줏빛 눈동자가 모가나 있는 듯 반짝반짝하여 번갯불 같습니다. 구름과 안개가 걷힌 밖으로 멀리 있는 산을 다 감상하면서 손바닥 위에 있는 것처럼 밝으시니, 이 집의 간판을 쌍명이라 하면 어떻겠습니까?"[41]

「태사공오빈정기(太史公鳥賓亭記)」에는 "이때에 있어 공이 무엇을 한들 마음대로 되지 않겠습니까? 손님이 오면 함께 더불어 이 정자에 올라와서 샘물에 나아가서 시를 읊으며, 저녁이 되어 헤어지게 될 때에는 스스로 즐거할 뿐 아니라 사실 손님과 함께 서로 즐기는 것이니"[42]라고 오빈정이라는 이름을 설명합니다.

이규보에 이르면 명칭을 부여하는 데에 성리학 경전 자구의 의미를 차용하는 것이 일반화되었습니다. 그가 쓴 지지헌(止止軒) 기문(1207)에는 "거사 스스로 이름 지은 것으로 주역에 나오는 대개(玄筮)의 지(止) 자 머리를 얻어 이름 붙인 것이다"라고 하면서 6효(六爻, 『주역』의 64괘

가운데 각 괘의 여섯 획) 형식을 취하여 설명하고 있는 대목이 나옵니다. '지지'는 "아무것도 없는 텅 빈 방에 눈부신 햇빛이 빛 환히 밝지 않느냐, 행복은 이 호젓하고 텅 빈 곳에 머무는 것이다"라는 의미가 포함되어 있습니다.[43]

능파정의 '능파(凌波)'라는 단어에 대한 설명도 기록에서 찾아볼 수 있습니다. "현액(縣額)에 [정자의 이름을] 써서 능파정이라 하였는데, '이것은 정자가 물 위에 우뚝 솟았다는 뜻이다'"[44] 하였는데, 경전에서 근거를 찾자면 "오리는 거센 파도를 의지해서 뛰어오르고, 물총새는 노을을 들이마시며 뛰어오른다"라는 구절에서 차용한 것이라 합니다.

이곡(李穀, 1298~1351)은 원나라에서 급제하고 특별히 한림국사원 검열관에 임명되어 원나라의 선비들과 교유한 인물입니다. 글이 엄정하고 간결해서 원나라 사람들이 감히 외국 사람으로 보지 못했다고 합니다. 그래서인지 그가 글 속에서 취하는 고전 구절은 다양하면서도 깊이가 남다릅니다. 그가 남긴 기문 속에 등장하는 누정의 명칭 역시 그렇습니다. 그의 글 속에 등장하는 바에 따르면 '춘헌(春軒)'의 춘은 "가슴속이 유연하여서 무릇 몸을 가지고 물건을 접하는데, 속에 쌓였다가 밖으로 풍겨나가는 것이 화한 기운[和氣] 아닌 것이 없으니"라는 설명에서 의미를 해석합니다.[45] 또한 '청풍'을 "정신이 맑고 시원하고 모발이 쓸쓸하고 삽삽하여, 마치 매미가 시궁창에서 껍질을 벗고 세상 밖으로 나온 것 같았다"는 의미로 설명하는 대목도 있습니다.[46]

이곡의 아들인 이색(李穡, 1328~1396)은 「차군루기(此君樓記)」에서 "누의 승경은 대나무가 있으니, 내가 이 까닭으로 차군이라 이름하였

기문 속에 나타난 누정의 명칭과 의미

명칭	부여자	경전의 자구의 의미	비고
지지헌(止止軒)	이규보	텅빈 방이 훤하게 밝아 행복은 이 고요함에 모인다	『장자』「인간세」제4
통재(通齋)	이규보	간곡하게 만물을 이루어서 빠짐이 없고 주야의 도에 통해서 아느니라	『역』「계사」상전 제4
태재(泰齋)	이규보	작은 것이 가고 큰 것이 오니 걷히어 형통하니, 이는 천지가 사귀어 만물이 통하고	『주역』「상경」
사륜정(四輪亭)	이규보	두루 통하다	『전국책』조2
냉천정(冷泉亭)	이규보	샘은 비록 얕더라도 능히 차가운 물이 젖과 같이 사람을 윤택하게 하여 줌이 많지 않은가	『동문선』권67, 142쪽
능파정(凌波亭)	이규보	물 위에 우뚝 솟았다	『동문선』권67, 146쪽
춘헌(春軒)	이곡	화한 기운이 아닌 것이 없으니	『동문선』권70, 229쪽
청풍정(淸風亭)	이곡	정신이 맑고 시원하고 모발이 쓸쓸하고 삽삽하여	『동문선』권71, 279쪽
차군루(此君樓)	이색	누의 승경은 대나무에 있으니, 내가 그 까닭으로	『동문선』권72, 285쪽
풍월루(風月樓)	이색	다스려지고 어지러움의 형상은 바람과 달에 구하면 족하다. 음풍농월(吟風弄月)의 약자로 '맑은 바람을 쐬며 시를 읊고, 밝은 달을 보며 즐기는 것'	『동문선』권72, 296쪽
양헌(陽軒)	이색	양은 군자요, 음은 소인이다	『동문선』권73, 320쪽
양진재(養眞齋)	이색	욕심을 적게 하는 것으로 참을 기른다	『동문선』권73, 331쪽
계당(谿堂)	이첨	어진이라야 이 골짜기에 살 수 있으니	『동문선』권77, 423쪽

다"[47] 하며, "당의 백낙천의 기(樂天記), 두목(杜牧)의 기, 송(宋)의 왕우칭(禹稱)의 물(物)에, 채관부(居厚)의 사정(邪正)에, 문동(與可)의 서화에, 자첨(蘇軾)의 밝은 이치"에 대하여 설명합니다. 그는 글 속에서 풍월(風月)은 "바람이 불어오는데 방향 없이 불고, 달이 가는데 자취가 없이 가니, 넓어 그 가(邊)를 알지 못하겠다"고 설명하면서 '음풍농월(吟風弄月)'의 의미를 풀어갑니다.[48]

「양헌기(陽軒記)」에서는 "양(陽)은 군자요, 음(陰)은 소인이다. 주역의

64괘가 모두 양을 붙들고 음을 억제하지 않는 것이 없으니, 군자의 도를 길게 함이로다. 성인이 세상에 큰 교훈을 드리움이 이와 같으니, 그 음을 억압하고 소인을 없어함이 깊도다. 기뻐하고 즐거워하는 것은 양의 유(類)이요, 슬퍼하고 싫어함을 음의 유이니"라는 의미로 철학적인 설명을 붙이기도 합니다.[49] 또한 "병을 앓고 난 뒤에 늦게 일어나 처마 밑에서 볕을 쬐고 몸을 펴서 기운을 차려 걸으면, 정신이 맑고 뜻이 굳어져서 그 즐거움은 말로 다 할 수 없을 만큼 있을 것이니"라는 구절로 해설에 덧붙이기도 합니다. 그의 설명에 따르면, 양진(養眞)은 "마음을 기르는 것은 욕심을 적게 하는 것보다 나은 것이 없다"는 데에서 의미를 찾을 수 있다고도 하죠.[50]

이첨(李詹, 1345~1405)은 계당(籟堂)의 명칭에 대해 설명하면서, "대개 키라는 것은 밀어내고 까불려 날리는 기구다. 그러므로 군자는 안에 두고 소인은 밖으로 보내는 뜻이 있으니 태괘(泰卦)의 형상이다"라고 그 의미를 『주역』에서 찾아옵니다.[51]

이처럼 여러 문인들의 사례를 볼 때 중국에서 건너왔던 유교 경전들과 고사들이 고려 시대에는 우리나라에서도 사상적인 배경으로 뿌리를 내렸음을 알 수 있습니다. 누정이나 건축물의 이름에 사상적인 의미를 부여하면서 원전에 담긴 정신적인 가치를 이어가려는 의도가 있었을 테니까요.

삼국 시대에는 불교가 전래되면서 궁궐 원림의 조성에 동기가 되기도 했고, 누정의 명칭에도 영향을 미쳤던 것으로 보입니다. 통일신라에 이르러 유교 경전이 우리나라에 전래되면서 국가 통치 분야에서 널리 수용됩니다. 통일신라 시대에는 종교적인 측면에서는 불교가, 정치적인 측면에서는 유교가 영향을 미쳤던 것이죠.

우리나라에서 불교는 중국의 위진남북조 시대부터 수나라, 당나라 시대까지의 불교에서 영향을 받았습니다. 이때 불교와 더불어 중국의 원림 조영 사상까지 더불어 수용되었던 것으로 보입니다. 불교가 처음 들어오던 당시에는 사찰의 원림이 먼저 생겼을 것이고 그 영향이 궁궐 원림 조영에 미쳤을 것입니다. 누정의 이름에는 『시경』 『능가경』 『승만경』 『인왕경』 『예기』 『춘추좌씨전』 등이 주로 참조 문헌으로 활용되었고, 8세기경부터 『도덕경』 『서경』 등이 구체적으로 영향을 끼쳤습니다.

당나라 때 백거이, 이덕유, 왕유 등 문인들에 의해서 조영된 사가원림(私家園林)은 고려 시대에 이르러 본격적으로 수용되었습니다. 고려 시대에는 문종과 예종 대 사이에 궁궐을 위시해 사찰과 도교 사원에 누정이 조영되었습니다. 궁궐에는 동쪽과 북쪽에 원림이 조성되었다가 예종 때에는 남쪽과 서쪽에도 궁원이 조성되기도 했습니다.

현재 알려진 고려 시대 누정에 관한 기록으로는 김연이 쓴 청연각 기문(1117)이 있으며, 김수자(金守雌)의 학사 기문인 「행학기(幸學記)」와 임춘의 「일재기(逸齋記)」, 이인로의 「와도헌기(臥陶軒記)」 「쌍명재기」 등을 꼽을 수 있습니다. 고려 시대에는 사가원림이 조성되었고 경사대부들 사이에서 누정을 조성하는 일이 드물지 않았습니다. 당대의 문사들이 이런 누정의 기문을 쓰면서 명칭과 그 의미도 기록했습니다. 특히 무신의 난 이후 은일 사상이 팽배하면서 여러 문인들이 기문을 쓰는 사례가 더욱 많았습니다. 이런 기문들에는 유교의 육경과 더불어 중국 유명 문인들의 문집들이 자주 차용되었습니다.

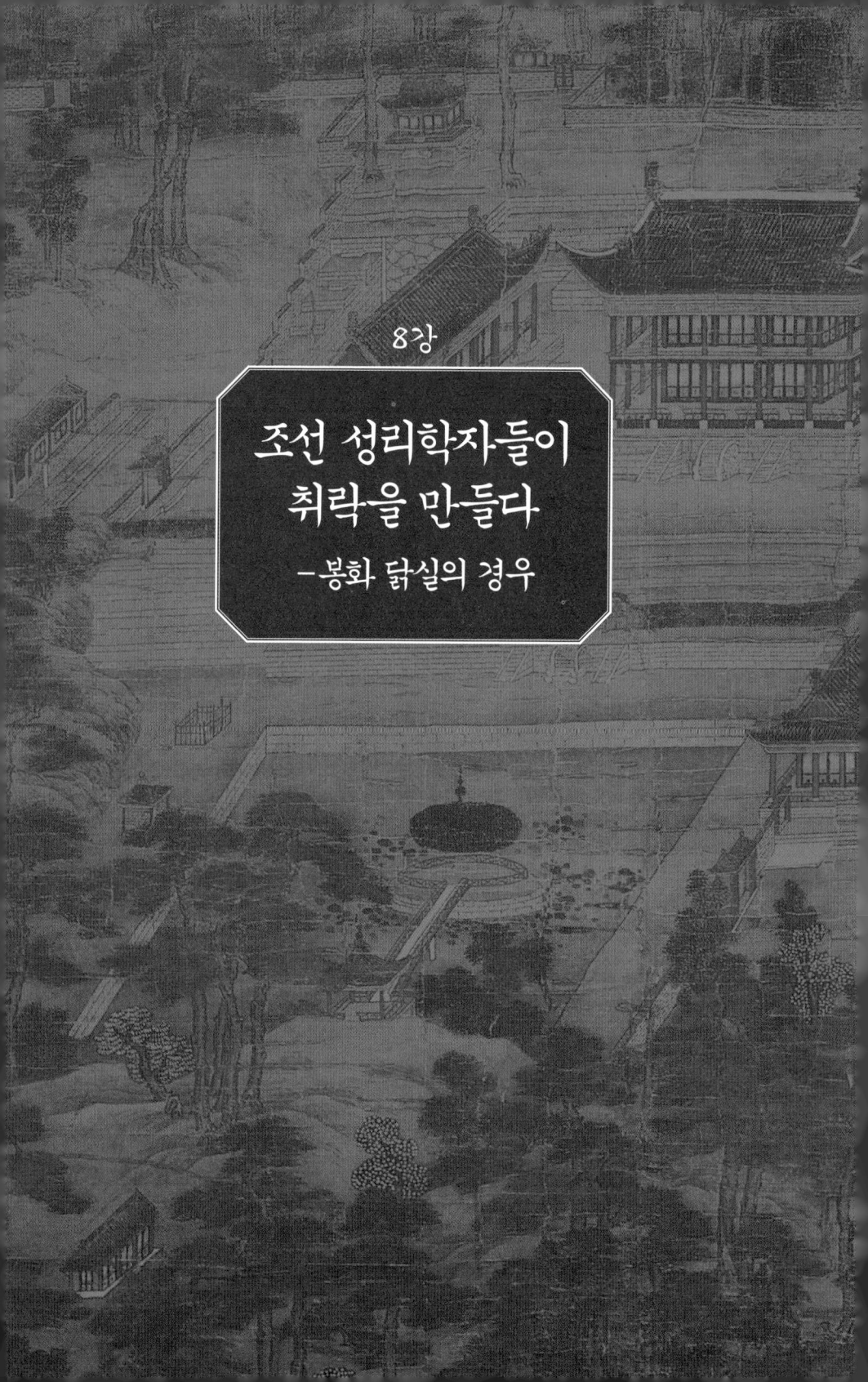

8장

조선 성리학자들이 취락을 만들다
— 봉화 닭실의 경우

고려 말에 신진 세력으로 등장한 사림(士林)은 주자가 주창한 새로운 유학인 성리학(性理學)을 국가 통치와 인간 삶의 기본으로 삼았습니다. 중국 북·남송 시대에 역사적으로 구현되었던 성리학이 사실 중국에 새롭게 발달했던 농업 기술을 기반으로 성립된 철학이라는 사실에 눈을 돌리는 사람은 별로 없는 것 같습니다.

북송 시대 이전 중국에서는 밭에 직접 씨를 뿌려 파종을 하는 농사 방식, 즉 직파법(直播法)을 주로 이용했습니다. 그러다가 북송 대에 와서 크메르(지금의 캄보디아)에서 수경(水耕) 농법을 받아들이면서 변화가 일어나기 시작했습니다. 이후 남송 시대가 되자 물가에 생활 터전을 둔 남부 지역에서 수경 농법이 본격적으로 발달, 정착했지요. 시간이 어느 정도 흐른 후, 이 새로운 수경 농법은 고려 말·조선 초의 시대에 성리학과 더불어 우리나라에 전래됩니다.

고려 말에서부터 시작되어 15세기부터 삼남 지방에서 집중적으로 시행된 수전(水田) 농법은 피, 왕골, 미나리, 연근 등과 더불어 벼를 재배하던 방식을 말합니다. 벼농사의 앞뒤로 보리, 밀, 삼, 마늘, 자운영 등의 작물을 심었지요. 이러한 농사법의 현황을 조선의 세종 대에 적극적으로 조사하고 정리한 책이 바로 『농사직설(農事直說)』입니다.

이때를 전후로 사대부들은 본격적으로 삼남 지방으로 이주하기 시작했습니다. 본가에서 분가하여 새로운 복거지(卜居地, 거주지로 찾아서 정한 곳)로 이주하는 방식이 성행하였지요. 경북 안동 지역에도 고려 말부터 개울을 낀 산골짜기로 이주, 복거하는 양반들이 많아졌습니다. 복거한 양반들 사이에서 혼인 관계를 맺는 범위 역시 상당히 넓었습니다. 조선 시대 성리학자들의 취락 조성은 이런 농법과 기술의 발달이라는 배경과 더불어 연구되어야 할 것입니다.

저는 이 글에서 조선 성리학자들이 마을을 만들었던 과정과 배경을 경상북도 봉화군 봉화읍 유곡 1리, 소위 닭실마을을 사례로 고찰해보려 합니다. 이곳은 조선 중종 때의 학자 충재 권벌(冲齋 權橃, 1478~1548)이 자리를 잡고 마을을 형성하여 자손 대대로 살아왔던 곳입니다. 조선 시대에는 내성현(乃城縣)이라고 불렸는데, 조선 초기부터 파평 윤씨 일파[1]의 전장(田庄, 개인 소유의 논밭)으로 사용되던 곳으로서 안동부의 월입지(越立地)였습니다. 월입지란 조선 시대까지 유지되어오던 지방의 경계 밖에 있으면서도 한 지방에 소속되어 있던 산업 생산지 또는 특수 목적을 갖는 집단이 모여서 생산 활동을 벌이던 곳을 말합니다.

충재 권벌, 귀향하여 마을을 만들다

　권벌은 아버지가 연로하고 풍병이 있음을 이유로, 1519년 6월 삼척 부사로 나갔다가 11월 기묘사화가 일어나자 파직당하고 귀향하였습니다. 1520년에는 안동 도촌(道村)에서 유곡으로 옮겨 영구히 살 땅으로 자리를 잡습니다. 이곳은 그의 선부인 윤씨와 외조부 윤당(尹塘)의 묘지가 있는 곳이기도 합니다.

　1526년에는 살고 있는 집 서쪽에 서재와 정자를 지었습니다. 공부방 겸 서재는 '충재(冲齋)'라고 이름 지었는데, '한서당(寒栖堂)'이라고 불리기도 합니다. 정자는 '청암정(靑巖亭)'이라고 불렀지요. 한편으로 마을 어귀 물가에 축대를 쌓는 등 이 지역을 오래도록 머물며 수양을 할 장수지처(藏修之處)로 삼고 15년 동안 닭실에서 지내게 됩니다. 1534년 권벌은 춘양현(春陽縣)에 산장(山庄)을 마련하는데, 이곳 역시 파평 윤씨 일파[2] 소유의 논밭으로 알려져 있습니다. 후에 큰아들 동보(東輔)가 이곳에 '거연헌(居然軒)'을 짓고, 손자인 석천공 래(來)가 '한수정(寒水亭)'을 건립하였습니다. 한편 권벌은 1541년 7월 한성부 동대문 밖 상산(商山) 자락에 연거지(燕居地)를 마련하기도 했습니다.

　권벌이 세상을 떠난 후 그 아들과 손자인 청암공과 석천공은 권벌의 뒤를 이어 1565년 마을 어귀 물가 축대 위에 '석천정사(石泉精舍)'를 조성하였으며 연이어 춘양에 '한수정'과 '삼계서원' 등을 건립합니다.

　고려 말 조선 초인 14~15세기부터 경사대부(卿士大夫, 영의정, 좌의정, 우의정 이외의 모든 벼슬아치)와 재지사족(在地士族, 토지를 기반으로 한 지역의 지주) 사이에서 본격적으로 지방으로의 이주와 복거지 형성이 이뤄지는데, 이 흐름이 16세기까지 이어집니다. 닭실, 즉 유곡마을은 이런 움직임을 보여주는 대표적인 예이며, 오늘날까지도 그 취락 형태가 비교적 잘 보존되어 있어서 연구 대상으로 주목할 만합니다.

유곡과 주변 마을에 대한 연구가 없었던 것은 아닙니다. 하지만 기존 연구들은 마을의 구조를 설명하면서 대부분 풍수지리 이론을 차용하고 있습니다. 저는 우리나라 전통 취락을 설명하는 이론으로서 과연 풍수지리설이 합당한지에 대해 항상 의문을 가지고 있습니다. 그 주제를 본격적으로 파고들기에 이 자리가 적합한 것 같지는 않습니다만, 유곡의 입지와 구성 요소들을 세세하게 살펴보다 보면 이곳을 형성한 사상적 배경에 대한 이야기도 자연스레 나오게 될 것 같습니다.

사대부들은 왜 귀향했는가

고려 말 조선 초에 본격적으로 시작된 재지사족과 경사대부의 이주 및 복거에 작용한 역사적 배경과 맥락을 살펴보기 위해서는 우선 그 이전, 고려 시대 지배층의 거주지와 농토가 어떤 입지와 특성을 가지고 있었는지를 확인할 필요가 있습니다. 또한 어떤 계기로 인해 이들의 입지와 입지관이 변하여 이주 및 복거가 시작되었는지도 고민해봐야 할 것입니다.

고려 시대의 주거지 입지나 취락 형태를 알 수 있는 구체적인 자료는 남아 있지 않지요. 오늘날의 우리들로서는 『고려사』와 『고려도경』에 묘사된 몇 구절을 통해 당시의 양상을 추론할 수밖에 없습니다.

『고려도경(高麗圖經)』은 고려에 대한 내용입니다만 중국에서 나온 책입니다. 북송의 선화봉사(宣和奉使)였던 서긍(徐兢, 1091~1153)이 고려 인종 1년(1123)에 개성에 왔다가 중국으로 돌아간 후에 저술한 책이 바로 이것이죠. 『고려도경』의 민거(民居) 조에는 고려 시대 취락의 입지와 상태를 유추할 수 있는 구절이 나옵니다.

"왕성(王城)은 비록 크기는 하나 메마른 자갈 땅 산등성이에 있어 땅이 평탄하지 않고 넓지 못하기 때문에, 백성들이 거주하는 땅의 형태는 고르지 못하며 벌집과 개미구멍 같았다. 풀을 내어다 지붕을 덮어 겨우 비바람을 막았는데, 집의 크기는 서까래를 양쪽으로 걸쳐놓은 것에 불과하다. 부잣집은 기와를 덮었으나 겨우 열 집에 한두 집뿐이다."[3] "산과 숲속에 사는 사람이 많고 평야 지대가 드물기 때문에 농사 짓는 농민이 공업 종사자의 수효를 따르지 못한다."[4]

이 구절로 보건대, 고려의 주거지는 주로 산등성이에 자리를 잡았으며 주거 상태가 매우 불량했던 것으로 나타납니다. 물론 북송 사람의 눈을 통해 묘사된 것이라 사실과 부합하지 않는 부분이 있을 수도 있습니다.

고려 시대 사람들의 주거와 입지를 알게 해주는 다른 기록도 있습니다. 이규보는 그의 시 「동문외관가(東門外觀稼)」와 「도휴어(稻畦魚)」[5]에서 "마른 흙덩이 푸른 들로 변했으니" "또 이랑에 고기 있을 줄 뜻했으랴"라는 구절을 남깁니다. 이 구절들은 당시 수전 농업이 시작되었음을 설명해주고 있어서 중요한 사료적 가치가 있습니다. 이규보는 무인 정권의 강화도 시절에 요직을 지냈던 문인입니다. 수경 재배는 강화도에서 시작되었고, 내륙에서도 강화도와 가까운 해서 지역(황해도 지역)에서 수경 재배가 먼저 시작되었던 것으로 보입니다.

고려 시대 취락의 입지를 알 수 있는 중요한 또 다른 예로는 『고려사』에 등장하는 안동부 예안 지역에 대한 설명입니다. 그 구절은 이렇습니다. "예안현의 넓이는 동서가 60리, 남북 30리에 불과할 정도로 협소하지만 곳곳에 아름다운 산수가 펼쳐진 고장이다. 사람들이 산 중턱에 살지만 집들이 서로 이어지지 않고, 밭은 산허리에 있고 들녘에서 농사를 짓지 않는다. 사람들이 다소 평탄한 장소에 터전을 잡고 사는 곳은 북쪽 온계, 남쪽으로는 오천, 동쪽으로는 부포, 서쪽으로는 가야가 대표적이다. 그 외 분천, 월천, 지삼, 한곡 등지 정도다. 예부터 살던 사람들이 모두 다 순박하고 노둔하여 별로 알려진 바가 없다. 그러다가 고려 말 유학자인 우탁(禹倬, 1262~1342) 선생이 현의 남쪽 지삼마을로 물러나 자리를 잡은 이후로 홍유석사(弘儒碩士, 넓게 성리학을 신봉하여 공부하는 학자)들이 꼬리를 물고 배출되었으니 인걸은 지령을 따른다는 말이 어찌 빈말이겠는가."[6]

이 기록을 보면 고려 시대 취락의 입지는 주로 산 중턱이었으며, 평탄한 장소에 있는 마을은 손꼽을 정도로 드물었음을 알 수 있습니다. 농사 역시 주로 산허리에 있는 밭을 개간하는 형태가 지배적이었고, 평편한 들녘에는 농지가 거의 없었습니다. 고려 시대 전반과 중반까지는 주로 산 중턱 비탈진 곳에 취락의 가장 중요한 입지와 농지가 있었습니다. 평편한 지형에 취락이 형성되기 시작한 것은 고려 말엽부터였으며, 이 시기의 사례로는 우탁의 이주를 대표적인 예로 거론할 수 있습니다.

우탁은 1290년 충렬왕 16년 5월에 최함일(崔咸一)과 함께 문과에 급제하고 영해사록(寧海司錄)이 되었습니다. 충선왕이 숙창원비와 밀통하자 감찰규정으로 이를 극간(極諫, 잘못된 일이나 행동을 고치도록 온 힘을 다하여 말함)하였으나 듣지 않자, 1308년 예안으로 물러나 후학들을 가르치다가 충혜왕 3년(1342)에 죽었지요. 영해사록으로 명을 받고 단양에서 부모를 배알하고 영해로 가는 길에 우탁은 후에 그가 정착하고 취락을 형성할 예안을 처음으로 접했습니다. 개성에서 교하를 거쳐 남한강, 단양, 죽령을 넘어 풍기, 영주, 예안, 영양, 영해에 이르렀는데, 예안을 지나면서 산수가 균형 잡혀 있고 드러나 있지 않은 이곳 지형이 새로운 농법인 수경 재배의 취락 입지로 이상적이라고 생각하여 후에 복거지로 실현한 것입니다. 그가 살던 곳은 비암(鼻巖) 남쪽으로 2리가 되는 곳이었다고 하는데, 비암은 이곳에서 가장 두드러진 바위로 낙동강가에 위치해 있습니다.

새로운 입지관의 등장

산 중턱에 농업 생산과 생활을 위한 취락을 형성했던 고려 말 이전의 입지관이 변화했던 데에는 새로운 생산 기술과 새로운 삶의 방식이 등장했던 것이 원인으로 작용했습니다. 기술적 사상적 요인이 있었던

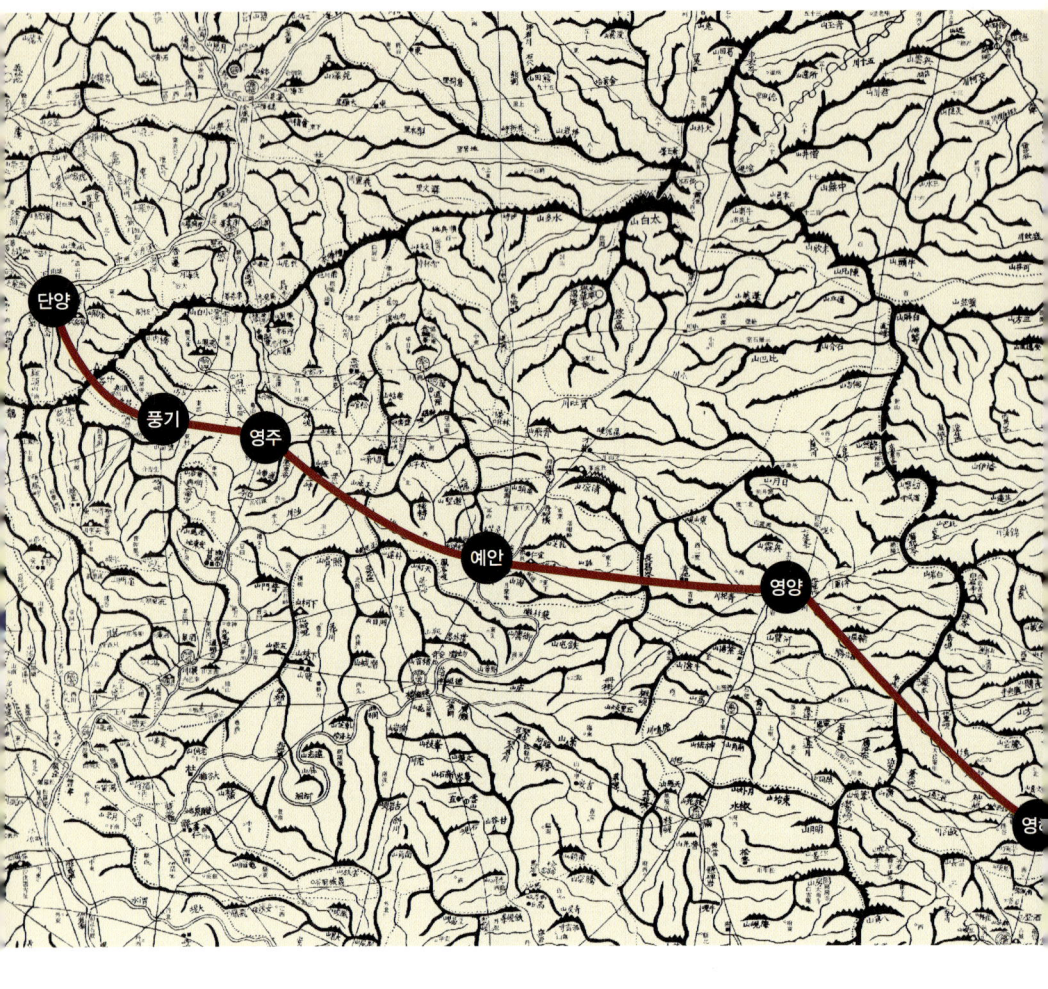

『대동여지도』, 단양-풍기-영주-예안-영양-영해에 이르는 경로

것이지요.

고려 말엽 신진 세력으로 등장한 사림은 성리학을 사상적인 배경으로 삼았습니다. 중국에서도 성리학은 수경 농법을 받아들이며 생활 방식이 변했던 시기에 등장한 철학이었습니다.

중국에서 수전(水田), 즉 논에 물을 괴어 짓는 벼농사는 후한(後漢) 시기부터 사서(四書)에 나타납니다. 그러다 당나라 때부터 본격적으로 경작되지요. 왕유(王維)의 망천별업(輞川別業)이 그러한 맥락에서 조성된 장원(莊園)인데요. 그의 시구에 "넓고 넓은 논에 백로가 날고, 그늘이 우거진 여름 나무에서 꾀꼬리가 운다"7)는 구절은 벼농사의 증거라고 볼 수 있습니다.

송나라와 원나라 때에는 벼 경작에 대한 관심이 더욱 커지면서 신기술을 개발하려는 노력도 한층 더해졌습니다. 수전의 본거지인 진랍국(眞臘國), 즉 오늘날의 캄보디아에 사신을 보냈다는 기록에서 이런 사실을 확인할 수 있습니다. 수행원으로 따라갔다 돌아온 주달관(周達觀, 1266~1346)이 저술한 책 속에는 물을 가두어둔 수전에서 논벼를 재배하는 모습을 목격했던 사실이 기록되어 있기도 합니다.8) 중국은 북송대부터 수경 농법을 받아들였으나 이것이 본격적으로 발달한 것은 남송 때인데 수변에 생활 터전을 둔 중국 남부가 생활의 중심이 된 이후였습니다.

벼의 수경 재배가 실시되면서 중국 남부, 강회(江淮) 및 양자강 주변으로 인구가 집중되었습니다. 여기에 부응하는 새로운 통치 체제와 삶의 철학이 바로 성리학이었죠. 성리학이 조선에 전래되면서 벼의 수경 농법도 함께 전래되었습니다. 『제민요술(齊民要術)』『범승지서(氾勝之書)』『사시찬요(四時纂要)』 등의 저술들이 이 새로운 농법을 소개했습니다. 특히 『농상집요(農桑輯要)』는 고려 말 농업 서적의 중심이었습니다.[9]

수전 농업이 확대되면서 일상생활에 여러 변화가 일어났습니다. 세종 때인 1429년 편찬된 『농사직설』은 이런 변화에 적응하려는 시도이기도 했습니다.[10] 『농사직설』은 우리나라에서 실제로 행해지고 있는 농업 관행을 체계적이고 학문적으로 정리한 책입니다. 중요한 곡식류에 국한하여 간단하게 기술되기는 했지만, 삼남 지방에서 실제로 행해지는 농사 관행을 조사하여 우리 풍토에 맞는 농법을 담았습니다. 내용 중에 벼의 수경 재배법도 포함되어 있었지요.

농업 기술의 발달을 더불어 한강 남쪽 지역을 시작으로 강원도 일부, 충청도, 전라도 등지로 인구가 이주하는 현상이 나타났습니다. 14~15세기 사이 진행되었던 경사대부와 재지사족들의 이주 복거는 이러한 맥락에서 이해되어야 할 것입니다.

이주 복거의 외면적인 명목이나 형식은 '불사이군(不事二君)'의 신념으로 고려 왕조에 대한 충성을 유지한다는 명목, 사대부가 생산 기반을 위해서 향촌을 조성하는 형식, 재지사족의 후손들이 새로운 취락을 조성하는 형식 등으로 다양했습니다. 이전에는 홍수로 인한 범람이 두려워 정착하지 않았던 산골짜기의 천변이나 경사가 있는 평야 지대가 새로운 복거 이주 지역으로 가장 인기가 있었습니다.

안동부 지역의 새로운 복거지

새로운 이주 복거지 중 유력하게 선택된 곳의 하나가 바로 안동부(安東府)입니다. 안동대도호부는 "7개의 속현과 3개의 부곡"을 포함하고, "영해, 청송도호부, 예천, 영천, 풍기군, 의성, 봉화, 진보, 군위, 비안, 예안, 영덕, 용궁 등의 진관(鎭管)을 보유"하는 지역이었습니다.[11] 그중에서 봉화, 영천, 풍기 등과 속현인 내성현, 춘양현, 개단, 소천 부곡 등은 태백산에서 소백산으로 연결되는 백두대간 남록에 위치합니다. 이곳들은 경사가 가팔라서 이전부터 특산물과 밭농사로 생계를 유지해오던 곳입니다.

고려 말 조선 초 사이에 안동부에 이주해서 복거지를 택해 정착한 씨족 취락은 대체로 약 10여 곳입니다. 토착 성씨인 안동 권씨, 안동 김씨, 풍산 김씨, 풍산 류씨, 풍산 홍씨, 서성 김씨, 봉화 금씨 등과 남양 홍씨, 능성 구씨, 함양 박씨 등인데요, 이 성씨들은 『세종실록』「지리지」 성씨 조에서는 빠져 있습니다. 적어도 세종 이후 각각의 향촌을 조성하기 위해서 이주 및 정착, 복거한 것입니다.

고려 중기부터 조선 초기까지 명문 씨족으로 발전한 집안들은 재경관인(在京官人)과 재지사족(在地士族)의 형식을 갖추고 있었습니다. 재경관인이란 과거에 합격하여 관직에 진출한 사람을 뜻하며, 재지사족은 아직 관직에 진출하지 않은 사람이나 과거 진출 후에 퇴직한 사람을 일컫습니다. 이들을 중심으로 이후 향촌경택(鄕村京宅), 즉 향촌에 근거를 두고 생활하다가 벼슬에 나아가면 수도에도 집을 마련해서 머

15세기 초 안동권으로 이주한 이주 성씨 및 지역

성씨	이주 지역	원거주지	이주 시기
평산 신씨(영해 신씨)	청송군 파천면 중평	영덕 화개 금호	1390년
진성 이씨	안동군 도산면 온혜동	계양 온혜	1450년
안동 김씨	의성군 점곡면 사촌동	자첨 구정	1390년
동래 정씨	예천군 풍양면 우망, 청곡동	구령	1400년대 초
안동 장씨	안동군 서후면 춘파(김계)동	의공 흥효	1400년대 초
풍산 김씨	안동군 풍산읍 오미동	자순	1405년
선성 김씨	영주군 이산면 신암, 석포리	소량 담	1460년
봉화 금씨	봉화군 상운면 문촌	휘	1435년
풍산 류씨	안동군 풍산읍 하회동	종혜 중영	1450년
능성 구씨	의성군 가음면 순호동	익령 장손	1430년
후안동 김씨	안동군 풍산면 소산동	삼근 계권	1450년
함양 박씨	의성군 가음면 양지동	성양	1400년대 초

무는 형식으로 가문을 운영하는 것이 최상의 방법으로 자리 잡게 됩니다.

이 방식이 성립하자면 가문이 큰 동요 없이 오래도록 생활을 영위할 수 있는 물적 기반, 즉 충분한 농경지가 반드시 필요했습니다. 그들에게 『농상집요』나 『농사직설』 등의 농사 관련 서적은 믿을 만한 지침서였지요. 또한 외가든 처가든 친족으로 맺은 재지사족들과의 인맥 역시 중요한 기반이었습니다.

의성 김씨, 영양 남씨, 진성 이씨를 비롯하여 고성 이씨, 홍해 배씨, 청주 정씨, 달성 서씨, 한산 이씨 등이 이런 상황에서 이주한 성씨들입니다. 이들이 조성한 향촌 취락은 대개 동족 취락으로, 혈연관계로 맺어진 두 개의 성씨 집단이 정착하는 형태였습니다. 이런 형태가 자리 잡은 바탕에는 성리학, 특히 충(忠)과 효(孝)의 사상이 필요했습니다. 이곳에는 공동으로 생산하고 생활하기 위한 장소인 취락이 있고, 죽은 조상들의 혼과 시신들을 모신 사당과 묘지가 있었습니다. 또 뒤를 이어갈 후손들을 교육하여 관료 또는 지도자로 만드는 장소로 서당이나 서원이 있었으며, 어른들이 감정과 생각을 교류하며 여가 생활을 영위하는 장소로 당(堂)과 정(亭)이 세워졌습니다.

이러한 건축물들을 적절하고 조화로우면서도 합리적으로 배치하기 위해서는 복거지의 입지 선택이 매우 중요했을 것입니다. 물론 입지에서 가장 중요했던 것은 농업을 경영할 수 있는 적당한 농경지 확보였습니다. 아울러 노동력의 확보와 생활 규범 역시 취락을 운영하고 관리하기 위해 요구되는 요소였습니다.

권벌과 유곡

유곡(酉谷)은 경북 봉화읍 닭실마을을 지칭하는 이름입니다. 앞에서 잠깐 언급했듯이, 이 마을은 조선 중종 때 충정공 충재 권벌이 조성했습니다. 그는 1519년 6월 삼척부사로 명을 받고, 생가인 안동부 북후면 도촌에 들러 부모를 배알한 후 부임지 삼척부로 향하는 도중에 이곳 닭실마을 앞을 지나다가 '사람이 자리 잡아 살 만한 좋은 장소'라고 마음속에 새겼다고 합니다. 부임한 지 6개월만인 같은 해 11월 을묘사화에 연루되어 파직되어 고향으로 돌아온 그는 다음 해인 1520년 닭실마을을 복거지로 삼아 머물러 살 주택과 수양할 정사를 조성합니다.

1526년 집 서쪽에 서재인 충재와 한서당(寒棲堂), 청암정(靑巖亭)을 지었습니다. 동구 밖 물가에 돌을 쌓아 대를 축조하기도 했습니다. 이러한 조성 작업은 1533년 6월에 그가 밀양부사로 임명될 때까지 약 15년 동안이나 계속되었습니다. 1534년에 권벌은 춘양현에 가서 산과 농토를 장만하여 산장을 조성했습니다.

1541년 예조판서(5월), 지의금부사(6월)에 임명되고 7월에는 한성부 동대문 밖 상산(商山) 자락에 경택(京宅)을 마련하여 '향촌 경택'의 형식을 마무리하는데, 이때가 그의 나이 64세였습니다. 1547년 9월 양재역 벽서 사건(조선 명종 때 외척으로서 정권을 잡고 있던 윤원형 세력이 반대파 인물들을 숙청한 정치적 옥사 사건)에 연루되어 삭주(朔州)로 유배되었는데, 다음 해인 1548년 3월 26일 갑자기 병으로 세상을 떠났습니다. 5월에 고향으로 관을 옮겨 11월 유곡에서 장사를 지냈지요. 사후 20년이 지난 1568년 선조 원년 2월에 의정부 좌의정에 증직되고, 6월에는 문순공 퇴계 이황이 행장을 지었습니다. 1571년 문정공이라는 시호가 내렸고, 1588년 사림의 발의로 서쪽 산 넘어 사현리에 서원이 건립되었습니다.

유곡은 권벌의 사후 20년을 거쳐 성리학을 기반으로 하는 삶의 장소로 자리를 잡게 되었습니다. 취락과 사당, 묘지, 서당, 서원, 선비들의 휴식 장소, 안전한 생활 기반을 영위할 수 있는 춘양에 위치한 전장(田莊, 소유한 논밭) 등의 요소를 갖추게 된 것입니다.

유곡의 입지에 대한 현대의 연구는 주로 풍수지리 이론을 기초로 하는 설명입니다. 하지만 조선 시대에 유곡의 입지를 설명하는 저술이나 지도를 보면 풍수지리보다는 객관적인 산수 체계에 입각하여 체계적으로 접근하고 있음을 발견할 수 있습니다.

유곡의 입지를 가장 정확하게 설명한 예로는 『택리지』와 『석천정사 산수총론』 『산경표』 『대동여지도』 등을 들 수 있습니다.

『택리지』 「팔도총론」 경상도 조에는 유곡의 입지를 이렇게 설명합니다. "안동 북쪽에 있는 내성촌은 권벌이 살던 곳으로 못 가운데 있는 큰 바위가 섬과 같으며 흐르는 물이 사방으로 둘러싸고 돌아 자못 경치가 그윽하다. 또 북쪽에 있는 춘양촌은 바로 태백산 남쪽이 되는데, 정언 권두기(正言權斗紀)가 대를 이은 한수정이 있다. 이 또한 시내에 임하여 너그럽고 그윽하여 묘한 경치이다."[12]

한편 『대동여지도』에서 유곡의 위치는 북에서 남으로 향하던 백두대간이 태백산에 이르러 방향을 바꾸어 동에서 서로 산줄기가 뻗어 향해서 소백산에 이르는 곳에 표기되어 있습니다. 『산경표』에 의하면 태백산-수다산(水多山)-백병산(白屛山)-마아산(馬兒山)-곳적산(串赤山)-소백산-죽령 등으로 연결되고, 수다산 남쪽에 춘양현이 있습니다. 백병산-문수산(文殊山)-용점산(龍岾山), 즉 갈방산(葛坊山)-금륜산(金輪山), 즉 봉화의 진산으로 연결되는 산줄기가 문수산, 용점산 분지가 남서에서 물줄기와 어우러져서 맺어지는 산곡에 유곡이 있습니다.

『석천정사 산수총론』에는 전체 산수 체계에서 유곡의 입지에 더해 유곡을 구성하는 주요 요소들인 석천정사, 광풍대, 삼계서원, 청암정, 광풍대와 제월대 등의 위치와 구조가 보다 더 자세하고 세밀하게 묘사

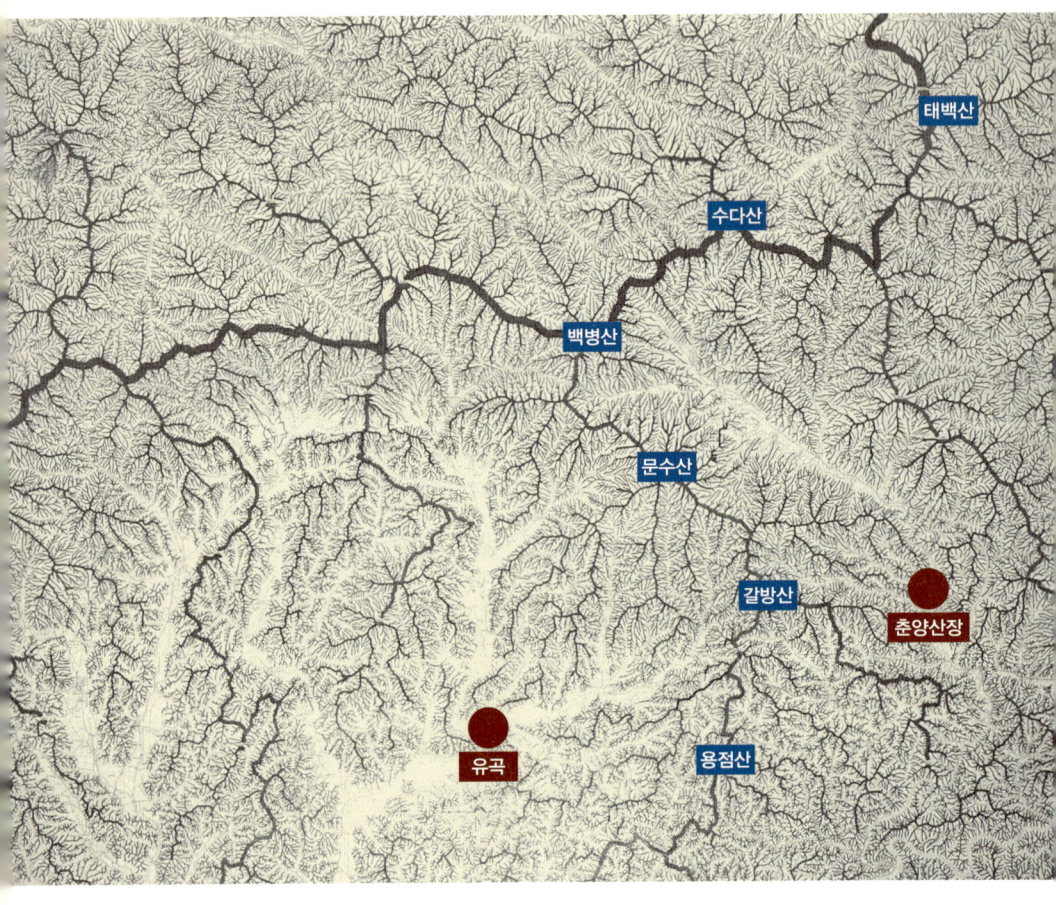

유곡의 입지
북에서 남으로 향하던 백두대간은 태백산을 기점으로 동에서 서로 방향을 바꾼다. 태백에서 수다산, 백병산 등을 거쳐 소백산에 이르는데, 수다산의 남쪽에 춘양이 있으며, 백병산에서 갈라져 문수산, 용점산으로 이어지는 다양한 산곡의 물줄기가 만나는 남서 지점에 유곡이 입지하고 있다. 국립지리원의 1:25000 지형도에 필자가 작성한 지도다.

되어 있습니다. 유곡의 지리적인 입지와 지형을 체계적이고 정확하게 설명하고 있는 점이 인상적입니다.[13]

이런 글들은 전통 산수 체계에 입각해서 유곡의 입지를 설명하고 있는데, 풍수지리적 용어는 거의 보이지 않습니다. 백설령의 산세를 설명하면서 "마치 닭이 날개를 치고 울적에 목이 드리운 한 형태"[14]라고 묘사하지만, 이는 형태의 묘사일 뿐, 풍수적인 의미 부여는 존재하지 않습니다.

최근 학계에서 취락의 입지를 설명하는 전통적인 이론으로 풍수지리설을 중요하게 활용하고 있습니다. 하지만 실제 조선 시대의 취락 입지는 성리학을 기반으로 하고 있었으며 풍수지리적 설명이나 해석은 드물었습니다. 산수 체계에 입각한 객관적인 설명이 더 중심을 이루고 있지요.

유곡의 공간적 특징

충재 권벌은 유곡에 복거 중이던 1526년에 청암정을 지었으며, 같은 해 동네 어귀에 있는 수석의 아름다움을 사랑하여 석천정사의 터를 장점하였다고 합니다. 1534년에는 앞서 말한 바처럼 춘양현에 산장을 마련하였죠. 권벌의 아들은 1576년 거연헌을 창건했다가 후일에 그 가까운 곳에 한수정을 짓습니다. 선생이 세상을 떠난 후 아들인 청암, 손자인 석천공, 양대에 걸쳐 정사인 석천정을 세웁니다.

삼계서원
세 영역으로 나뉘는 유곡에서 교육의 영역인 삼계서원은 마을 가장 남쪽의 초입에 위치해 있다.

권벌의 복거지 공간은 크게 생활과 생산의 장으로 나뉩니다. 유곡은 마을이고, 춘양은 전장(장원)입니다. 유곡은 다시 작은 규모의 세 구역, 즉 삼계서원, 석천정사, 유곡(마을)으로 나눌 수 있습니다. 마을은 다시 일상생활 공간과 백골을 모시는 유궁(幽宮, 재실)으로 나뉩니다. 유곡은 '삼계서원과 그 주변 요소들', 유식(遊息)과 장수(藏修)를 위한 공간인 '석천정사와 그 주변', 서식(棲息)을 위한 공간인 '취락과 유택지 및 주변' 등 세 구역으로 나눌 수 있습니다. 정각으로는 청암, 석천, 거연, 한수, 송암 등이 조성되었습니다. 삼계서원, 석천정사, 유곡 등 세 구역은 남에서 북의 방향으로 들어서 있는데요. 석천정사 동구 밖 2리쯤 되는 지점에 있는 삼계서원은 삼계지를 토대로 설명됩니다.

이 세 구역 가운데 중심이 되는 곳은 석천정사인데, 이곳은 경치가

석천정사
세 영역 가운데 석천정사는 중심 영역에 해당한다. 주변에 사자석, 폭포, 수중석 등의 경물들로 인해 경치가 매우 뛰어나다.

매우 뛰어납니다. 석천정사의 입지에 대해서는 기록에서 이렇게 말하고 있습니다. "본 정자로부터 서쪽으로 삼계에 이르고 북쪽으로 재사동에 이르며 동쪽으로 송암정에 이르며 동북쪽으로 청암정에 이르는데 그 사이의 거리가 4~5리가 되지 않는다. 지척의 사이에 모양이 각각 다르고 기상이 같지 않아 명구(名區)와 승경인데, 여기서 가장 뛰어나게 기절한 곳을 든다면 모두 본정(석천정사)과 청암정을 으뜸으로 한다"는 기록이 있습니다.[15]

유곡과 삼계 사이에 있는 석천정사의 입지는 이렇게 기록됩니다. "삼계운영교로부터 북쪽을 향하여 물과 골짜기를 따라 올라가면서 천하동천을 지나면서 산세가 더욱 기절하고 물은 더욱 급류로 흐르며 동학이 더욱 그윽하고 한적하며 깨끗한 별천지가 있으니, 여기가 곧 석천이

청암정
석천정사를 지나 취락과 유택지의 입구에 다다르면 청암정이 나타난다.

다. 처음 충정공이 시내를 의지하여 돌로 쌓아 대를 만들고 날마다 산책하던 곳으로 청암공이 이곳에 정사 8, 9칸을 세워 '석천정사'라 이름하였으니 지경이 맑고 깨끗하며 나를 듯한 정사는 마치 신선이 기거하는 요대와도 같아서 티끌세상 밖인 듯하다."[16]

유곡마을은 정사에서 폭포를 지나 물을 거슬러 올라가 약 1리 지점에 있습니다. 권벌이 거처하던 집이 있는 곳이죠. 마을은 사방의 들 가운데 숨어 있으면서 산세가 병풍처럼 둘러 있고, 물이 서로 합하여 띠처럼 되어 있습니다. "유곡으로 이름을 붙인 것은 대개 진산이 들어오면서 맺어진 모양이 마치 닭이 날개를 치면서 우는 형상과 같아서라 한다"[17]고 합니다.

권벌의 경택, 향촌, 전장

경택	동대문 밖 상산	
향촌	교육(교)	삼계서원
	누식(수도)	유곡촌
		석천정사(청암정 충재)
	유택	재궁
(전)장원		춘양

이 골짜기는 비록 크지 않으나 생김새가 멀리에서부터 잘 짜였고, 동구의 계곡이 독특하고 아름답게 어우러지며, 골짜기가 그윽하여 살기에 적합하다는 평가를 받는 곳입니다. 서북쪽으로 약 1리 지점에 재사동이 있는데, 6대조 의정공의 묘소가 있는 곳입니다. 충정공 권벌과 후손들의 묘가 들어서 있습니다.

유곡의 경치와 나무들

『유곡잡영(酉谷雜詠)』은 예전의 유곡 풍경과 나무들을 가늠해볼 수 있는 중요한 저술 자료입니다. 여기에 망천별업에서 지어진 시를 모방하여, 유곡의 45곳 절경을 창설공과 강좌공이 화답한 오언절구가 수록되어 있습니다. 하지만 일반 사람들이 알 수 없는 장소가 많아서 이해가 쉽지는 않습니다. 『석천지(石泉志)』의 「잡영병서」 중에는 창설공(蒼雪公) 두경(斗經)이 새로 이름 지어 붙인 경물들도 많습니다. 집안사람이 아닌 우리들이 이해하기 쉬운 것을 골라서 살펴보도록 하겠습니다.

서원이 위치한 주산과 안산을 포함하여 '삼계'라고 합니다. 합강, 광풍대, 제월대, 운영교, 풍영대 등이 여기에 세워진 경물들이지요. 하당공 두인(斗寅)이 조성한 죽원(竹垣)이 있습니다. 또 합강의 동쪽 물과 서쪽 물이 서로 모이는 물가에는 버드나무가 열을 지어 심어져서 그늘을 만들었다고 합니다. 나무 종류로는 풍영대 자리에 있는 반송을 비롯해서 대나무, 버드나무가 주종을 이루었습니다.

주자의 시에서 차용한 합강 운영교(雲影橋)를 지나 물을 따라 북으로 올라가면서 청하동천벽을 지나 사자석, 백석량, 정사, 석정, 등고단, 선폐암, 수중석, 폭포 등이 나타납니다. 석천정사는 본채 6칸을 비롯하여 독역재, 헌함(임수함), 산수료 등으로 구성되었습니다. 석천정사 주변에는 복숭아, 대나무, 소나무, 오동, 느티나무, 회화, 버드나무 등이 있었다고 합니다. 이를 묘사한 시 구절이 있습니다.[18] 소나무, 느티나무, 복사꽃나무, 대나무, 작약 등이 주요 수목이었던 것으로 보입니다.

마을 역시 주산인 백설령, 남산, 옥적봉 등이 있고 갱장각, 재사 등도 있습니다. 마을 정당에는 청암정, 충재(한서당), 송암정, 중구대 등이 있고요. 그 외에도 수사미, 서간, 쇠림암, 문계, 부여현, 피서원 등도 공간을 구성하고 있습니다.

마을의 나무들은 농업서의 영향을 받은 것으로 추측됩니다. 「유곡기」에서 종가를 설명하는 구절에 "큰 집이 있어서 원장 안에는 뽕나무, 밤나무, 대추나무, 배나무 등이 무성하였다"[19]고 되어 있습니다. 또한 「청암정기」에는 "세 그루의 소나무, 바위 틈새에 자생한 화양목, 못 언덕에 소나무와 잣나무 등이다. 또 나지막하게 담을 쌓았으며 그 안

유곡마을 전경과 추원재

유곡마을의 전경. 취락의 뒤에 주산인 백설령이 있고 앞으로 너른 논밭이 있다.

재실 추원재(追遠齋). 종택의 재실로 충재 권벌이 외조부와 부모 묘소 관리를 위해 작게 지었던 것을 1671년 후손들이 중건하였다.

에 미무, 모란, 작약 등 꽃과 풀을 심고 장미와 철쭉화도 곁들여 재배하고"라는 구절이 나옵니다.[20] 뜰 가운데를 묘사한 구절에는 큰 느티나무, 단풍나무, 푸른 소나무와 전나무 등이 등장하지요. 뽕나무, 밤, 대추, 배 등은 『농상집요』나 『농사직설』에 수록되어 있는 주요 수목입니다. 연못에는 연꽃이 있어서 이 공간이 성리학자의 집안임을 알려주는 듯합니다.

흔히 성리학과 성리학자들을 설명할 때에는 그들의 사상과 철학을 중심에 두고 생각하곤 합니다. 몇 년 전부터는 생활사나 농업사, 과학사 등의 분야에서 연구가 활발하게 진행되고 있어서 다행스러운 일입니다. 하지만 아직도 성리학자들의 사상과 그 물질적인 기반의 관계에 대해서는 관심과 연구가 부족한 감이 있습니다. 닭실마을의 공간과 조성 당시의 농업 기술 발전을 연계시켜서 보려는 제 시도가 이념과 현실을 연결하는 공부가 되었으면 하는 바람입니다.

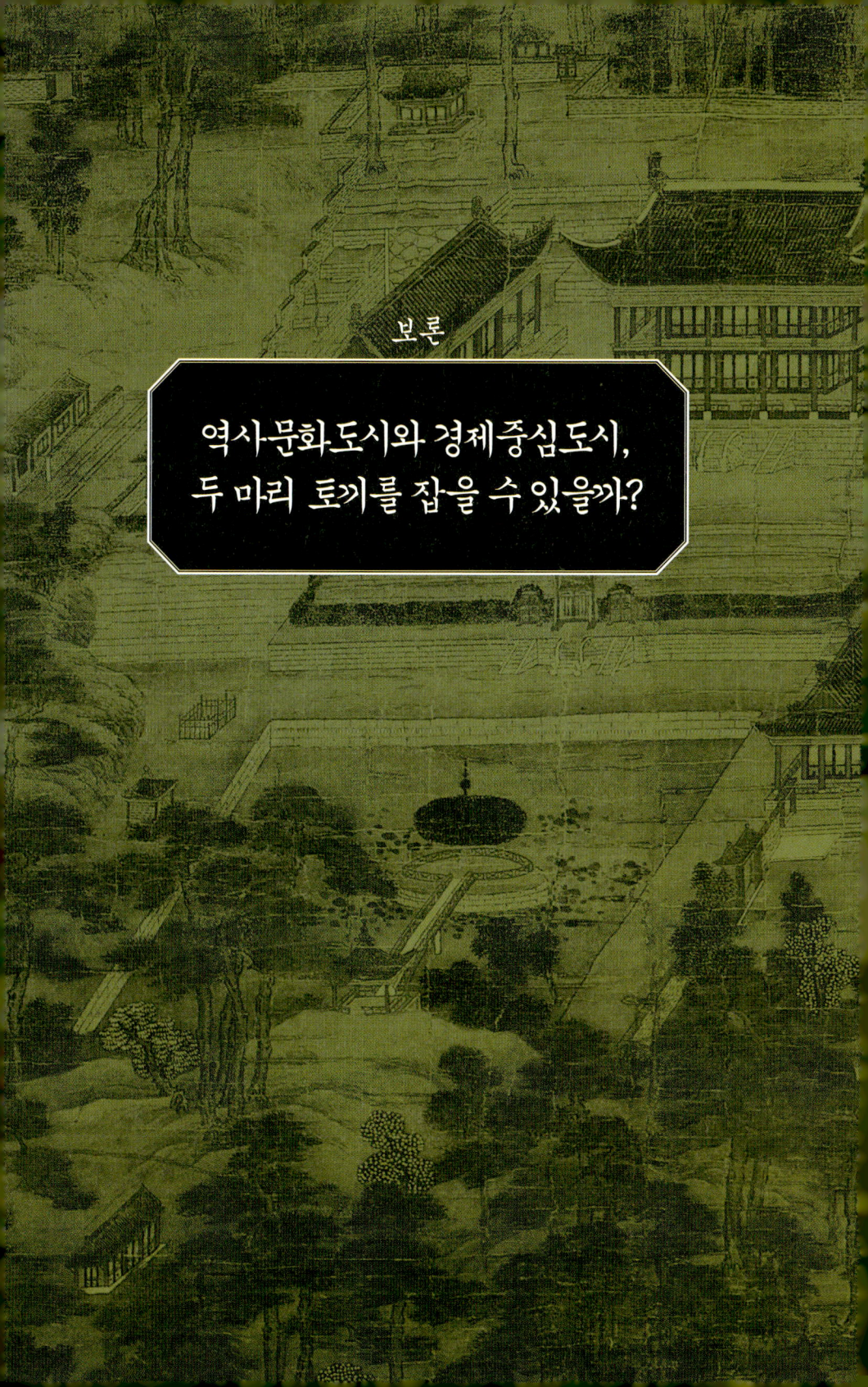

보론

역사문화도시와 경제중심도시,
두 마리 토끼를 잡을 수 있을까?

*보론은 필자의 졸고 「역사문화도시와 경제중심도시: 두 마리 토끼는 잡지 못한다」(『서울학연구』, 서울시립대학교 서울학연구소, 2011)를 고쳐 쓴 것이다.

몇 해 전 가을, 저는 서울시립대학교 서울학연구소의 세미나 '역사도시 서울: 종묘와 사직' 주제 발표 원고를 준비하면서, 자료 사진을 촬영하기 위해 사직단, 경복궁, 광화문 광장, 종묘 등으로 나들이를 한 적이 있었습니다. 종묘에 이르러 입장권을 사니 안내자의 인솔 하에 해설을 들으며 경내를 둘러보아야 한다기에, 안내자와 동행하며 한 시간 남짓을 보내게 되었습니다.

　안내자의 설명에 귀를 기울이고 있으려니, 그 가운데 '조선의 종묘 제도는 건축물뿐 아니라 제례(祭禮)의 축문, 제례악, 춤사위를 모두 포함하는데, 이는 중국에서는 사라져버린 형식이다'는 내용과 '유교 문화를 바탕으로 유형·무형으로 세계문화유산에 등재된 것은 우리나라의 종묘가 유일하다'는 내용이 유독 귀에 들어왔습니다. 이토록 귀한 인류의 문화유산이라는 종묘가 과연 물리적인 측면에서 주변 환경과 조화를 이루고 있느냐는 의문이 들었기 때문이지요. 주변의 환경과 이질적으로 따로 놀고 있는 오늘날의 종묘, 자못 험악한 상태로 방치되어 있

〈서빙고망도성(西氷庫望都城)〉, 정선, 지본수묵, 39.0×49.5cm, 1744년, 일본인 개인 소장.
남쪽에서 북쪽 도성을 향해서 그린 도성도 중에서 가장 넓은 지역을 포괄하고 있다.

는 현실이 새삼 개탄스럽게 느껴졌습니다.

언젠가 어느 회의석상에서 문화재위원이 이런 말을 하는 것을 들었습니다. "역사도시 서울은 도시 전문가들이 모두 망쳐놓았다!" 저는 도시 전문가의 입장에서 그 말에 대해 어느 정도 수긍하면서도 100퍼센트를 인정하기엔 좀 억울했던 기억이 납니다. 문화를 관장하고 있는 정부 부처나 문화재청은 그동안 무엇을 했으며, 그 조직에서 활동하는 문화재위원들은 무슨 일을 하느라고 종묘의 환경 같은 중요한 문제를 방치했단 말입니까. 인류 문명의 변화에 따라 인간 삶의 방식도 변하고 사고방식과 그것을 구현하는 공간도 변해가는 것은 필연적인 일입니다. 그런데 왜 문화유산의 관리나 보존 방식은 이런 도시의 변화에 전혀 대응을 하지 못했을까요?

저는 종묘의 문제가 종묘라는 공간에서 그치는 것이 아니라 서울이라는 도시의 개발 방향 전체와 관련되어 있다고 생각합니다. 서울은 중세 때부터 이어져온 오랜 역사를 가진 도시인 동시에 현대 한국의 사회 경제적 중심 도시이기도 합니다. 서울이 가진 이 두 측면은 과연 조화롭게 화해를 이루며 앞으로 나아갈 수 있을까요? 아니면 두 측면 중 하나를 포기해야 서울이 도시로서 제대로 된 꼴을 갖출 수 있는 걸까요? 저는 도시의 발생과 변화라는 좀 더 거시적인 측면에서 고민을 시작해보고자 합니다.

도시를 만드는 자연과 인공 요소

도시의 입지는 자연적인 것과 인공적인 것 두 가지 요소로 구성됩니다. 자연은 대기층을 제외하면 대지와 물로 나뉘는데, 이는 흔히 지형과 수계, 또는 산수 체계라고 불립니다. 지형과 수계는 지구의 생성과 더불어 형성되어 인간의 역사보다 훨씬 더 장구한 세월을 담고 있습니다. 인간이 삶을 영위하기 위해 지형과 수계의 관계를 고려하여 정착지로 결정한 곳을 우리는 입지(立地)라고 합니다. 자연적인 입지 위에 인간들이 만든 각종 건축물, 구조물들이 인공적인 입지를 만들어내지요.

입지는 그곳에 정착한 인간 삶의 방식을 제한합니다. 인간은 자신들이 정착한 입지에 따라 자연관을 형성하게 되는 것이죠. 인간들은 대지와 물을 통해 다양한 인식을 형성하고 자연에 나름의 종교적 의미를 부여합니다. 이런 인식과 종교적 의미들은 시간이 경과하면서 주변 환경과 통합되어 지역마다 독특한 우주관으로 자리 잡게 됩니다.

입지는 자연의 힘에 의해 때로는 급격히, 대부분은 아주 서서히 변모합니다. 입지는 또 인간의 의지에 의해 바뀌기도 합니다. 현대에 와서는 문명과 기술이 발달하면서 인간이 입지를 변화시키는 속도가 가속화되고 있습니다. 하지만 인간이 자연 입지를 변화시키는 일에는 많은 부작용이 우려됩니다. 자연의 힘을 완전히 '극복'하지 못하고 좌절하거나 포기해야 하는 경우가 생기기도 하고, 지형과 수계의 변화로 인해 동식물의 서식지가 파괴되고 생태 환경이 변화하여 재앙이 일어나기도 합니다.

도시를 구성하는 인공적인 요소로는 인간이 만드는 갖가지 건축 구조물이 있다고 했습니다. 고대 같으면 성곽, 궁궐, 사묘(寺廟, 조상의 신위를 모신 사당), 신단(神壇), 관아, 주택, 원림 등이 있겠지요. 현대 도시라면 이보다 훨씬 다양한 양상의 인공적인 구조물들이 있습니다. 도시의 입지는 도시 입면, 건축물 유형, 가로 및 광장, 도시 평면, 도시 밀도, 도시 이미지 등 다양한 요소에 결정적인 영향을 미칩니다. 또한 열린 공간들의 규모, 유형, 특성을 결정하는 데에도 도시의 입지가 중요한 영향을 미치지요.

현대에 들어 인공적인 기술로 도시의 입지, 즉 지형과 수계를 변경하거나 새로이 만들어 새롭게 도시를 조성하는 경우가 종종 있습니다. 하지만 이런 도시에서 인공적으로 변형된 자연이 안정되기 위해 걸리는 시간은 누구도 예측할 수가 없어요. 최악의 경우에는 이런 인위적 변화가 자연 재앙을 초래하여 도시가 파괴될 뿐 아니라, 인간을 포함한 동식물이 살 수 없는 공간으로 변해버릴 수도 있습니다.

인공적으로 변형된 입지에 자리 잡은 도시에 최첨단 디자인 감각으로 모든 인공적인 요소를 조성했다고 해서 이것이 곧 매력적인 도시로 이어진다는 보장은 어디에도 없습니다. 근래의 두바이 같은 도시가 그런 경우일 텐데요. 도시로서 두바이는 완전한 실패로 귀결된 사례라고 저는 생각합니다.

지속가능한 도시를 만들기 위해서는 오히려 자연에 한 걸음 더 다가가야 합니다. 그곳의 지형과 수계 맥락을 잘 파악하고, 특성에 적합한 규모와 형태를 고려해가며 도시를 조성하는 것이 합리적이라고 생각하는 것이지요. 오래 전에 생겼던 도시들 가운데 많은 곳이 지금은 인간이 살지 않는 역사 유적지로 남아 있습니다. 이런 유적 도시들은 대부분 그곳에 살았던 인간들이 과도한 욕망으로 지형이나 수계를 지나치게 변형시켰거나 입지에 적합한 규모에서 벗어나는 거대 개발을 시도했기 때문에 오늘날과 같은 폐허가 된 것입니다.

카탈 휘위크의 벽화, 기원전 7000년경, 터키.
좁은 길들을 사이에 두고 서너 줄로 집합 배치된 취락의 초기 형태를 보여준다. 이 형태를 바탕으로 인류 최초의 도시가 형성되었다. 그림 출처: Taquetta Hawkes, *The atlas of earlyman*, St.Martin's Press, 1976, p.56.

도시와 역사

도시의 역사는 유적을 통해 알 수 있습니다. 기원전 7000년경 터키령 카탈 휘이크(Catal Hüyük)에서 발견된 동굴 벽화에는 화산 폭발 장면과 함께 75개의 중정식 주택이 그려져 있습니다. 그림을 보면 좁은 길을 사이에 두고 집들이 서너 줄을 이루며 집합 배치되어 취락을 형성하고 있습니다. 이런 형태의 취락을 바탕으로 하여 기원전 3500~3000년 사이에 메소포타미아 지역에서 인류 최초의 도시가 형성되었습니다.

고대에 형성되었던 도시가 현재까지 이어져오는 경우도 있습니다. 이런 도시의 역사를 공부해보면 도시의 내부 구조 자체에서 이 도시의 흥망성쇠를 읽을 수 있어서 흥미로운데요. 그리스의 아테네나 이탈리아의 로마 같은 도시는 내부의 유적을 통해서, 또한 도시가 성장해온 과정을 보여주는 도시의 켜에서 인간의 역사를 읽어낼 수 있지요.

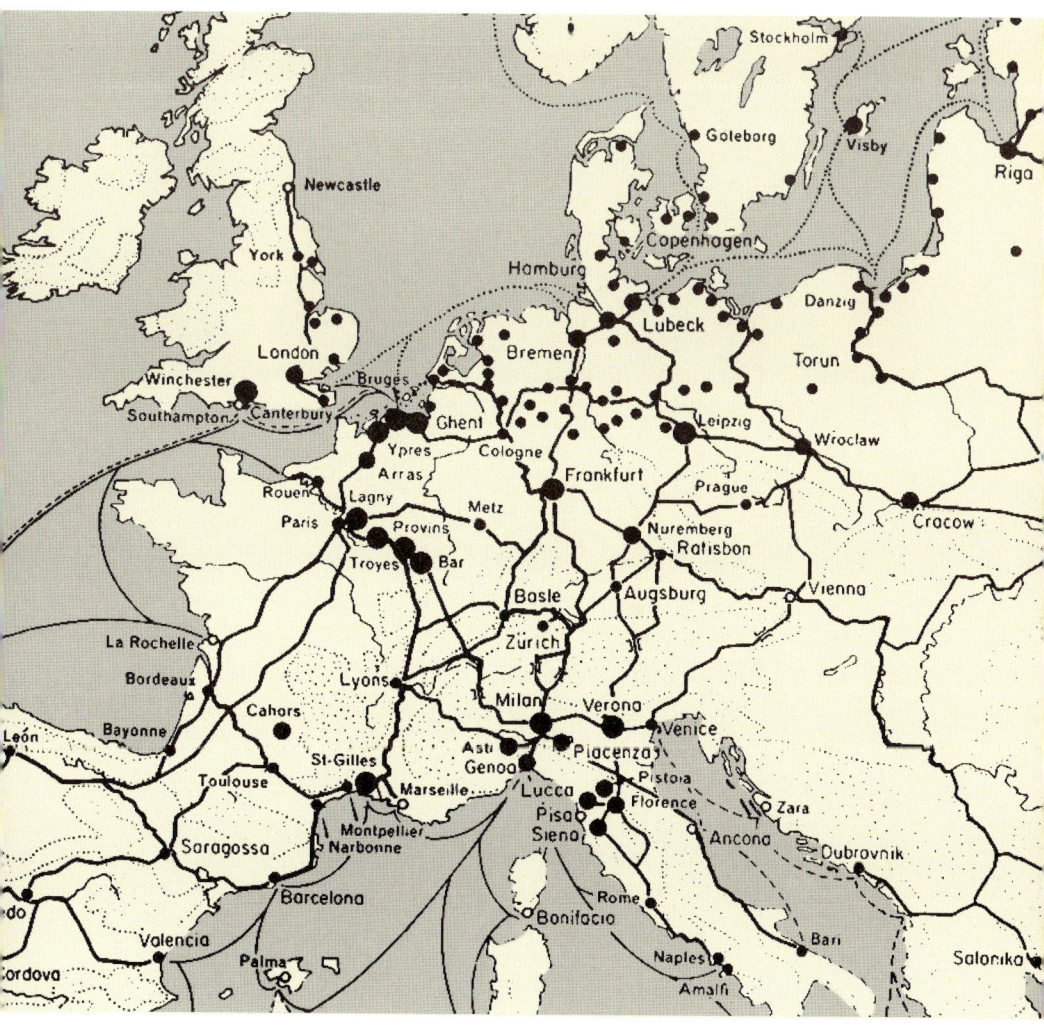

15세기 중세 유럽 도시의 네트워크

12~13세기 유럽에서는 가장 많은 수의 도시가 출현했으며, 이들의 상업 교역을 기반으로 15세기에 이르면 견고한 도시 간 네트워크로 유럽 전체가 엮이게 되었다. 지도 출처: Leonardo Benovolo, *Historie de la ville*, Editions, Parentheses, 1983, p.171.

〈청명상하도〉, 장택단, 종이에 담채, 11세기(송대), 북경 고궁박물관 소장

고대 이후에 나타난 도시들 역시 상황은 마찬가지입니다. 유럽의 경우 12~13세기에 인류 역사상 가장 많은 도시가 출현했으며, 이때 성장한 도시 가운데 지금까지 남은 도시가 수백 개가 될 정도입니다. 이렇게 오래된 역사도시에서 그 도시가 성장한 모습, 도시에 남아 있는 다양한 역사적 정보를 '도시의 구조'를 통해 시민들에게 보여주고 사람들이 그것을 향유할 수 있도록 배려하는 것은 국가나 도시 정부가 해야 할 당연한 의무이며 중요한 사업이라고 생각합니다.

여기에서 제가 '도시의 구조'라고 말한 것은, 도시의 역사는 역사책이나 지도를 통해서만이 아니라 도시의 설계와 건축 기법, 양식을 통해서도 알 수 있기 때문입니다. 또 건축물의 시대적 양식이나 재료들을 통해서도 역사 지식을 얻을 수 있지요.

도시의 역사 자료는 고고학적인 발굴이나 건축 유적 이외에도 다양한 경로가 있습니다. 특히 시각 예술의 꽃이라 불리는 회화는 도시의

〈청명상하도〉는 11세기 북송의 수도인 개봉을 배경으로 한 그림이다. 장택단은 청명절에 많은 사람으로 번화한 개봉이라는 도시와 사람들의 삶을 매우 세밀하게 묘사해냈다. 이후 이와 유사한 방작들이 명나라와 청나라 시기에까지 지속적으로 쏟아져 나왔다.

역사를 아는 데에 중요한 자료가 되어주기도 합니다. 특히 도시의 기록화, 풍속화는 도시사 연구에서 매우 중요하지요.

중국 북송 시대인 11세기에 장택단[1]은 당시 한창 발전하던 수도인 개봉(開封)의 청명절을 세밀하게 묘사한 〈청명상하도(清明上河圖)〉를 그렸습니다. 이 작품은 개봉이라는 도시의 형태와 사람들의 삶을 연구하는 데에 무척이나 큰 도움이 됩니다. 그 후로 이 작품과 유사한 방작(倣作, 모사 작품)들이 쏟아져 나왔는데, 남송 시대 소주(蘇州)의 도시 풍경을 그린 〈고소번화도(姑蘇繁華圖)〉 역시 같은 맥락에서 제작된 작품이지요. 다양한 기법으로 도시적 요소를 묘사한 산수화도 상당수 남아 있습니다.

이런 사례는 동양에서만 보이는 것이 아닙니다. 유럽에서도 15세기경 이탈리아 시에나에서 프레스코 기법으로 도시 전경을 그린 벽화가 그려진 경우가 있었죠. 또한 알브레히트 뒤러(Albrecht Dürer)의 판화 작품을

〈몰타 해전〉, Matteo Perez d'Aleccio, 유화, 1565년.
로마 바티칸에 있는 '지도화랑(The Gallery of Maps)'에는 이와 같이 도시들을 묘사한 프레스코화가 다량 소장되어 있다.

비롯해 도시를 소재로 한 작품들은 유럽 여러 나라에서 다양하게 제작되어왔습니다. 로마 바티칸에 있는 '지도 화랑(The Gallery of Maps)'에는 200여 점에 가까운 지도와 더불어 도시들을 묘사한 프레스코화가 소장되어 있기도 하죠. 이곳은 교황 그레고리 13세(1572~1585 재위)가 기획하여 실현된 것으로 지금까지 전해지고 있습니다.

보존인가 개발인가

앞서 종묘 이야기를 하며 세계문화유산 이야기도 잠깐 했습니다만, 이 제도의 시작은 1970년대 초로 거슬러 올라갑니다. 유네스코(UNESCO)는 1972년 11월 23일 세계의 문화적·자연적 유산 보호와 관련된 협약 결과를 파리에서 채택했습니다. 1975년 12월 17일에는 세계문화유산 목록 협정의 제정을 수립했습니다. 우리나라에서는 1995년 합천 해인사에 있는 팔만대장경과 더불어 종묘가 문화유산으로 처음 지정되었습니다.

유네스코가 문화유산을 지정한 이유는 이렇습니다. "지구상의 어떤 장소들은 그 자연적 특성, 역사적 의미, 혹은 정신적 의미에서 두드러진 보편적 가치를 가지고 있으므로 그것들의 보호는 일국의 책임이 아니라 전 인류의 책임이다."[2] 문화유산을 보호할 수 있는 지속가능한 조처와 문화유산의 환경을 보전하기 위한 표준 지침도 세웠습니다. 문화유산뿐 아니라 그 주변 환경의 보전을 거론한 것은, 문화유산 주변의 환경이 심하게 파괴되어 "그 상황을 개선하기에는 너무 늦어버릴 때까지 방치해서는 안 된다"는 것을 뜻합니다. 문화유산이 제대로 보존되기 위해선 주변 환경의 보존을 고민해야 한다는 말이지요.

문화유산을 둘러싼 주변 환경을 '보존'할 것인가 아니면 '개발'할 것인가라는 주제는 도시의 상황과 곧바로 이어집니다. 사실 '보존과 개발' 사이의 갈등은 유럽에서 산업혁명 이후 근대도시가 생기는 과정에서부터 본격적으로 싹트기 시작한 것입니다.

'근대' 또는 '현대'라는 의미로 번역되는 '모던(Modern)'이라는 표현은 처음에는 '현대 도시 생활(Modern city life)'이라는 표현에서부터 쓰이기 시작했으며, 고대(Ancient)와 대비되는 단어였습니다. 현대라는 말이 생기고 보편화되면서 사람들은 '지금까지 지속적으로 지적(知的) 영양을 공급하는 전통으로 인식되던 역사는 쓸모없다'고 생각하기 시작했습니다. 근대 또는 현대만이 바람직한 것이고, 과거는 낡은 것으로 받아들이게 된 것이지요. 현대는 지나간 모든 것으로부터, 지나간 모든 역사로부터 단절되며 그들과 무관한 것이라고 보았던 생각에서 현대문학, 현대사상, 현대음악, 현대건축 등의 용어가 나타났습니다.

'현대' 도시라는 맥락에서 가장 대표적인 도시로 오스트리아의 수도인 비엔나(Vienna)를 꼽을 수 있습니다. 1860년에 합스부르크 제국으로부터 정치권력을 장악한 자유주의자들은 비엔나라는 도시에 대한 권력 역시 장악했습니다. 자유주의자들은 이 도시를 자신들이 가지고 있었던 이상화된 이미지에 따라 개조했는데, 그 개조의 중심에 도시 성벽을 헐어내어 간선 가로를 만든 '링슈트라세(Ringstrasse)'가

19세기 오스트리아 비엔나의 링슈트라세

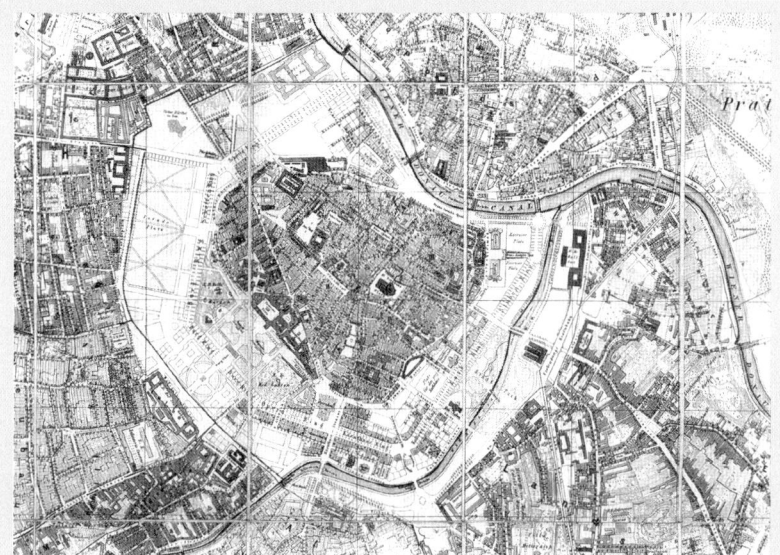

1866년 비엔나의 〈링슈트라세 계획안〉

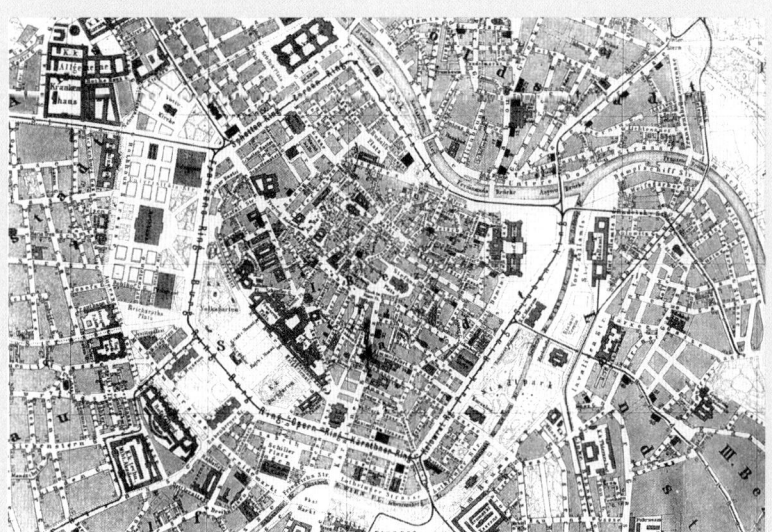

1879년 비엔나의 〈링슈트라세 현황〉

'현대' 도시라는 맥락에서 오스트리아의 수도인 비엔나는 매우 주목하여야 할 도시다. 당시 합스부르크 제국으로부터 권력을 가져온 자유주의자들은 지나간 과거로부터의 단절을 부르짖었고, 비엔나라는 도시 역시 이상화된 이미지에 따라 개조했는데, 그 중심에 '링슈트라세'가 있었다. 출처: Walter Kieb, *Urbanismus im industriezeitalter*, Ernst & Sohn, 1991, p.195.

있었습니다. 링슈트라세는 '링'이라는 이름 그대로 반지 모양으로 생긴 폭 60미터, 길이 4킬로미터의 거리인데, 환상 도로라고도 부릅니다. 비엔나의 중요한 시설들이 이 거리에 다 모여 있다고 해도 과언이 아니지요.

도시와 건축에 대한 현대적 사고는 보수주의자로 일컬어지는 오스트리아의 카밀로 지테(Camillo Sitte, 1843~1903)와 진보주의 건축가이자 도시 이론가로 알려진 오토 바그너(Otto Wagner, 1841~1918)에서 시작되었다고 봅니다. 이 두 사람으로 대표되는 '보존과 개발'이라는 이념의 갈등은 지금도 지속되고 있는데요, 비엔나의 링슈트라세라는 도시 공간을 중심으로 도시의 이론과 형태가 만들어낸 배후에는 이런 대립과 갈등이 있었던 것이지요.

지테는 도시에 대한 자신의 이론으로 인해 공동체주의 도시사회 이론가들의 존경을 한 몸에 받았습니다. 그 후 그의 이념을 따르는 루이스 멈포드(Lewis Mumford, 1895~1990)와 제인 제이콥스(Jane Jacobs, 1916~2006) 같은 창의력이 풍부한 근대 개혁가들에게 영향을 미쳤습니다.

한편 바그너는 급진적 공리주의 개념을 기본 전제로 하는 현대 기능주의자와 그 비판적 동지인 페프스너(Pevsner)주의자, 기디온주의자(Giedions)들에게서 찬사를 받았습니다.[3] 그러나 바그너는 불행하게도 "지테의 수도원적 사고방식을 따르지 않기로 결심했지만" 자신 역시 "현대사회에서 예술가의 고립을 더욱 절감했으며, 또 현대사회를 자신의 의지대로 만들어나갈 수 없는 상대적인 열세 때문에 어쩔 수 없이

보존과 개발의 갈등

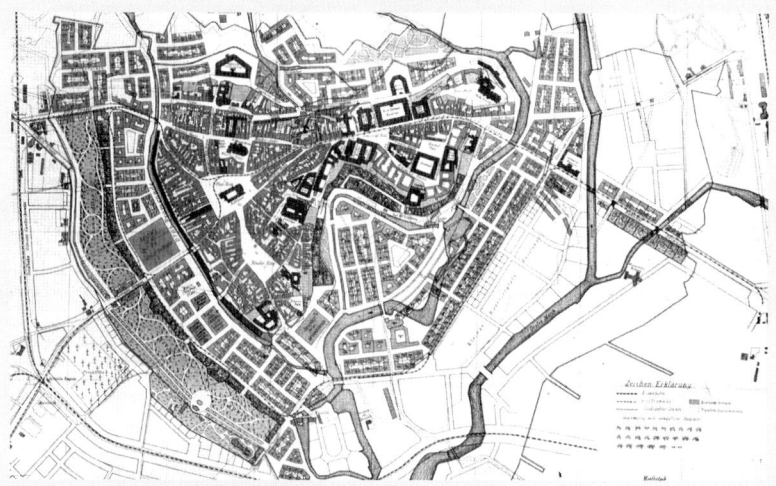

1894년 카밀로 지테의 〈베리테룽을 위한 도시설계〉
출처: Walter Kieb, *Urbanismus im industriezeitalter*, Ernst & Sohn, 1991, p.202.

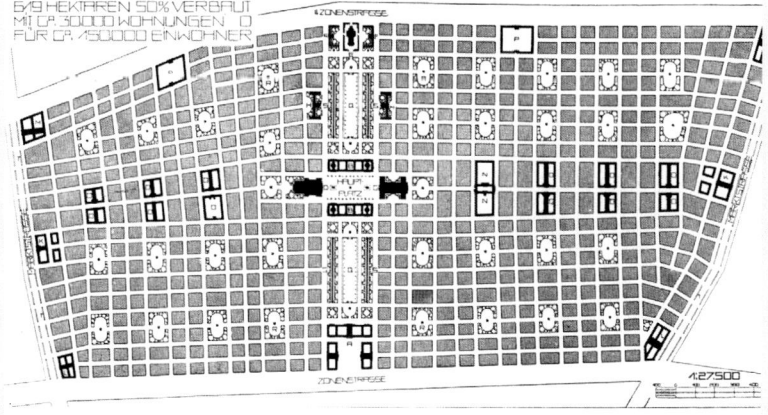

1911년 오토 바그너의 〈모듈화된 격자 도시안〉
출처: Carl Schorske, *Fin-De-Siecle Vienna; Politics and Culture*, Vintage, 1981, p.100.

오스트리아 빈에서 촉발된 도시와 건축에 대한 현대적 사고는 크게 두 갈래로 구분되기 시작했다. 보수주의자로 일컬어지는 카밀로 지테, 그리고 진보주의자로 알려진 오토 바그너는 '보존'과 '개발'에 대한 개념을 그들의 도시설계안을 통해 명확하게 보여주고 있다.

자신이 떠나고자 했던 과거로 돌아가지 않을 수 없었다"[4]고 평가됩니다. 바그너의 사례에서 우리는 현대의 도시란 특정 전문가나 권력을 거머쥔 행정가에 의해 일방통행식의 관리 운영 방식으로는 도시계획을 수행하거나 완성하기 어렵다는 교훈을 얻게 됩니다.

도시를 어떻게 재건해야 할까

제2차 세계대전이 끝나면서 전쟁으로 파괴되었던 유럽 각국의 수도와 도시들은 재건 사업에 나섰습니다. 거의 폐허가 되었던 런던, 베를린, 로마에서는 도시를 복구하면서 시민들과 전문가들의 발의를 거쳐 '과거의 옛 모습으로'라는 선전 구호를 내세웠습니다. 전쟁으로 전 국토가 폐허가 된 독일의 경우에도 동독권의 도시들을 제외한 전국의 거의 모든 도시가 이와 유사한 이념을 따라 복구되었지요. '과거의 옛 모습으로'라는 경구에서 제외된 도시들은 프랑크푸르트를 비롯하여 슈투트가르트, 뮌헨, 암스테르담, 로테르담 같은 경제중심도시나 연방 정부의 중심 도시들이었습니다.

유럽은 1950년대 이후부터 '시민의 도시'라는 개념에 충실하게 현대 도시를 재건했으며, 이런 경험들이 축적되며 지속되면서 착안된 것이 바로 1970년의 유네스코협약이었습니다. 유네스코의 세계문화유산 발상은, 도시의 재건이란 과거의 모습을 보존하면서 이루어져야 한다는 시민적 합의를 토대로 형성되었다는 이야기입니다.

프랑크푸르트 시가지의 변화

1947년, 제2차 세계대전으로 인해 파괴된 프랑트푸르트 시가지 전경
출처: Historisches museum frankfurt, *Frankfurt Demokratsiche moderne und leopold*, Sonnemann, Societatverlag, 2009, p.928.

1985년, 프랑크푸르트의 중앙역사 주변과 링슈트라세를 따라 배치된 고층 건물군
출처: Albert Speer, *Stadtgestalt Frankfurt*, Deutsche Verlags-Anstalt Stuttgart, 1996, p.127.

1950년, 한국전쟁으로 불타버린 보신각과 잿더미 위로 내려앉은 종. 그 뒤로 허망한 표정으로 이를 바라보는 시민들의 모습이 보인다. 출처: 서울시정개발연구원, 『서울, 20세기 100년의 사진기록』, 서울학연구소, 2000.

이런 사례와 비교해볼 때, 한국전쟁 이후 서울이 재건되는 과정에 대해 저는 많은 아쉬움을 가지게 됩니다. 전쟁으로 폐허가 된 서울은 '어떻게 복구되어야 하는가'에 대한 논의의 수렴 과정이나 구체적이고 장기적인 기획들이 결여된 채, '복구가 우선'이라는 일념으로 다소 급하게 단시안적인 관점에서 재건이 진행되었던 것으로 보입니다. 저는 한국전쟁 이후 재건 시기야말로 서울이 '역사도시'로 다시 태어날 수 있었던 시기가 아니었나 생각합니다.

1981년으로 기억합니다. 유네스코 한국위원회에서 세계문화유산에 대한 교육 홍보의 일환으로 세계 여러 나라에서 열리던 캄보디아 앙코르와트 유적의 순회 전시를 한국에서도 열었습니다. 앙코르와트가 세계문화유산으로 지정된 것을 기념한다는 명분이었죠. 하지만 참으로 역설적이게도 그 전시가 열리는 역사도시 서울의 사대문 안팎은 누구에게서도 관심을 받지 못한 채 버림받은 상태였습니다. 마야흐로 강남 개발이 한창 무르익던 시기였지요. 많은 사람들이 강남이나 부동산 같은 문제에 흥분하며 열을 올리던 때였습니다. 그 와중에 서울 사대문 안의 전통 한옥 지역은 다세대주택으로 옛 모습을 잃어가고, 사대문 밖은 초고층 아파트의 건축 열기가 마치 급성 전염병처럼 도시를 휩쓸고 있었습니다.

그때부터 지어졌던 대규모의 폐쇄적인 아파트단지, 지하까지 개발하여 사람을 들인 다세대주택들은 서울이라는 도시의 구조를 파괴했습니다. 대규모 업무 시설과 소규모 상업 시설이 역사도시 서울의 나머지 공간들을 잠식하기 시작했지요. 지방자치제가 실시되면서 서울에 민선 시장이 뽑혔습니다만, 민선 시장의 1, 2기는 이전 정부들의 무분별한 도시 개발로 생겨나 갖가지 부작용을 철거, 해체, 치유, 수습하는 일을 중점적으로 수행하기에도 모자랐습니다. 그래야만 했던 시기였지요. 하지만 당시 실제로 발표되어 실행된 서울 도시 정책의 내용은 청계천 복원, 경제 허브, 르네상스, 디자인시티 등의 구호를 앞세우고 있었습니다. 소위 '대권'을 염두에 둔 정책들이었지요. 역사도시로서 서울이 지닌 유적을 관리하고 유지하는 일과는 전혀 무관하거나 오히려 상충되는 정책들이었어요.

서울의 입지는 우리나라의 도시 중에서 가장 빼어나다고 해도 과언이 아닙니다. 수도로 결정하기 위해 오랜 검토와 논의가 있었던 곳이지요. 자연 조건과 인공적인 도시 요소가 여러 모로 장점이 많은 곳이라서 도시인들에게 수준 높은 삶의 여건을 제공할 수 있는 공간입니다. 과연 서울시는, 그리고 서울에 사는 우리들은 서울에 어떤 도시성을 부여할 수 있는지, 또 서울만의 특성을 찾기 위해서는 무엇을 해야 하는지 얼마나 깊게 고민해왔을까요?

역사도시로 가는 길, 그 어귀에 서서

서울은 남한강변과 북한강변에 접한 도시입니다. 강 주변에 있는 여러 도시 중에서도 실개천이 가장 많은 곳이기도 하지요. 산수 체계 또한 우리나라 도시 입지 중에서 가장 빼어납니다. 금강산 분수령에서 갈려져 뻗어 내려온 한북정맥이 북한산에 닿고, 한남정맥에서 뻗어 올라온 청계산과 관악산 등이 한강을 사이에 두고 북한산과 마주하고 있습니다. 북한산에서 뻗어내려 감아 돌아 동서남북으로 내사산(內四山)이 위치하고 있으니, 이 산들이 만들어낸 수많은 실개천들이 도시인들의 삶에 도움을 주고 풍부한 정취를 제공합니다.

내사산은 도성 안팎에 사는 도시인들이 쉽게 접근할 수 있는 열린 자연입니다. 이 산들 사이의 공간이 이뤄내는 분지를 동서로 가로지르며 청계천이 흐르고 있지요. 청계천을 향해 남동, 동북 방향으로 흘러내려온 실개천들이 함께 모여 한강으로 흘러갑니다.

이 내사산 자락의 경사와 실개천으로 나뉘진 구획에 형성된 공간들이 자연스럽게 작은 건축물의 집합 단위로 나뉩니다. 내사산 자락에 의지해서 입지하며 좌우의 실개천들에 의하여 단위 공간으로 한정되는 도시 구조가 형성된다는 말이지요. 실제로 경복궁, 창덕궁, 종묘, 성균관 등의 입지가 모두 좌우의 실개천에 의해 경계 지어져 있습니다.

내사산은 도성의 안팎을 나누고 있어서 자연스럽게 도시의 나이테를 만듭니다. 산들의 규모나 높이가 위압적이지도 않고 너무 작지도 않아서, 이 산들이 기후와 계절 변화로 보여주는 다양한 모습들은 아름다운 경치를 제공하며 자연스러운 친근감까지 줍니다. 조선 시대에 겸재 정선을 비롯한 많은 화가들이 내사산의 여러 곳을 소재로 수없이 많은 산수화를 그린 것 역시 그런 이유였겠지요.

인위적으로 설계해서 만든다 해도 이렇게 훌륭한 환경을 만들어내기란 불가능할 것입니다. 하지만 지금의 서울은 어떻습니까. 도시의 성격조차 모호해진, 무분별한 개발의 결과물입니다. 기존에 가지고 있던 아름다운 자연과 훌륭한 역사 유적들은 보존과 유지에 위협을 받고 있습니다.

서울의 자연환경을 지속적으로 보존하기 위해선 당연히 지형과 수계를 철저하게 보존, 관리해야 할 것입니다. 실개천은 물론이거니와, 보통 때에 우리들 눈에 보이지 않아 중요성을 잘 인식하지 못하는 지하수위까지 철저하게 관리하고 유지해야 합니다.

현재 서울의 지하수위는 1960년 초에 비하면 10미터 이상 내려앉아 있는 상태입니다. 이것은 매우 심각하게 받아들여야 하는 문제입니다. 지하수는 토양과 그에 부속되는 모든 생명체들에게 지속적인 생태 환경을 제공하고 보장하는 터전이기 때문입니다. 가능한 한 도시에서 도로 포장 면적을 최대한으로 줄여야 하고, 마구잡이로 지하수를 뽑아 쓰는 대형 건축물이나 기타의 시설도 제한해야 할 것입니다.

실개천과 더불어 서울의 간선 가로망은 물론 옛 골목길도 지정해서 보존, 관리해야 옳을 것으로 저는 생각합니다. 옛 서울의 형태를 살려 과다한 대규모 필지를 지양하고, 기존의 대규모 필지는 분할해 작게 나누어 대규모 개발을 제한하는 것이 옳습니다. 작은 규모로 도시를 개발해야 역사도시의 조직을 보존하고 건축물 높이도 규제할 수 있지요. 또한 역사도시 안의 주거지 비율을 높이는 방법으로도 소규모 개발은 유용합니다.

대규모로 개발되었던 곳의 필지 분할이 불가능하다면 시민들이 공유할 수 있는 공공시설로 개발하여 조성할 수도 있을 것입니다. 중앙 정부나 시 정부의 미술관, 박물관, 음악당, 광장, 공원 등의 시설들 말입니다. 이런 조치들은 시민들이 자기가 사는 곳인 역사도시에 관심과 애착을 갖고, 도시를 생동감 넘치는 곳으로 가꾸고자 하는 동기를 부여할 수 있습니다.

서울은 이미 역사도시라는 자신만의 개성을 가지고 있습니다. 지속 가능한 역사도시의 보존 및 유지, 관리는 자연이 훼손되지 않으면서 인간 삶의 영역이 자연과 조화를 이룰 때 가능하지 않겠습니까. 저는 서울이 역사도시로서 앞으로 지속가능한 도시 공간으로 거듭나기 위해 이런 원칙을 지켜야 한다고 제안합니다.

첫째, 지형과 수계는 자연 상태로 보존한다.

둘째, 간선 가로 및 골목길을 보존한다.

셋째, 소규모 필지로 개발한다.

넷째, 대규모 개발지는 도시민을 위한 공공시설로 환원한다.

다섯째, 주거지 비율을 최대한 늘린다.

여섯째, 사대문 안팎의 고도 제한을 전체 단위로 한다.

일곱째, 문화재, 유적, 기념물 등은 주변을 포괄하는 도시 설계로 대체한다.

여덟째, 장기, 중기, 단기 국토문화재 보존 계획을 마련한다.

아홉째, 국민과 시민들에게 항상 공개되고 정보를 제공하는 열린 규제 관리 계획을 실행한다.

열째, 사대문 밖에 현대 문명에 걸맞는 입지에 21세기형의 도시 지역 종합 계획을 마련한다.

옛말에 '진리도 변한다'는 구절이 있습니다. 저는 이 말을 '도시'에 적용해서 생각해보곤 합니다. 도시는 완결품이 아니라 도시에서 살아가는 사람들에 의해 운명이 결정됩니다. 도시의 구조나 특징, 성격 역시 시대에 따라 변해야 합니다. 그러므로 도시를 창조하고 관리하며 가꾸는 공무원들은 시민의 의견을 근간으로 하여, 도시 전문가들과 열린 마음으로 머리를 맞대고 도시의 현황과 미래에 대한 전망을 지속적으로 기획할 수 있는 여건을 마련해야 합니다.

일부 정치가들이 펼쳐놓은 야망의 우산 속에서 벗어나야 합니다. 개인의 사사로운 욕망이 배제된 서울을 고민해야 한다는 말입니다. 서울은 경제 허브입니까 아니면 역사도시입니까. '서울다움'이란 과연 무엇일까요?

이것저것 온갖 미사여구들을 마구 끌어들인다고 해서 능사가 아닙니다. 그 미사여구들 사이의 관계가 어떻게 되는지도 고민하지 않은 채, 전체적인 조망도 없이, 서로 모순되는 개념을 갖다 붙여놓고 서울의 도시개발계획이라고 불러서는 안 될 것입니다. 좋은 사례로 알려진 외국의 여러 도시들을 우리의 여건과 비교하며 세심하게 평가하고 서울의 미래 지표를 모색해야겠지요.

글의 초입에서 종묘와 유네스코 문화유산 이야기를 했습니다만, 종묘만이 아니라 서울에 있는 문화재들은 전반적으로 좋지 않은 환경에 놓여 있습니다. 치밀하고 장기적인 계획 없이, 팽창하는 도시의 다양한 수요를 감당하기 위해 허둥대면서 그때그때 임시방편식으로 도시정책을 펼쳤기 때문입니다. 게다가 정권의 업적을 담보하기 위한 목적으로 문화재 관련 사업을 책정하는 일도 드물지 않았습니다. 그러니 서울의 문화재가 오늘날 처한 상황이 위기에 이른 것은 당연한 일인지도 모릅니다.

서울을 비롯한 한국의 많은 도시들은 나날이 성장하고 고밀화되어 갑니다. 이런 도시화에 대응하기 위해 도시 전문가로서의 소양을 갖춘 문화재위원이 필요합니다. 현재의 문화재법은 소규모 시나 읍면 단위에서 문화재를 규제하거나 관리하는 수준을 넘지 못하고 있습니다. 현대의 거대 도시라는 개발 환경 속에서 문화재와 관련된 규제와 문화재 관리 유지라는 어려운 문제를 해결하기에는 역부족인 것이지요.

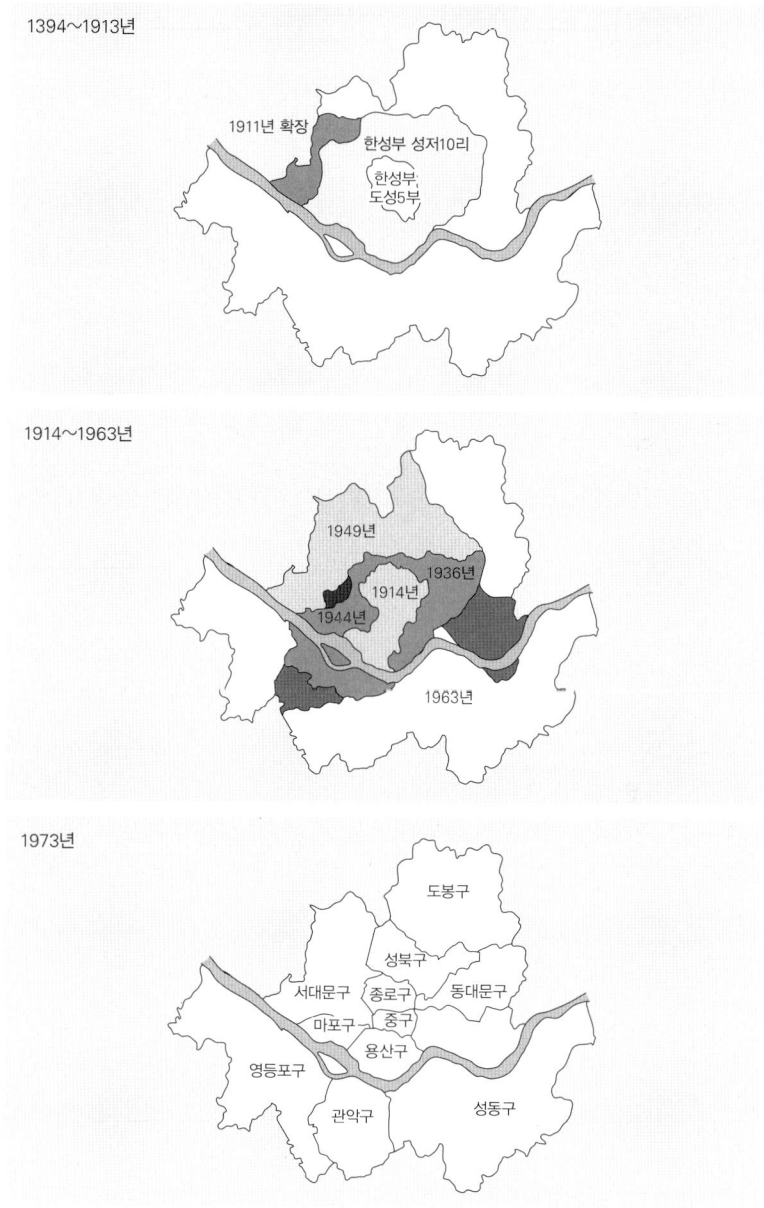

근대 초기에 시작된 서울의 도시화는 도시 영역의 폭발적인 팽창을 가져왔으며, 현재는 인구 1000만 이상의 거대 규모로 성장했다. 그러나 서울은 변화의 속도에 쏠려 임시방편적 정책으로 시간을 흘려보냈을 뿐, 치밀하고 장기적인 계획의 수립은 등한시해왔다. 출처: 서울시정개발연구원, 『지도로 본 서울 2007』, 법문사, 2008.

지금처럼 지역 단위로 이뤄지는 문화재 관리를 이제 국가 차원으로 확대해야 합니다. 이를 위해 전문 인력을 발굴하고 수용해야 할 때인 것이지요. 문화재의 보존과 관리가 도시 설계의 차원에서 진행되어야 한다는 말입니다.

역사 유산은 한번 훼손되면 복구하기도 어렵습니다. 역사 유산에 축적된 인간 역사의 켜 역시 복원할 수도 없는 것입니다. 경제와 개발이라는 이름의 열풍에 떠밀려 역사도시와 문화재를 잃어버린 후에는 후회한다 해도 아무 소용이 없습니다. 과연 서울이라는 역사도시와 현대 경제도시라는 두 마리 토끼를 잡을 수 있을까요?

미주

미주 일러두기

본문과 주석에 사용한 사료는 다음과 같다.

- 일연, 김태두 옮김, 『삼국유사』, 교문사, 1995.
- 김부식, 한국사사료연구소 편, 『삼국사기』, 한글과컴퓨터, 1996.
- 박일봉 편저, 『논어』, 육문사, 1997.
- 이황, 『국역퇴계전서』, 아세아문화사, 2003.
- 이황, 『국역퇴계시』, 정문연, 1990.
- 이황, 『국역퇴계전서』 외집 1권, 아세아문화사, 2001.
- 서거정, 『신증동국여지승람』, 민문고, 1989.
- 육이규 외, 『사원』, 상무인서관, 1979.
- 세종대왕기념사업회 편, 『조선왕조실록』, 세종대왕기념사업회, 1972~1979.
- 사회과학고전연구실 편, 『고려사』, 여강출판사, 1991.

1강

1) 太白山 神檀樹, "雄率徒三千, 降於太伯山頂 神檀樹下 謂之神市." 『삼국유사』 1권, 「고조선(왕검조선)」, 34쪽.

2) "哀公向社於宰我 宰我對曰 夏后氏以松, 殷人以柏, 周人以栗, 曰, 使民戰栗也." 『논어』 제3, 「팔일편」, 100쪽.

3) "子曰 歲寒然後 知松柏之後彫也." 『논어』 제9, 「자한편」, 5쪽.

4) "一指松柏之類四季長青, 壽命極長的樹木. 古人以爲常服其籽實可以長生. 交選漢張平子(衡)西京賦: "神木靈草, 朱實離離" 注 "神木, 松栢靈壽之屬" 普郭璞山海經圖讚不死國: "赤泉駐年, 神木養命", 二藥名." 『사원』, 1231쪽.

5) 關東楓岳 鉢淵數石記 松, "師往金山數順濟法師處零染 乃爲幽宮 有青松卽出 歲月久遠而枯 復生一樹 復更生一樹 其根一也 至今雙樹存焉" 『삼국유사』 4권, 「의해편」 제5, 489쪽.

6) "改火令, 周禮, 楡, 柳, 杏, 棗, 桑, 柘, 柞楢, 槐檀, 方色." 『태종실록』 11권, 태종 6년 3월 24일(갑인), 1권 352쪽.

7) "連理, 七年夏四月始祖廟庭樹 連理" 『삼국사기』 3권, 「신라본기」 제3, 내물이사금 7년 4월, 128쪽.

8) "梨樹連理, 春二月 王都梨樹連理" 『삼국사기』 19권, 「고구려본기」 제7, 양원왕 2년 봄, 556쪽.

9) 禮 竹, 松, 柏. "其在人也 如竹箭之有也 如松柏之有心也 二者 居天下之大端矣 故 貫四時而不改柯易葉" 『예기』 제10, 「예기」, 명문당, 상권 486쪽.

10) 『태종실록』 태종 4년 12월 5일(임신) 참조.

11) 『세종실록』 세종 23년 8월 29일(계사) 참조.

12) 伽藍之墟, "其京都內有七墟 伽藍之墟 一曰金橋東天鏡林(今興輪寺 金橋謂西川之橋俗訛呼云 松橋也 寺自我道始基 而中廢 至法興王 丁未草創 乙卯大開 眞興王畢成) 二曰 三川山支(今永興寺 與興輪開同代) 三曰 龍宮南(今皇龍寺 眞興王 癸酉始開) 四曰 龍宮北(今芬皇寺 善德甲年始開) 伍曰 沙川尾(今靈妙寺 善德王乙未始開) 六曰 神遊林(今天王寺 文武王 己卯開) 七曰 婿請田(今曇嚴寺) 皆前佛時伽藍之墟 法水長流之地." 『삼국유사』, 〈흥법제삼아도기

라(興法第三阿道基羅)〉, 267쪽.

13) 文仍林, "最後到 新羅國 眞興王之於 文仍林 像成 相好畢備."『삼국유사』, 309쪽. "龍怨通之逐己也 來本國文仍林 害命尤毒 龍又怨恭 乃托之柳 生鄭氏門外."『삼국유사』,〈혜통강룡(惠通降龍)〉, 517쪽.

14) 雙竹, 佛殿, 舍堂, 觀音松, "謂日於座上山頂, 雙竹湧生 當其地作殿宜矣 師聞之出堀 果有竹從地湧出 乃作舍當 塑像而安之 圓容麗質 儼若天生 其竹還沒 方知正是眞身往也 (…) 時野中松上有一靑鳥 呼日休醍醐和尙 忍隱不現 其松有一隻脫鞋師 旣到寺 觀音座下又有前所見脫鞋一隻. 方知前所遇聖女乃眞身也 故時人謂之觀音松."『삼국유사』,〈낙산이대성 관음 정취 조신(洛山二大聖 觀音 正趣 調信)〉, 373쪽.

15) 慈藏定律 知識樹 樹下, "感伍十二女現身證廳 使門人植樹如其數 以旌厥異 因號知植樹 藏往太伯山尊之 見巨蟒蟠結樹下 謂侍者曰 比所謂葛蟠地 乃創石南院(令淨岩寺)以候聖降."『삼국유사』,〈자장정율(慈藏定律)〉, 463쪽.

16) 元曉不羈, 栗谷娑羅樹, "初示生于 押梁郡南(今章山郡), 佛地村北, 栗松娑羅樹下, 村名佛地, 或 作發智村.(俚云佛等乙村) 而倉皇不能歸家 且以夫衣掛樹, 而寢處其中 因號樹曰娑羅樹 又嘗因訟 分軀於百松 故皆謂位 階初地矣."『삼국유사』,〈원효불기(元曉不羈)〉, 467쪽.

17) 蛇福不言 智惠林中 娑羅樹, "曉曰 葬智惠虎於智惠 林中 不亦宜乎 福及作偈日 往昔釋迦牟尼佛 娑羅樹間入涅槃 于今亦有如彼者 欲入蓮花藏界實."『삼국유사』,〈사복불언(蛇福不言)〉, 480쪽.

2강

1) "子曰 歲寒然後 知松柏之後彫也."『논어』,「자한편」, 5쪽.

2) 松柏之類四季長靑, 壽命極長的樹木, 古人以爲常服其籽實可以長生. 文選漢張平子(衡)西京賦: "神木靈草, 朱實離離", 注: "神木, 松柏靈壽之屬", 晉郭璞山海經圖讚不死國: "赤泉駐年, 神木養命."

3) "一指松柏之類四季長靑, 壽命極長的樹木. 古人以爲常服其籽實可以長生. 交

選漢張平子(衡)西京賦: "神木靈草, 朱實離離" 注 "神木, 松栢靈壽之屬" 普 郭璞山海經圖讚不死國: "赤泉駐年, 神木養命", 二藥名." 『사원』, 1231쪽.

4) 神檀樹, "降於太伯山頂 神檀樹下. 故海於檀樹下." 『삼국유사』, 35쪽.

3강

1) 朽木, "宰予晝寢. 子曰, 朽木不可雕也 糞土之牆不可朽也." 『논어』, 「오공야장편」, 136쪽.

2) 德山藪(榮川), "在郡南三里. 郡泰患水災 河崙知郡時 築土植木 成此二藪自是民賴其利." 『신증동국여지승람』 제25권, 484쪽.

3) 小獸林, "小獸林王 十四年 冬十一月 王薨 葬於〈小獸林〉, 號爲〈小獸林王〉" 『삼국사기』 권18, 「고구려본기」 제6.

4) 林中, 鷄林, "而鷄塢於林中 脫解王時得金閼智 而鷄塢於林中 乃改國號爲鷄林." 『삼국유사』 권1, 「신라시조 혁거세왕」, 69쪽.

5) 林間, "〈羅井〉傍林間 有馬跪嘶." 『삼국사기』 권제1, 「신라본기」, 혁거세거서간 원년, 56쪽.

6) 始林, "瓠公夜行月城西里 見大光明於始林中(一作鳩林) 光自樻出赤有白鷄 塢於樹下." 『삼국유사』 권1, 「기이」 제2, 79쪽.

7) 林中, 舍庚信, "願公射白石而共 入林中. 更陳慣. 乃與具入. 娘等便現神形曰, 我等奈林, 穴禮, 骨火等 三所護國之神." 『삼국유사』 권1, 「기이」 제1, 111쪽. 내용에 나오는 내림은 지금의 경주 낭산(狼山), 혈례는 지금의 청도 부산(鳧山), 골화는 영천의 사강산(舍剛山)을 말한다.

8) 繫馬樹棗, "有二, 一在興政堂西, 通陽門內, 一在興政 堂東 興泰內, 元宗在潛邸時 手直一樹棘, 朝夕愛玩 有時繫馬, 號曰繫馬樹, 其後樹忽枯死, 不知幾年 顯宗辛丑 樹得重榮, 而時歲 肅宗誕降 景宗 辛丑 又後重榮 而英廟陞儲 正宗 壬寅 又後重榮 而文者世子 誕生於此 異哉." 『동국여지비고』 권지1, 京都, 宮闕, 경희궁, 계마수조(繫馬樹棗), 민문고, 184쪽.

9) "朗奏曰: 狼山之南有神遊林, 創四天王 寺於其地, 開設道場則可矣." 『삼국유

사』제2권, 「기이」제2, 〈문호왕 법민〉, 141쪽.

10) 道林寺 竹林中, "其人將死, 入道林寺竹林中無人處, 向竹唱云吾君耳, 如驢耳. 其後風吹, 則竹聲云, 吾君耳如驢耳. 王惡之. 乃伐竹而植山茱萸. 風吹則但聲云吾君耳長(道林寺舊在入都林邊)."『삼국유사』제2권, 「기이」제2, 〈경문대왕〉, 181쪽.

11) 京都, 伽藍, 天鏡林, 神遊林, 續林, "其京都內有七 處伽藍之墟. 一曰: 金橋東天鏡林.(今興輪寺, 金橋謂西川之橋俗訛呼云云松橋也. 寺自阿道始基. 而中廢, 至法興王丁未初創, 乙卯大開, 眞興王畢成) 二曰: 三川岐(今永興寺與興輪開同代), 三曰: 龍宮南(今黃龍寺眞興王癸酉始開) 四曰: 龍宮北(今芬皇寺善德甲午始開), 伍曰: 沙川尾(今靈妙寺善德王乙未開役), 六曰: 神遊林天王寺文武王己卯年開設), 七曰: 婿請田(今曇嚴寺)"『삼국유사』권2, 「흥법」제3, 〈아도기속〉, 257쪽.

12) "冬 十一月, 王薨, 小獸林, 號爲小獸林王."『삼국사기』권18, 「고구려본기」제6, 〈소수림왕 14년〉, 523쪽

13) 東明王墓, "在龍山俗號 眞珠墓 世傳高句麗 始祖常麒麟馬奏事天上年至四十 還昇天 不返太子以所遺玉鞭葬於龍山號東明聖王諱見寧邊 及成川. 李承休. 詩. 昇天不復回雲軿. 葬遺玉革便成墳塋."『신증동국여지승람』권52, 중화군 능묘, IV권 415쪽.

14) "秋 九月. 太后于氏薨 太后臨終遺言曰: "妾先行, 將何面目國壤於地下 若群臣不忍擠於 溝壑, 則請葬我於 山上王陵之側." 遂葬之好其言, 巫者曰: "國壤降於予曰: '昨見于氏歸于山上, 不勝憤恚, 遂與之戰, 退而思之, 顔厚不忍見國人. 爾告於朝, 遮我以 物.' 是用植松七重於陵前"『삼국사기』권17, 「고구려본기」제5, 동천왕 9년(236) 갑인, 상권 93쪽.

15) 始祖廟, 臥柳, 桃李, "三年 夏四月 始祖廟前臥柳自起 八年 冬十月 桃李華, 人大疫"『삼국사기』권제2, 「신라본기」권2, 나해니사금 3년(198) 무인, 상권 104쪽.

16) 始祖廟, 連理, "夏 四月 始祖廟庭樹 連理"『삼국사기』권제3, 「신라본기」권3, 나물니사금 7년(202) 임오, 상권 128쪽.

17) 宮中, 槐樹, "春 二月 宮中大槐樹自枯", "春 二月 修太子宮極侈麗 立望海亭於 王宮南九月 宮中槐樹塢 如人哭聲"『삼국사기』 권제22, 「백제본기」 제1, 다루 22년(무신), 상권, 570쪽: 권제28, 「백제본기」 제6, 의자왕 15년(을묘), 655쪽.

18) 栢樹下, "孝成王潛邸時 與賢士信 忠圍碁於宮庭栢樹下 嘗謂曰 他日若亡鄕, 有 如栢樹. 信忠興拜. 隔數月. 王卽位賞功臣, 亡忠而不第之, 忠怨而作歌, 帖於 栢樹 樹忽黃悴 王怪使審之, 得歌獻之, 大驚曰, 萬機鞅掌, 幾忘乎角弓, 乃召 之賜爵祿 栢樹乃蘇 歌曰, 物叱好支栢史 秋察尸不冬爾支墮米…"『삼국유사』 제5권, 「피은」 제8, 〈신충수관〉, 573쪽.

19) 靈妙寺 路傍樹, "有一小郞子 斷紅齊具 眉彩秀麗 靈妙寺之東北路 傍樹下 婆 娑而遊 路傍樹至今名見郞樹, 又俚言似如樹(一作印如樹)"『삼국유사』 권3, 「탑상」 제4, 〈미륵선화 미시랑 진자사〉, 357쪽.

20) "春 閏正月 晝夜兼行 十九日(…) 時 王在西郊大樹之下"『삼국사기』 권10, 「신라본기」 제10, 민애왕 2년, 상권 368쪽.

21) 洞中樹下, "時有烏來塢云. 靈鷲去投朗智爲弟子通聞之. 尋訪此山, 來憩於洞中 樹下忽見異人出.曰, 我是普大士 欲授汝戒品. 故來爾…. 通聞之泣謝, 投禮於 師. 旣而將授戒. 通曰,子於洞口樹下. 而蒙普賢大士乃授正戒 知嘆曰."『삼국사 기』 제5권, 「피은」 제8, 〈탕지승운〉〈보현수〉, 563쪽.

22) 불교의 연기설(緣起說)과 결합해서 홍법(興法), 탑상(塔像), 의해(義解), 신주(神呪), 감통(感通), 피은(避隱), 효선(孝善) 등 불교의 수용과 그 융성, 외적의 진압을 위한 무상의 대보(大寶), 고승들에 관한 전기, 밀교적 신이승(神異僧), 신앙의 기적, 사회문제, 효와 불교적 선행 등에 대해 수목 사라쌍수(娑羅雙樹), 독립수를 끌어 들여서 이야기를 전개하고 있다. 이를테면『삼국유사』〈낙산이대성관음정취조신(洛山二大聖觀音正趣調信)〉에 보면, "두 그루의 대나무가 솟아난 곳에 불전을 짓는 것과 관음의 진신이 있던 소나무라고 관음송"이라 하고, 〈원효불기(元曉不羈)〉에 원효는 그의 어머니가 마을을 지나다가 밤나무 밑에서 갑자기 해산하여 낳았기 때문에 "사라수 또는 사라율(娑羅栗), 또 〈관동풍악사본연수석기(關東楓岳舍

本淵藪石記)〉에는 스님의 무덤 위에 청송이 솟아나고 또 죽어 다시 살아나서 하나의 뿌리에서 두 그루의 소나무가 있는데 뼈를 모아서 "쌍수하" 등의 내용이 있다.

23) 宮室, 穿池造山, 二城, 新羅, 熊津, "春 正月 重修宮室 穿池造山 以養奇禽異卉" "秋七月, 王命將軍沙乞拔新羅西 鄙二城, 虜男女三百餘口, 王欲復新羅侵奪地分, 大擧兵出, 屯於熊津, 羅王眞平聞之, 遣使告急於唐, 王聞之, 乃至" "春二月, 重修泗沘之宮, 王幸熊津城, 夏旱, 停泗沘之役, 秋七月, 王至自熊津", "春二月 王興寺成, 其寺臨水 彩飾壯麗, 王每乘舟 入寺行香三月 穿池於宮南 引水二十餘里 四岸植以楊柳 水中築島嶼擬方丈仙山" "春三月 王率左右臣寮 遊燕於泗沘河北浦 兩岸奇巖怪石錯立 間以奇花異草如華圖 王飮酒極歡 皷琴自歌 從者屢舞 時人謂其地爲大王浦" 『삼국사기』 권제25, 「백제본기」 제3, 진사 7년(신묘), 상권 597쪽; 권제27, 「백제본기」 제5, 무왕 28년(정해), 31년(경인), 35년(갑오), 37년(병신), 644쪽.

24) 『고려사』 권제22, 「세가」 제22, 고종 정축 4년(1217), 〈대묘(大廟)〉, 502쪽.

25) 『고려사』 권제13, 「세가」 제13, 예종 2년 임진 7년(1112) 4월 병신일, 〈사루(紗樓)〉 牧丹詩.

26) 『고려사』 권제18, 「세가」 제18, 의종 2년 정해 21년(1167) 3월 신수일, 358쪽.

27) 『고려사』 권제18, 「세가」 제18, 의종왕 2년 정축 11년(1157) 4월 병신일, 329쪽.

28) 『고려사』 권제44, 「세가」 제44, 공민왕 7년 계축 22년(1373) 4월 기해일, 209쪽.

29) 대묘(大樹). 이규보, 『동국이상국전집』 詩, 민문고, 1989년, 132쪽.

30) 宜州, 大樹, "宜州有大樹枯朽累年先開國 一年復條達敷榮時人爲開國之兆 又." 『태조실록』 권1, 태조 원년 임신년(1392) 7월 17일(병신), 24쪽.

31) 首露王陵, "致祭于 首露王陵. 敎曰, 昔在先朝命守土臣就 首露王陵 四方百步 立石爲標 改築 陵瑩 每歲春秋 會府中父老設祭 著爲式 聖意可以邱認也盖以 事跡 不但卓然葬近千年封土不騫 丘木不朽 明智其陵在 是地也." 『정조실록』

권제9, 정조 4년 5월 8일(병술).

32) 禁松, "扶安等邑 亦大風 邊山禁松 累百株 一時折披." 『현종실록』 권제18, 현종 11년 8월 27일(신해), 318쪽. 松禁, "憲府 掌令 安栻 申前啓 不允 又啓松禁不嚴 名有契房 宜令京兆 查出嚴禁 伍部之旬日 牒呈於本府 近來便成文具 率多 掩蔽 宜申飭部官幷允之." 『영조실록』 권제61, 영조 21년 3월 19일(신묘), 65쪽.

33) 四山松木 "示京畿忠淸道監司 都城四山松木 爲蟲所食易至 枯朽 欲栽栗木 其備栗種 十餘石 送干 上林園." 『세종실록』 권제117, 세종 29년 8월 10일(기사), 279쪽.

34) 南山內外, "專旨兵曹 南山內外 面白岳山 毋岳山, 成均館洞, 仁王山, 松木稀踈處 種栢子橡實等木." 『세종실록』 권제64, 세종 16년(갑인) 4월 24일(신미), 184쪽.

35) "戶曹判書 李之剛 啓曹所, 掌民開除弊 條件一 松木造家 造船所用, 最緊會立禁令 松炬代以杻木 橡木瓦窯燒木皆用雜木 今不遵成憲皆用松木 自今憲府嚴加考察如前違禁者以敎旨不從論." 『세종실록』 권제19, 세종 5년(계묘) 3월 3일(갑신), 250쪽.

36) 丁字閣, "記事官 鄭維城進曰, 小臣昨日 承命往 宣·靖陵伏見 靖陵內 柳琳斫木 處則 曲墻後十步內 大木三十餘株及 內外靑龍白虎大小雜木幷 四千餘株 全數斫伐 且丁字閣前十步內有四株栢 分左右增植乃百年喬木也 此木大小枝柯 又皆削伐 只餘四箇元株 兀立閣前所 見尤極慘酷 臣奉審書啓而 今日入侍 不敢不以目覩慘酷之狀悉陣焉 上不答." 『인조실록』 권17, 인조 5년 11월 17일(경진), 95쪽.

37) "上曰 陵寢石物及 階砌制度同於我國乎 滂曰 天壽山卽 燕山也 厤代陵寢皆在焉殿閣 丁字閣 盖以黃瓦山之左右 繚以周墻 御路兩邊 多植樹木 排立石虎石人於門乃矣 長陵下有大碑問之 乃 紀逑太宗北伐 時事蹟也." 『인조실록』 권19, 인조 6년 9월 29일(병술), 9권 87쪽.

38) 『정조실록』 권22, 정조 20년 11월 5일(병오), 민문추, 1981, 268쪽.

39) 『정조실록』 정조 22년 4월 22일(병진).

40) "御製 靈槐臺碑 干 溫陽行宮 卽 景恭宮 庚辰溫幸時 手植三槐之地也."『정조실록』,「부록(행장)」46, 정조 19년, 민문추, 1981, 24권, 122쪽.

41) "城內 則 梅香洞 八達山 全城 內托 大川 兩邊 城外 則 龍淵 觀吉 野 迎華亭 以北 自甲寅 至丁巳 每年春秋合七次. 萬年枝一封 內下楓實 松子二石 備局 來 枳子一石, 桑子二石伍斗 生栗二石 橡實四十二石十三斗 以上價錢八十九兩 八錢. 李木 七千三百伍十株 桃香各色果木 伍百八十二株 以上價錢三百九十四 兩 探蓮雇價錢八兩三錢伍分. 探松 花卉柳木幷 雇價錢二百十七兩 播種雇價 錢 一千八百兩 糧米三十石九斗 三升價錢一百三十七兩七錢九分. 馱運雇價錢 三十伍兩合價錢一千九百六十一兩九錢四分"『화성성역의궤』 권6, 재용 下, 순조 1년(1801), 서울대학교 규장각, 1994년, 하권 162쪽.

42) 明堂水口, 作三小山各植樹木(松), "風水學 文孟儉 上曰, 明堂水口 作三小山 各植樹木 鎭塞水口乃 古人之法也 今國都水口之內 古人作三小山各植松木然 此小山不在 水口而反居水口之乃且類圯低微松木枯搞 今普濟院之南 旺心驛 之北作小山或 三與七栽松與柳今窄水口章甚."『문종실록』 권22, 문종 2년 (임신) 3월 3일(병신), 77쪽.

43) 京都, 水口, 崇禮門, 興仁門. "觀象監啓 京都坤方低早又水口寬闊故枔 崇仁興 禮二門之外 皆鑿池貯水近者不曾修築或鎭塞水或堙沒無址願 深鑿貯水植木 堤岸以畜氣脈上不納."『세조실록』 권42, 세종 13년 6월 20일(계축), 48쪽.

4강

1) '도산기(陶山記)'라는 이름의 제목이 퇴계의 문집에서는 '도산잡영기(陶山 雜詠記)'라고 쓰여 있다.

2) "靈芝山一支東出而爲陶山或曰. 以其山之再成而命之己曰陶山也."『퇴계전서』 권2,「도산잡영병기」, 44쪽.

3) "山之在左東翠屛在右西翠屛. 東 翠來自清凉. 至山之東. 而列岫縹緲. 西屛來 自靈芝至山之西而聳峯巍峨."『퇴계전서』 권2,「도산잡영병기」, 44쪽.

4) "水在山後曰退溪l在山南曰洛川. 溪循山北而入洛川於山之東. 川自東屛而西

趣至山之趾. 則演漾泓渟. 潴洑數里間. 深可行舟."『퇴계전서』권2,「도산잡
영병기」, 44쪽.

5) "兩屛相望南行迤邐盤旋八九里許. 則東者西. 西者東而合勢於南野芘蒼之外."
『퇴계전서』권2,「도산잡영병기」, 44쪽.

6) "施輿. 臨溪縛屋數間. 以. 今藏書養拙之所. 蓋已三遷其地. 而輒爲風. 雨所
壞. 且以溪上偏於聞寂. 而不稱於曠懷乃更誅遷. 而得. 地於山之南也."『퇴계
전서』권2,「도산잡영병기」, 44쪽.

7) "堂之東偏鑿小方塘. 種蓮其中. 曰 淨友堂又其東爲蒙泉. 泉上山脚鑿令與軒
對. 平築之爲壇. 而直其上. 梅竹松菊曰節友社. 堂前出入處 掩以柴扉曰幽貞
門. 門外小徑. 綠澗而下. 至川洞口. 兩麓相對. 其東麓之脊. 開巖築地. 可作小
亭而力不及. 只存其處. 有似小門者曰谷口巖."『퇴계전서』권2,「도산잡영병
기」, 44쪽.

8) "自此東轉數步山麓斗斷正搭濯纓. 潭上巨石. 削立. 層累可十餘丈. 築其上爲
松棚翳日. 上天下水. 羽鱗飛躍. 左石翠屛動形涵碧. 江山. 之勝. 一覽盡得. 曰
天淵臺. 西麓亦擬築臺. 而名之曰天光雲影期勝槩當不減於天淵世盤陀可 以
繫舟傳觴. 每遇潦漲則與齊俱入水落波淸然後始呈露也."『퇴계전서』권2,
「도산잡영병기」, 44쪽.

9) "石間臺在雲影臺西聲洞洞口壬戌三月先生乘舟抵淸溪. 名其臺曰. 淸溪卽石澗
臺也. 每年夏秋之交 官家築漁梁於此臺下. 故先生未嘗往來焉嘗與聾巖李先
生遊此臺. 有踏靑詩. 李剛而來留陶山數日而還先生送別于此臺. 先生書唐人
詩他日想思來水頭 之句以贈." 금란수(琴蘭秀),『성재선생문집(惺齋先生文
集)』권2,「도산서당영건기(陶山書堂營建記)」, 경인문화사, 1996, 125쪽.

10) 與金而精. 辛酉(明宗 16, 1561)."今年. 嶺外春寒. 振古所無. 此數日間. 方覺有
春氣. 自此溪齋與江舍. 景物益佳. 溪上偏植垂柳. 數年後. 暢茂掩映. 境趣頓
別"『퇴계전서』권2,「도산잡영병기」, 282쪽.

11) 戱作七臺三曲詩. "月瀾庵近山臨水而斷如臺. 形者凡七. 水繞山成曲者凡三."
『퇴계전서』권2,「도산잡영병기」, 100쪽.

12) 招隱臺, "晨興越淸溪. 杖策尋雲壑. 幽人在. 何許. 鬱鬱松桂碧. 山中何所樂 鳥

獸 悲躑躅. 永懷不易見. 躊躇長太息."月瀾臺, "高山有紀堂. 勝處皆臨. 水. 古庵自寂寞. 可矣幽棲人. 長空雲乍惓. 碧潭風欲起. 願從弄月人. 契此觀瀾旨."考盤臺, "層臺俯絶壑. 下有泉鳴玉. 西臨谿而曠. 東轉娛且閴. 剪蔚得佳境. 茅茨行可卜. 隱求復何爲. 優游歌弗告."凝思臺, "褰. 裳度寒磵. 捫葛陟高崖. 老松盤巖顚. 百霆猶力排. 刊除舊叢灌. 面勢幽且佳. 窅然坐終日. 無人知我懷."朗詠臺, "躋攀出風磴. 一眼盡山川. 不有妙高處. 焉知雲水天. 俯 仰宇宙間. 峩洋思古賢. 借問擲金聲. 何如沂上絃."御風臺, "至人神變化. 出入有無間. 冷然馭神馬. 旬有伍乃還. 嗟哉閭百人. 夏蟲不知寒. 請君登此臺. 不用朝霞餐."凌雲臺, "下有淸淸水. 上有白白雲. 斷峯呼作臺. 登臨萬象分. 盪胸生浩氣. 超然離垢氛. 豈但劉. 天子. 飄飄賞奇文."『퇴계전서』권2,「도산잡영병기」, 101~103쪽.

13) 石潭曲, "奔流下石灘. 一泓湛寒碧. 躑躅爛. 錦崖. 莓苔斑釣石. 白鷗似我閒. 儵魚 知爾. 樂何時辦小艇. 長歌弄明月."川沙曲, "川流轉山來. 玉虹抱村. 斜岸上藹綠疇. 林邊鋪白沙. 石梁堪釣遊. 墟谷可經過. 西望紫霞塢. 亦有幽人家."丹砂曲, "靑壁欲生雲. 綠水如入畫. 人居朱陳村. 花發桃園界. 安知萬斛砂. 中藏天秘戒. 嗟我昧眞訣. 恨望聊興喟."『퇴계전서』권2,「도산잡영병기」, 103~104쪽.

14) 天淵臺戊吾三月今儈愼如輩臨水築臺如名滄浪者此也. 臨江斗截境界敞豁甲子夏蘭秀自孤山往非先生杖屨趙遙於臺上時風日喧姸景物和暢天理流行無所滯礙之妙可得於仰觀府察矣. 先生曰今日遇會心境君此際來到又得會心人矣因進而問曰鳶之飛. 魚之躍何也. 금란수,『성재선생문집』권2,「도산서당영건기」, 경인문화사, 1996, 123쪽.

15) "先生曰凡事物之自然之自然者是理也鳶之戾天魚之躍淵豈勉强而爲之歟纔涉於有所作爲非理之自然 也." 금란수,『성재선생문집』권2,「도산서당영건기」, 경인문화사, 1996, 124쪽.

16) 天淵臺. "高臺臨眺敞無傳. 萬事如今付釣洲. 綃幕悠揚雲翼逸. 金波潑剌錦鱗游. 風雩得處難名狀. 壽 樂. 徵時訐外求. 老我極知蹉歲月. 遺編何幸發潛幽."『국역퇴계시』2권, 2쪽.

17) 次韻金舜擧學諭題天淵佳句. 二絶. "此理何從問紫陽. 空看雲影與天光. 若知體用天無間. 物物天機妙發揚. 鱗爲陰物羽爲陽. 一在飛潛自顯光. 正是幽人觀樂處. 灘聲何事抑還揚."『국역퇴계시』2권, 88쪽.
18) 奉次金子昂. 粹. 和余天淵臺韻."每上江臺獨喟然. 如今君亦詠天淵. 沂公妙處淳公發. 千載誰能 續舊編." 子思鳶飛魚躍之旨. 明道以爲與必有事焉而勿正之意同. 知此然後知. 天淵之妙.『국역퇴계시』2권, 302쪽.
19) 次韻金士純踏雪乘月登天淵臺. 伍絶. "雪月溪山凝素瑤. 幽人登覽意迢遙. 懸知夜發山陰興. 絶 吟肩聳瀰橋. 天將皎皎映噹噹. 招得詩人上玉臺. 不有高吟三伍絶. 清宵仙景詎知來. 護病關門獨處深. 孤燈寒夜擁爐吟. 空憐雪月如銀海. 一去何由共玩心. 踏雪登臺月不孤. 飄如乘鶴到方壺. 明朝日出隨人事. 悦若前宵別一吳. 看雪君能遠有思. 直將心事古人期. 如吳恨不執鞭去. 試從石灘聯騎時."『국역퇴계시』2권, 168쪽.
20) 月夜登天淵臺. 贈金士純. 壬戌(明宗 17, 1562)."半夜游仙夢自回. 起呼幽伴上江臺. 清風有意迎懷袖. 明月多情送酒杯."이황,『퇴계선생문집』권2, 아세아문화사, 2003, 12권 456쪽; 최종현,「고전 속에 나타난 도산서당의 조영사상연구」,『도시설계』제6권 제1호(통권 제18호), 한국도시설계학회, 2005 참조.
21) 菜圃. "節友社南. 隙地爲圃. 下帷多暇. 抱甕何苦. 小圃雲間靜. 嘉蔬雨後滋. 趣成眞自得. 學誤未全癡."『퇴계전서』권2,「도산잡영병기」, 33쪽.
22) 花砌. "堂後衆花. 雜植爛爛. 天地精英. 莫非佳玩. 曲砌無人跡. 幽香發秀姿. 風輕吾吟處. 露重曉看時."『퇴계전서』권2,「도산잡영병기」, 34쪽.
23) 西麓. "悄蒨西麓. 堪結其茅. 以藏以修. 雲霞之交. 舍西橫翠麓. 蕭灑可幽貞. 二仲豈無有. 愧余非蔣卿."『퇴계전서』권2,「도산잡영병기」, 34쪽.
24) 南沜. "石之揭揭. 樾之陰陰. 于江之沜. 納涼蕭森. 異石當山口. 傍邊澗入江. 我時來盥濯. 清樾興難雙."『퇴계전서』권2,「도산잡영병기」, 35쪽.
25) 魚梁. "丙穴底貢. 編木如山. 每夏秋交. 我屛溪間. 玉食須珍異. 銀脣合進供. 峩峩梁截斷. 濊濊罟施重."『퇴계전서』권2,「도산잡영병기」, 39쪽.
26) '我屛溪間. 言行錄'에 "도산정사 아래 어량이 있는데 관금(官禁)이 엄하

여 사람들이 감히 사용(私用)으로 잡지 못한다. 선생이 여름철에는 반드시 계사(溪舍)에서 지내지만 한 번도 가본적이 없었다"고 하였다. 은순(銀脣), 은구어(銀口魚), 즉 은어(銀魚)인데 향기가 있고 맛이 좋은 우리나라 민물고기다.

27) "太平烟火. 宜仁之村. 漁以代徭. 式飽且溫. 隔岸民風古. 臨江樂事多. 斜陽如畫裏. 收網得銀梭." 『퇴계전서』 권2, 「도산잡영병기」, 40쪽.

28) 遠岫. "如黛如簪. 非煙非雲. 入夢靡遮. 上屛何分. 微茫常對席. 縹緲定河洲. 雨暗愁無奈. 天空意轉悠." 『퇴계전서』 권2, 「도산잡영병기」, 45쪽.

29) 又四絶. 伍言. "以下四絶所詠. 皆天淵所望. 然皆有主. 故不係陶山. 而別錄于下. 亦山谷所謂借景 之義也." 『퇴계전서』 권2, 「도산잡영병기」, 47쪽.

30) 陶山言志. "自喜山堂半已成. 山居猶得免躬耕. 移書稍稍舊龕盡. 植竹看看新笋生 未覺 泉. 聲妨夜靜. 更憐山色好朝晴. 方知自古中林士. 萬事渾忘欲晦名." 이황, 『퇴계선생문집』 권지3, 아세아문화사, 2003, 84쪽.

31) 暮春. 歸寓陶山精舍. 記所見. "早梅方盛晚初開. 鵑杏紛紛趁我來. 莫道芳菲無十日. 長留應. 得別春回." 『퇴계전서』 권2, 「도산잡영병기」, 44쪽.

32) 時山西山北皆未花. 而山舍杜鵑爛熳. 杏花隨亦相次而發. 今十餘日. 而春事未闌云. 『퇴계전서』 권2, 「도산잡영병기」, 243쪽.

33) 陶山暮春偶吟. "浩蕩春風麗景華. 蔥瓏佳木滿山阿. 一川綠水明心鏡. 萬樹紅桃絢眼霞. 造化豈容私物物. 羣情自是競哇哇. 山禽不識幽人意. 款曲嚶鳴至日斜." 『국역퇴계시』 2권, 296쪽.

34) 次韻南義仲陶山雜興. "曠絶天開洞. 高明地抱陽. 幽居觀物化. 同寓襲蘭香. 菊色團楓色. 山光映 水光. 圖書滿四壁. 心事一何長." 『국역퇴계시』 2권, 324쪽.

35) 隆慶丁卯踏靑日. 病起. 獨出陶山. 鵑杏亂發. 窓前小梅一樹. 皓如玉雪團枝. 絶可愛也. "不到陶山 歲已更. 山巖無主自春明. 千紅喜我初乘興. 一白憐君晚有情. 病起尙耽芳節好. 吟餘更覺吾風輕. 悠然又向江臺坐. 俯仰乾坤感慨生. 雲物芳姸麗景遲. 韶華滿眼. 暮春時. 陶公止酒還思酒. 杜老懲詩更詠詩. 蓋地翠茵千卉亂. 漫山紅鬪萬花披. 平生苦厭紛華事. 壓掃全憑玉雪枝." 『국역퇴계

시』2권, 207쪽.

36) 秋日遊陶山夕歸. 己未(1559). "秋懷慘慄蕙蘭腓. 水落天空雁欲飛. 不係窮通憂與樂. 何知今古是兼非. 天淵臺逈閒吟坐. 柞櫟遷長帶醉歸. 但使淵明終老地. 衣沾夕露願無違."『국역퇴계시』2권, 1쪽.

37) 淨友塘. "物物皆含妙一天. 濂溪何事獨君憐. 細思馨德眞難友. 一淨稱呼恐亦偏."『국역퇴계시』2권, 25쪽.

38) "水陸草木之花. 可愛者甚蕃. 晋陶淵明獨愛菊. 自李唐來. 世人甚愛牡丹. 子獨愛蓮之. 出於淤泥而不染. 濯淸漣而不夭中通外直. 不蔓益淸. 亭亭淨植. 可遠觀而不之可褻翫焉. 予謂. 菊花之隱逸者也. 牧丹花之富貴者也. 蓮花之君子者也. 噫. 菊之愛. 陶後鮮有聞. 蓮之愛. 同予者何人. 牧丹之愛. 宜乎衆矣." 주돈이(周敦頤),『고문진보(古文眞寶)』後集,「애련설(愛蓮設)」, 황견 편, 을유문화사, 2003년, 1483쪽.

39) 節友社. "松菊陶園與竹三. 梅兄胡奈不同參. 我今幷作風霜契. 苦節淸芬儘飽諳."『국역퇴계시』2권, 26쪽.

40) 屈原(平)仕楚懷王爲左徒. 得王信任. 後斬尙譖之. 王乃疏屈原. 之作離騷以見志. 史記八四. 屈原傳. "離騷者猶離憂也. (…) 屈原之作離騷. 蓋自怨生也. 國風好色而不淫. 小雅怨誹而不亂. 若離騷者. 可爲兼之矣." 漢劉向編集楚. 尊稱之爲離騷經. 南朝梁劉勰品論楚辭以辯騷標目. 蓋擧最著一篇. 言之. 參閱楚辭屈原離騷序. 南朝梁劉勰文心雕龍一辯騷. 굴원(屈原),『사원』,「이소(離騷)」,〈전국시〉, 1808쪽.

41) 先生不知何許人世. 亦不詳其姓字. 宅邊伍柳樹. 因以爲號焉. 閑靜少言. 不慕榮利. 好讀書. 不求甚解. 每有會意. 便欣然忘食. 性嗜酒. 家貧不能常得. 親舊知其如此. 或直酒招之. 造飮輒盡. 期在必醉. 旣醉而退. 曾不吝情去留. 環堵蕭然. 不蔽風日. 短褐穿結. 箪瓢屢空. 安如也. 常著文章自痼. 頗示己志. 忘懷得失. 以此自終. 贊曰. 黔婁有言. 不戚戚於貧賤. 不汲汲於富貴. 極其言. 玆若人之儔乎. 酣觴賦詩. 以樂其志. 無懷氏之民歟. 葛天氏之民歟. 도잠(陶潛),『고문진보』後集,「오류선생전(伍柳先生傳)」, 황견 편, 을유문화사, 2003년, 165쪽.

42) 十友, "一. 稱同時相友好的十人. 如唐陸餘慶與趙貞固盧藏用陳子昂杜審言宋之問畢構郭襲微司馬承禎釋懷一相善. 號方外十友. 見新唐書. 一一六陸餘慶傳. 又明初高啓北郭. 與王行徐賁高遊志. 唐肅宋克余堯臣. 張羽. 呂敏陳則. 並鄰爲友. 號北郭十友. 見明史二八伍. 伍行傳. 二. 以十物爲十友. 宋李昭玘把法書. 畫收藏在十個袋中. 取名爲燕游十友. 見宋史本傳. 又曾端伯以十種花. 名題名目. 稱爲十友: 荼蘼韻友. 茉莉雅友. 瑞香殊友. 荷花靜友. 巖桂仙友. 菊花佳友. 芍藥豔友. 梅花淸友. 梔子禪友. 見明都卬三餘贅筆." 『사원』, 상권 398쪽.

43) 從姪憑索詠園中花卉八首. 松. "騰龍偃蓋老逾奇. 不見先人手植時. 獨有諸孫桑梓感千. 秋巢鶴故應知." 菊. "秋來無處問羣芳 獨向霜園擅色香. 只爲眞知陶後鮮. 何人不把作重陽." 梅. "眞白眞香世外姿. 市橋官閣總非宜. 杜陵枉費天工句. 直待逋仙作已知." 竹. "竹君高節歲寒靑. 此地寒多屢挫生. 儘把護寒深作計. 年年看取擡龍爭." 牧丹. "不是姚家與魏家. 豐肌秀色炫光華. 世人自作妖淫過. 錯道花王逞許奢." 躑躅. "舊聞嵩少映千層. 東國綠稀價亦增. 等是乾坤施造化. 不妨呼酒賞霞蒸." 芍藥. "楊州千品鬪芳華. 羅綺嬌遊俗轉訛 何似後園糚爍爍. 一尊相對聽鼉歌."『퇴계전서』권12, 315쪽.

44) 種松, "樵夫賤如蓬 山翁惜如桂 待得昂靑霄 風霜幾凌厲." 種竹, "此君不可無栽培最難活 如何艾與蕭 翦去還抽蘗." 種梅, "廣平銷鐵腸 西湖蛻仙骨 今年已蕭疎 明年更孤絶." 種菊, "十年種都下 二年種郡圃 何如故園中 自有山野趣." 種瓜, "山居非東陵 野人非故侯 種瓜聊適意 寧知桃柳憂."『퇴계전서』권12, 227~229쪽.

45) 詠松 甲吾(1534). "石上千年不老松 蒼鱗蹙蹙勢騰龍 生當絶壑臨無底 氣拂層霄壓峻峯 不願靑紅戕本性 肯隨桃李媚芳容 深根養得龜蛇骨 霜雪終敎貫大冬"『퇴계전서』권12, 325쪽.

46) 松, "대나무 빽빽이 자라고 소나무도 우거져 있네[如竹苞矣, 如松茂矣]."『시경』, 「소아편」〈사간〉; 『사원』, 833쪽.

47) 松, "날씨가 추워진 후에야 비로소 소나무와 전나무가 아직 시들지 않고 있음을 알 수 있다[歲寒然後如松柏之後彫也]",『논어』,「자한편」;『사원』,

833쪽.

48) 雪竹歌. "漢陽城中三日雪. 門巷來人遠隔絶. 病臥無心問幾尺. 惟覺衾裯冷如鐵. 幽軒綠竹. 我所愛. 夜夜風鳴如戛玉. 兒童驚報導我出. 携杖來看久歎息. 梢梢埋沒太無端. 枝枝壓重皆欲折. 最憐中有一兩竿. 高拔千尋猶抗節. 不愁虛心受凍破 無奈. 老根迸地裂. 杲杲太陽頭上臨. 不應彩鳳終無食."『퇴계전서』권1, 111쪽.

49) 星山李子發. 號休叟. 索題申元亮畫十竹. 十絶. 雪月竹. "玉屑寒堆壓. 冰輪逈映徹. 從知苦. 節堅. 轉覺虛心潔."風竹. "風微成莞笑. 風緊不平鳴. 未遇伶倫采. 空含大樂聲."露竹. "晨興看脩竹. 涼露浩如瀉. 清致一林虛. 風流衆枝亞."雨竹. "窓前有叢筠. 淅瀝鳴寒雨. 怳然楚客愁. 如入瀟湘浦."抽筍. "風雷亂抽筍. 虛攫雜龍騰. 門掩看成竹. 吳今學少陵."稺竹. "千角纔牛沒. 十尋俄劍拔方持雨露姿. 已見風霜節."老竹. "老竹有孫枝. 蕭蕭還閟清. 何妨綠苔破. 滿意涼吹生."枯竹. "枝葉半成枯. 氣節全不死. 寄語膏粱兒. 無輕憔悴士."折竹"強項誤遭挫. 貞心非所破. 凜然立不撓. 猶堪激頹懦."孤竹. "聞善盍歸來. 易暴將安適. 從此更成孤. 有粟非吳食."『퇴계전서』권2, 122쪽.

50) "竹似賢. 何哉. 竹本固. 古以樹德. 君子見其本. 則思善建不拔者. 竹性直. 直以立身. 君子見其性. 則思中立不倚者. 竹心空. 空以體道. 君子見其心. 則思應用虛受者. 竹節貞. 貞以立志. 君子見其節. 則思砥礪名行. 夷險一致者. 夫如是故. 君子人. 多樹之. 為庭實焉. 貞元十九年春. 居易以拔萃選及第. 授校書郎. 始於長安. 求假居處. 得常樂里故關相國. 私第之東亭而處之. 明日. 履及予亭之東南隅. 見叢竹於斯. 枝葉殄瘁. 無聲無色. 詢乎關氏之老. 則曰. 此相國之手植者. 自相國捐館. 他人假居. 繇是. 筐篚者斬焉. 篝篛者刈焉. 形餘之材. 長無尋焉. 數無百焉. 又有凡草木. 雜生其中. 菶蓴薈蔚. 有無竹之心焉. 居易惜其嘗經長者之手. 而見賤俗人之目. 翦棄若是. 本性有存. 乃刪翳薈. 除糞壤. 疏其間. 不終日而畢. 於是日出. 有清陰. 風來有清聲. 依依然欣欣然. 若有情於感遇也. 嗟乎. 竹植物也. 於人何有哉. 以其有似於賢. 而人猶愛惜之. 封植之. 況其眞賢子乎. 然則竹之於象庶. 嗚乎. 竹不能自異. 惟人異之. 賢不能自異. 惟用賢者異之. 故作養竹記. 書干亭之壁. 以貽其後之居斯者. 亦欲以聞於今之用

賢者云." 백거이(白居易), 『고문진보』 後集, 「양죽기(養竹記)」, 황견 편, 을유문화사, 2003년, 579쪽.

51) "再訪陶山梅 十絶. 手種寒梅今幾年. 風烟蕭灑小窓前. 昨來香雪初驚動. 回首羣芳盡索然. 南國移根荷故人. 溪山烟雨占淸眞. 何妨桃李同時節. 玉骨冰魂別樣春. 箇箇瓊葩抵死妍. 眞剛休詑鐵腸堅. 撚鬚終日孤吟賞. 妙處如逢雪子然. 千載孤山有宿緣. 高吟香影世爭傳. 只今人境雖非舊. 那忍風流墮杳然. 玉瘦瓊寒雪韻姿. 詩窮霞癖野心期. 相從莫逆如蘭臭. 不道逋仙粉蝶知. 日暮東風太放顚. 浮紅浪蘂摠翻翩. 丁寧爲報東君道. 莫使封姨撼玉仙. 坡仙十絶與三詞. 不獨西湖作已知. 況有紫陽風雅手. 長吟絶歎寓心期. 一花纔背尙堪 猜. 胡柰垂垂盡倒開. 賴是我從花下看. 昂頭一一見心來. 病來杯勺久成疎. 此日梅邊置一壼. 野鳥不須啼更款. 淸宵將擬待麻姑. 童子疑人久不歸. 惻寒餘戀動斜暉. 不辭日日來幽款. 湖面無如片片飛." 『퇴계전서』 권2, 192쪽.

52) "再訪陶山梅. 十絶. 第八首一花云云. 誠齋梅花課. 一花無賴背人開. 余得此重葉梅於南州親. 舊. 其著花一皆倒垂向地. 從傍看望. 不見花心. 必從樹下仰面而看. 乃得一一見心. 團團可愛. 杜詩所謂江邊一樹垂垂發者. 疑指此." 『퇴계전서』 권2, 192쪽.

5강

1) "高齋瀟灑碧山傍, 祗有圖書萬軸藏, 東澗逸門西澗合, 南山接翠北山長, 白雲夜宿留簷濕, 淸月時來滿室涼, 莫道山居無一. 事, 平生志願更難量; 卜築芝山斷麓傍, 形如蝸角祗身藏, 北臨墟落心非適, 南把烟霞趣自長, 但得朝昏宜遠近, 那因向背辨炎涼, 已. 成看月看山計, 此外何須更較量." 『국역퇴계전서』 외집 1권, 「지산와사」. 蝸舍, "喩居室極狹小, 晋崔豹古今注中魚蟲: 蝸牛, 陵螺也, (…) 野人結圓舍, 如蝸牛之殻, 曰蝸舍. 也用爲謙詞, 南朝梁伺遜伺水部集仰贈從兄興寧寘南詩, 樓息同蝸舍, 出入共荊扉; 周書蕭大圜傳: 面修原而帶流水, 簡郊間而枕平皐, 築蝸舍於叢林, 構環堵於幽薄." 『사원』, 2776쪽.

2) 舍, "客館, 周禮天官冢宰: 掌舍, 掌王之會同之舍. 莊子說劍: 夫子休, 就舍待

命, 今設戱請夫子, 引申爲, 居室."『사원』, 2776쪽.

3) 庵, 菴, "舊時文人也有把自己的書齋稱庵的, 如宋米芾題其所居爲米老庵, 陸游有老學庵."『사원』, 1011쪽.

4) "剔蔚搜奇得古巖, 幽居從此更非凡, 休論費力開堂宇, 且待成陰植檜杉, 已著幼輿安用畵, 可藏商浩不應饞, 天開眞樂無涯地, 築室優游思莫緘."『국역퇴계전서』외집 권1,「동암언지(東巖言志)」.

5) 傍字韻律詩序註, 辛卯, 지산지록, 傍字韻律詩序 中, 辛卯(1531), 余有小築於芝山之麓, 又用傍字韻以紀事, 自始至今, 已二十有六年, 其間存沒悲歡, 無所不有, 而余移三徑於退溪.

6) 奉酬聾巖李先生(봉수농암이선생), 靈芝精舍詩(영지정사시), 幷序癸卯(병서계묘), 吾鄕靈芝山, 有佛舍, 滉舊嘗往來讀書, 而山後亦有小築, 宦游思歸而未得, 因自號靈芝山人, 先生旣歸, 愛是庵, 就而重新之, 名曰精舍, 時杖屨逍遙其中, 詩寄滉, 且曰, 足下舊卜山麓, 自稱山人, 而今我先之, 無乃呼賓作主耶, 早晩, 當訟而辨之云, 滉感先生之高義, 叨承詩札以爲笑譃, 不勝欣幸之至, 謹次詩呈上, 惶恐再拜.『국역퇴계전서』, 1권, 60쪽.

7) 寒棲庵. "移草屋於溪西名曰寒棲菴, 退溪, 寒棲, 和陶集移居韻二首." 경술년(1550) 2월에 처음 퇴계 서편에 복거하여 한서암(寒棲庵)을 읽었다. 이에 앞서 하명동(霞明洞)에 터를 얻어 집을 세우려 하였으나 이루지 못하여 죽동(竹洞)로 옮겼더니, 동학이 좁고 시내 흐름이 없으므로 또 퇴계로 옮겼다.『국역퇴계전서』권1, 154쪽.

8) 天光雲影洪徘回, 朱子白鹿洞賦 中, 潤水觸石鏘鳴璆兮.

9) 尋改卜書堂地得於陶山之南感而作, 二首. 風雨溪堂不庇牀. 卜遷求勝徧林岡, 那知百歲藏修地, 只在平生採釣傍, 花笑向人情不淺, 鳥鳴求友意偏長, 誓移三徑來棲息, 樂處何人共襲芳, 陶丘南畔白雲深, 一道蒙泉出艮岑, 晚日彩禽浮水渚, 春風瑤草滿巖林, 自生感慨幽棲處, 眞愜盤桓暮境心, 萬化窮探吳豈敢, 願將編簡誦遺音.『국역퇴계전서』권1, 247쪽.

10) 再行視陶山南洞, 有作示南景祥, 琴壎之, 閔生應祺, 兒子寯, 孫兒安道. 卜居退溪上, 年光幾流邁, 寒棲屢遷地, 草草旋傾壞, 雖憐泉石幽, 形勢終嫌隘, 喟焉

將改求, 行盡高深界, 溪南有陶山, 近秘良亦怪, 昨日偶獨搜, 今朝要共屆, 連峯陟雲背, 斷麓臨江介, 綠水遶重洲, 遙岑列千髻, 窺尋下一洞, 宿願玆償債, 窈窕兩山間, 晴嵐如入畫, 衆綠靄霧霏, 紛紅絢闠曬, 鳥鳴思雅詩, 泉靜翫蒙卦, 躊躇足佳賞, 辦此感大塊, 我今置散逸, 朝衣久已掛, 藏修詎無所, 地薄輕買賣, 荒榛有頹址, 古迹爲今戒, 何人曾占此, 漫滅譽與責, 亞謀營環堵, 窓戶看蕭灑, 圖書溢皮架, 花竹映欒砦, 日月警遲暮, 身心勉疲憊, 中誠望三盆, 外慕忘一芥, 此樂如壎箎, 夫仁匪稊稗, 爲君歌弗告, 無令虧一簣, 責, 音債, 訽也, 見韻會. 『국역퇴계전서』권1, 248쪽.

11) 滄浪, "商務印書館. 秋日登臺, 滄浪詠懷." 『사원』, 1862쪽.

12) 李大用, 叔樑, 丁巳年(明宗12, 1557). 乃於向所云陶叔樑山之南, 臨水得勝處, 近與汾川諸君, 會于其上, 令僧信如輩, 鑿築爲臺, 號曰滄浪, 形勝絶佳.『국역퇴계전서』권1, 217쪽.

13) "答李大成, 戊年(明宗13, 1558). 滉卜得陶山下棲息之地, 最是晩幸, 而未及結屋, 遽有此行, 一何造物者之多戲劇耶, 其地雖已占斷. 自度事力了然, 未敢出意營構, 蓮僧乃奮力擔當其事, 是則一奇遇也, 滉來時, 面約蓮僧云, 先燒瓦後結屋. 前月中. 得寯兒書. 蓮意欲先結屋. 開春. 不違始役. 屋舍圖子. 須成下送. 則於冬月無事時. 稍稍鳩伐材料云云."『국역퇴계전서』권5, 94쪽.

14) "答趙士敬, 庚申年(明宗15, 1560). 僕卜地陶山之南, 未構數椽, 而來入軟紅塵裏, 恨懷懸懸, 聞蓮僧欲先結屋, 欲聽其所爲, 屋圖寫送于大成及君, 欲其招蓮指授, 庶或可成, 旣而, 寯兒不意復職, 似當上來, 吳歸若或未及早春, 則恐未遂蓮計也, 然君須往大成處, 看圖及吳書所云, 相與議處爲幸."『국역퇴계전서』권6, 274쪽. "答趙士敬, 庚申年(明宗15, 1560). 溪堂已徹, 且嫌其太僻, 陶山精舍之卜, 最是晩來關心事, 蓮闍梨勇自擔當, 不待吳歸而欲事營葺, 心實喜幸, 故前送圖子, 顧兒亦他歸, 蓮獨受圖, 不解見, 所以託梧老與君使指授焉, 今聞蓮忽化去, 無乃吳之此行不正當, 不爲天佑而有此魔事耶."『국역퇴계전서』권6, 275쪽.

15) "答琴聞遠, 戊吾(明宗13, 1558). 頃獨思之, 中庸博學以下, 至雖柔必强, 眞是子思喫緊爲人處, 在晩學, 尤爲當病之藥, (…) 滄浪卜築.幹僧化去云, 吳雖歸,

無可託此事者, 不能不爲之屢歎也."『국역퇴계전서』권9, 121쪽.
16) "答黃仲擧, 戊吾(明宗13, 1558). 翠微, 所卜處有小峯, 高臨遠望, 與梧老吹帽 於其上, 名之曰翠微, 取牧之詩中語也, 司馬公曰, 不知天壤之間, 復有何樂, 可以代此也, 眞知言哉, 眞知言哉."『국역퇴계전서』권6, 82쪽.
17) "答李仲久, 庚申(明宗15, 1560). 堂·齋·舍, 滉亦近卜一處, 山水淸美, 儘可藏 拙, 已構小屋子, 欲扁堂曰若虛, 齋曰信斯, 舍曰隴雲, 而年荒力詘, 未半輟工, 時出徜徉, 悵然而返, 未知何時可了, 得以偃仰嘯詠於其間也."『국역퇴계전 서』권4, 118쪽.
18) "答李剛而 庚申(明宗15, 1560). 開春之約, 亦何可必乎, 且鳩拙之甚, 尙未有朋 友止宿之所, 近於江上, 構小屋未成, 想於春晚, 可有棲息處, 若有便可來, 來 及此時, 聯床夜話, 庶可從容, 何幸如之."『국역퇴계전서』권6, 150쪽.
19) "答黃仲擧, 庚申(明宗15, 1560). 溪源得地, 遂爲一區雲物, 馳慶無涯, 陶山之 營, 自是佳不得, 自作辛苦, 時以自哂, 俟先就一間, 抱書臥雲, 想差勝晉人拍浮 酒船中也, 算本收拾送還. 感幸感幸."『국역퇴계전서』권6, 88쪽.
20) "答李大成, 庚申(明宗15, 1560). 精舍事, 專恃蓮僧, 今聞其化, 天何不助我至 此耶."『국역퇴계전서』권6, 88쪽.
21) "答鄭子中, 庚申(明宗15, 1560). 陶山詩, 作之太早, 眞莊周所謂見卵而求時夜, 蓋其屋舍皆未成, 其言皆五擬者耳, 近於非實, 雖古人亦有如此, 然尙不以示子 弟者, 以此故也, 而前見開居佳詠, 不覺心喜, 欲以平生心事所寓者, 奉酬以相 珍勉, 所以遽出, 繼而思得與前日自戒者相反, 欲少俟粧成屋子, 往來栖息之日, 出示朋友, 相與一笑而罷, 庶免虛作之誚, 故今亦不敢依索, 想容恕察也."『국 역퇴계전서』권7, 83쪽.
22) "答李仲久, 辛酉(明宗16, 1561). 新卜尙多未完, 子中之來, 亦未就宿, 只作一日 游玩, 境趣儘佳, 每恨不得與吳靜存同此樂也."『국역퇴계전서』권4, 120쪽.
23) "答黃仲擧, 辛酉(明宗16, 1561). 便風惠簡, 是日踏靑, 獨與梧老, 對酌陶舍, 開 緘捧讀, 相與不勝其遐想也, 卽今監場已過, 又迫大蒐, 未知能免賢勞之再煩 否, 和煦鼎新, 神相動靜, 益膺淸福."『국역퇴계전서』권6, 99쪽.
24) "答黃仲擧, 辛酉(明宗16, 1561). 陽月向闌, 想臨撫爲況勝裕, 僕家中疹魔, 近

方益礙, 避在陶舍, 今已浹月, 趙士敬及數四人來伴, 山間不爲寥落, 有足以慰釋窮悰者."『국역퇴계전서』권6, 109쪽.

25) "答黃仲擧, 辛酉(明宗16, 1561). 幽棲之適, 言所不形, 避炎之辰, 屛跡溪間, 果似細謹, 嗚曹兩君之評, 誠有之, 但此是禁臠之地, 其不敢近, 乃理之當然, 禮所當謹故耳, 若彼禁常在, 則本不當盤旋於其間, 幸緣夏秋際二三朔之外, 江山風月, 無人收管, 而近求他勝, 莫有其比, 故聊就之, 以爲送老之地, 其可冒官禁, 而舍我靈龜耶, 雞伏堂銘, 深荷錄示, 但其說曠蕩玄邈, 雖於老莊書中, 亦所未見, 旣未嘗學, 焉敢議及, 其人固非尋常, 而其學又難學也."『국역퇴계전서』권6, 102쪽.

26) "答黃仲擧, 辛酉(明宗16, 1561). 滉陶山天職, 不敢以屋舍未備曠廢, 列壑攢峯, 幸不以病坊歸誚, 殊覺愚分之安耳."『국역퇴계전서』권6, 104쪽.

27) "答黃仲擧, 辛酉(明宗16, 1561). 滉前月在陶山, 靜養頗適, 一日大雨, 山水暴至, 壞塘頹砌, 力不能修整, 殊礙幽趣, 入于溪莊有日矣."『국역퇴계전서』권6, 107쪽.

28) "答金而精, 辛酉(明宗16, 1561). 陶山言志, 自喜山堂半已成, 山居猶得免躬耕, 移書稍稍舊蟲盡, 植竹看看新筍生, 未覺泉聲妨夜靜, 更憐山色好朝晴, 方知自古中林士, 萬事渾忘欲晦名."『국역퇴계전서』권3, 84쪽.

29) "答安道孫, 辛酉(明宗16, 1561). 金謹恭學識精詳, 必是佳士, 未知已往見否, 陶山記, 不意傳播至此, 甚悔不終秘而輕出示人也, 泮中處之甚難, 而汝則尤難, 言行之間, 常常謙謹, 毋以所不知爲知, 切須操持, 勿放勿忤勿多言, 戒之戒之."『국역퇴계전서』권13, 183쪽. "答安道孫, 壬戌(明宗17, 1562). 金謹恭學識精詳, 必是佳士, 未知已往見否, 陶山記, 不意傳播至此, 甚悔不終秘而輕出示人也, 泮中處之甚難, 而汝則尤難, 言行之間, 常常謙謹, 毋以所不知爲知, 切須操持, 勿放勿忤勿多言, 戒之戒之."『국역퇴계전서』권15, 241쪽.

30) "答安道孫, 辛酉(明宗16, 1561). 見書知已回駕, 向慰, 前日記草, 有未定處, 本不當聽公取去, 只緣記中創爲新論, 未知得理與否, 欲公更詳而指示病敗耳, 不意公悚回一句鑽針, 而徑播於人人."『국역퇴계전서』권6권, 282쪽.

31) 陶(山), "答李仲久, 癸亥(明宗18, 1563). 山已與詩, 過相假借, 殊非所施於切磨

之地者, 如何如何, 晦菴書節要, 蒙示病處, 甚荷不外, 此書當初不期與四方共之."『사원』, 1787년;『국역퇴계전서』권4, 125쪽. 答李君浩, 甲子(明宗19, 1564). 知公不是欺人者, 何故如此耶, 就中所云陶山記者, 偶於病中, 試出戲語, 消遣愁寂而已, 不意子姪輩私相傳示, 致誤播出, 其爲有識嗤點, 何可勝言耶, 今公不以浮淺誚責, 乃反欲云云, 何耶.『국역퇴계전서』권4, 246쪽.

32) 금란수(琴蘭秀),『성재선생문집(惺齋先生文集)』권1,「도산서당영건기(陶山書堂營建記)」, 문집편찬위원회 편, 경인문화사, 1996, 118쪽.

33) "水陸草木之花, 可愛者, 甚蕃, 晉陶淵明, 獨愛菊, 自李唐來, 世人, 甚愛牡丹, 予, 獨愛蓮之出於游泥而不染, 濯淸漣而不夭, 中通外直, 不蔓不枝, 香遠益淸, 亭亭淨植, 可遠觀而不可褻翫焉, 予謂菊, 花之隱逸者也, 牡丹, 花之富貴者也, 蓮花之君子者也, 噫, 菊之愛, 陶後, 鮮有聞, 蓮之愛, 同予者, 何人, 牡丹之愛, 宜乎衆矣." 주돈이,『고문진보』後集,「애련설」, 황견 편, 을유문화사, 2003년, 1483쪽.

34) 答金而精, 壬戌(明宗17, 1562). 但滉在陶山, 自春初至夏半, 過此六七八三朔則否, 又九十兩朔復居之, 若至, 臘兩朔, 畏寒又不可居, 公來, 須趁, 滉在彼時乃可, 溪上茅齋, 有失牽補. 殆不可居也.『국역퇴계전서』권7, 305쪽.

35) 答黃仲擧, 壬戌(明宗17, 1562). 滉憒依然, 又因僧病, 舍山入溪, 今已半月, 殊覺寥落, 曾聞鳴敎官有意相顧, 企渴深矣, 但若待江舍安復, 則已迫例避之辰, 其前則溪間無可與周旋處, 悵悵悵悵, 其人能自振拔如此, 誠願一見以發蒙吝, 不知何日可遂此願耶.『국역퇴계전서』권6, 115쪽; 答趙士敬, 壬戌(明宗17, 1562). 僕閒山舍底平, 適又士純來, 相與來處繾四伍日, 而魚梁事作, 明將還入溪上矣, 舍空數月, 蕪沒已極, 今雖芟闢, 又將數月之空, 心事恨未可賞適也.『국역퇴계전서』권13, 87쪽; 答李剛而, 庚申(明宗15, 1560). 續承問札, 知有桑鄕之行, 溽暑遠途, 況味何如, 不禁馳想之悠悠, 滉癃拙不瘳, 以江舍有故, 常在溪庄, 雖未若江上之適, 園林時物, 觸目成趣, 無非可樂, 恨未得與公昕暮相從, 共享此閒境之味也. (…) 滉幸亦無他, 水漂漁梁, 陶舍無礙, 秋興甚適, 恨不得與左右以結二仲之遊, 是爲欠事耳.『국역퇴계전서』권13, 67쪽; 答趙士敬, 乙丑(明宗20, 1565). 陶山時無出意, 又聞魚梁不久而作, 昨約大

成, 秋初一作月瀾遊耳. 이황, 위의 책, 6권, 291쪽; 答金士純, 壬戌(明宗17, 1562). 僕春間長在陶山, 不意居僧二人, 一時病臥, 疑是染證, 避入溪上, 士敬等諸人, 或歸或移村家殊, 不似山居之趣, 難待彼中之平復也. 이황, 위의 책, 13권, 108쪽; 答鄭子明, 壬戌(明宗17, 1562). 老拙, 近免他患, 與一同志, 栖止山舍, 頗自適也, 君今榜見屈而榜已罷矣, 在君益勉修業, 以待春試, 不須太作躁撓, 以害德性, 爲佳, 來示, 以不得來此爲恨, 此則未然.『국역퇴계전서』권13, 114쪽; 答鄭子中, 乙丑(明宗20, 1565). 滉怯寒藏縮, 今日出山舍, 山花爛熳, 漲淥如酷, 風雩之樂, 宛在目前, 但梅竹二君, 經寒太憔悴耳. 이황, 위의 책, 7권, 139쪽; 答琴聞遠, 丙寅(明宗21, 1566). 滉腹肚脹證, 間間發作, 山舍近水多冷濕, 不安居處, 蒲節入溪上, 仍留不出, 山徑茅塞, 殊覺廢職耳, (…) 滉身病且僮病, 不出山舍, 度暑溪上, 幸近絶外人還往, 得以日繙書册, 隨事體驗, 似覺稍稍親切, 然而少忽於顧眄之頃, 已復失去, 益知古人所以日加戰兢, 惟恐不及, 爲是故也.『국역퇴계전서』권9, 127쪽.

36) "傳曰, 生員‧進士中, 經明行修, 純正勤謹者, 成溫和者, 令吏曹議于四大臣及禮曹以啓. 上自權姦斥黜之後, 向善之心, 日益篤焉. 求賢圖治, 無所不用其極, 故有是命. 先是時, 特召判書 李滉, 非一再矣. 滉 以病不得應召, 上於宮禁, 密令畫工, 貌寫 滉 所居 陶山 形勝以進. 眷注之心, 常在於 滉, 故模其所居之地, 作圖以覽. 其好賢之誠, 爲如何哉. 中外之人以爲美談, 傳播於閭巷間." 『명종실록』32권, 명종 21년(병인) 5월 22일(임자).

37) 奇子篤, 丙寅年(明宗21, 1566). 耳陶畵竟成而, 八礪尉送畵於李靜存, 問其可否李招安東及子中質問子‧中指正其誤處云云此事極惶駭而安道同參正誤云亦未便恨恨. 이황,『퇴계선생유집』권6,「외편」권15, 아세아문화사, 2003, 210쪽.

38)『영조실록』102권, 영조 39년 8월 25일(기유). 上召見春坊官李憲默以先正李彦迪後孫也, 問玉山書院溪山之勝今道臣, 依陶山書院例, 圖畵以進.

39) "字, 子涵, 號虛丹 鶴林正慶胤子, 陽井, 李潚弟, 宣祖十四年 辛巳生, 官, 主簿. 題良工李澄山水圖, 賜沈廷輔曰, 東國丹靑善得理却臨素練畵山水, 幾家藏在時嵐中, 漁艇浮留息浪裡, 綠葉多衰秋色來, 紅暉欲落夕露起, 不煩擧趾門庭出

看盡無窮境秀美. 山有雲水無紋, 穿魚幾換酒, 疑若棹歌聞, 盤桓松下何時去 長見渚 禽爲一群(列聖御製肅宗大王)." 오세창, 『근역서화징(槿域書畵徵)』, 시공사, 1970년, 상권 497쪽.
40) 김창석의 〈도산서원도〉는 퇴계 이황 선생이 학문을 닦고 후학을 가르치던 예안 도산서원 부근의 빼어난 경치를 그린 지본 작품 중에서 서원을 중심으로 한 부분도다.
41) "奇子寫, 一, 已讀處, 讀成誦未讀處, 求得吐冊, 且質於友人畢讀, 而皆熟讀背誦後, 又讀孟子, 大抵勿接雜人, 常常閉門獨坐, 堅苦讀誦, 愼勿虛度光陰, 且丹溪乃路傍, 賓客雜遝, 尤爲未安, 勿恆處於彼." 『국역퇴계전서』 권13, 161쪽.
42) "中庸讀法註, 饒氏說云云, 大學, 是敎人之法, 故言爲學當如是如是, 中庸, 傳道之書, 故言此道如此如此, 二書主意本不同, 故言各有攸當, 饒氏說不差, 今來喩謂以學與道歧而二之, 爲未安, 正是公自看得有差也." 이황, 『퇴계문집』 5권, 아세아문화사, 2003, 59쪽.
43) "利涉大川, 山川大畜, 乾下, 艮上, 大畜利貞不家食吉利涉大川. 不家食吉, 養賢也. 利涉大川, 應乎天也."
44) "直·方, 敬·義, 周易上經, 坤爲地, 六二, 直其正也, 方其義也, 君子, 敬以道內, 義以方外, 敬義立而德不孤, 直方大, 不習无不利, 則不疑其所行也; 山川, 天命之謂性, 周易, 大丑, 率性之謂道, 修道之謂敎, 中庸, 誠敬性道, 坤卦, 君子, 敬以道內, 義以方外."

6강

1) 원래는 함곡관(函谷關)의 이름인데, 전국시대 진(秦)이 하남성(河南省) 역보현(靈寶縣) 경내에 설치해둔 것을 한무제(漢武帝) 때 하남성 신안현(新安縣) 경내로 옮겼다. 동관 산해관(潼關 山海關)이라고도 불린다. 동관은 섬서성(陝西省), 산서성(山西省), 하남성의 요충지로서 섬서성에 있는 관(館)의 이름이다. 산해관은 만리장성의 기점으로 예로부터 '천하제일관

(天下第一關)'이라고 하는 요해처인데, 하북성(河北省) 임유현(臨楡縣)의 동문을 말한다.
2) "朝暉夕霏四時之禪百物之變千晨萬狀不可以一二言." 『신증동국여지승람』 제 5권, 486쪽.
3) 고려학자 문인 초명은 득옥(得玉), 자는 미수(眉叟), 호는 쌍명재(雙明齋), 본관은 인주(仁州), 평장사(平章事), 오(䵝)의 증손이다. 고아가 되어 중 요일(蓼一)에게서 성장해 1170년(의중 24년) 정중부(鄭仲夫)가 난을 일으키자 절에 들어갔다가 후에 다시 속인으로 돌아가, 1180년(명종 10년) 문과에 급제하고 계양관기(桂陽菅記)에 보직된 후, 이어 직사관(直史館)이 되었으며, 이후 14년간 사국(史局)과 한림원(翰林院)에 재직했고, 신종 때 예부원외랑(禮部院外郎), 고종 초에 비서감우간의대부(秘書監右諫議大夫)를 역임했다. 관계에 있는 동안에도 혼잡한 현실에 싫증을 느끼고 오세재(嗚世才), 임춘(林春), 조통(趙通), 황보항(皇甫沆), 함순(咸淳), 이담지(李湛之) 등과 망년우(忘年友)를 맺어 시와 술을 즐기며 중국 강좌칠현(江左七賢)을 본받아 해좌칠현(海左七賢)을 자처했다. 고려의 대표적인 문인의 한 사람으로 문장이 뛰어나 한유(韓愈)의 고문을 따랐고, 시에서는 소식(蘇軾)을 사숙했으며, 글씨에도 능해 초서(草書), 예서(隸書)가 특출했다. 저서에 『은대집(銀臺集)』 『쌍명재집(雙明齋集)』 『파한집(破閑集)』 등이 있다.
4) 고려의 문인. 예천 임씨의 시조. 자는 기지(耆之)로 서하(西河) 출신이다. 여러 번 과거에 실패했다. 1170년(의종 24년) 정중부의 난에 간신히 목숨을 건졌으며, 이인로, 오세재 등과 함께 강좌칠현의 한 사람으로 시와 술로 세월을 보냈다. 한문과 당시(唐詩)에 뛰어났으며 이인노가 그 유고를 모아 6권을 만들어 『서하선생집(西河先生集)』이라 했다. 그의 시문은 『삼한시구감(三韓時龜鑑)』에 기록되어 있고, 그 밖에 두 편의 가전체 소설이 전한다. 예천의 옥천정사(玉川精舍)에 제향. 저서에 『국순전(麴錞傳)』 『공방전(孔方傳)』이 있다.
5) 내가 들으니, 산수가 수려하기로는 관동이 제일이라 한다. 금난(金蘭), 통

천(通川)의 총석(叢石), 단혈(丹穴)과 삼일포(三日浦)와 익령(翼嶺)의 낙산(洛山)이야말로 비록 봉래산·방장산을 보지 못했지만 능히 이만 못할 것으로 생각된다. 나는 일찍이 거기를 한 번 보았으면 죽어도 여한이 없겠다고 생각했으나 속세를 헤어나지 못하고 거리가 천리나 멀어 속절없이 동쪽만 바라볼 뿐이다.

6) 楓岳皆骨立無 (…) 金蘭叢石亭山人慧素作設.
7) 師出舍山 向俗離山.
8) 고려의 학자. 초명은 운백(雲白), 자는 중부(仲父), 본관은 한산(韓山), 자성(自成)의 아들, 색(穡)의 아버지. 이제현(李齊賢)의 문인, 도평의사사의 서사로서 1320년(충숙왕 7년)에 문과에 급제해, 1333년(충숙왕 복위 2년)에 원나라 제과에 제2갑으로 급제, 원나라 한림국사원(翰林國史院) 검열을 거쳐, 휘정원(徽政院) 관구를 역임하고, 정동행중사사(征東行中寺事)를 지내고, 다시 원나라에 가서 중서사전부(中瑞司典簿)가 되었는데, 문장에 능하여 중국 사람들도 그를 외국 사람으로 보지 않았다. 1344년 충목왕이 즉위하자 귀국하여 이듬해 연복사종(演福寺鍾) 명문(銘文)을 짓고 정당문학(政堂文學)을 거쳐 도첨의찬성사(都僉議贊成事)에 이르러 한산군(韓山君)에 봉해졌다. 이제현과 함께 『편년강목(編年綱目)』을 고쳐 펴냈으며, 충렬왕, 충선왕, 충숙왕 3조의 실록 편찬에 참여하였다. 고려 시대 가전체 작품인 「죽부인전(竹夫人傳)」이 『동문선(東文選)』(1478년에 성종의 명으로 편찬한 우리나라 역대 시문선집)에 전해지며, 백신정(白頤正), 우탁(禹倬), 정몽주(正夢周) 등과 함께 경학(經學)의 대가로 꼽다. 한산의 문헌서원(文獻書院), 영해(寧海)의 단산서원(丹山書院)에 제향이, 시호는 문효(文孝)이며, 저서에 『가정집(稼亭集)』이 전해지고 있다.
9) 안축은 1330년(충혜왕 원년) 5월 3일 송경을 출발해서 6월 3일 철령, (…) 7월 1일 울진에서 삼척, 정선, 태백산을 등정하기에 이른다.
10) 안변(安邊)은 고려 때 일부가 등주(登州)와 화주(和州)로서 강릉도에 속했다가 함경도로 편입되었다.
11) 개골산(皆骨山), 풍악산(楓岳山), 열반산(涅槃山), 지환산(枳桓山), 금강산

(金剛山), 화엄경(華嚴經), 중향성(衆香城), 마하반야(摩訶般若): 불교에서 모든 법이 다 공(空)하다는 이치를 밝히고, 대지도(大智度), 대혜도(大慧度)라 번역한다. 석가모니의 어머니 마야부인을 이른다.

12) "모래색이 눈 같고, 인마가 지날 제면 부딪쳐서 소리가 나는데 쟁쟁하여 쇳소리 같다. 대개 영동 지방이 모두 그러하지만 그중에도 간성과 고성 간에 제일 많다."『신증동국여지승람』 권제5, 556쪽.

13) 최종현,「변방에 구현된 은둔적 세계관」,『역(Trans)』, 창간호(1999년 12월호), 28~49쪽. 〈소상팔경도〉는 북송의 문인 화가인 송적(宋迪)이 소상강(瀟湘江) 주변 여덟 곳의 경승을 그림으로 그린 데서 비롯되었으며, 곽희(郭熙), 미우인(米友仁), 원휘(元暉), 법상(法相), 목계(牧溪), 맹진(孟珍), 옥간(玉澗) 등에 의해서도 반복적으로 그려졌다. 침괄(沈括)이 쓴『몽계필담(夢溪筆談)』의「시화편」에 "원화원외랑(園畵員外郞)인 송적은 그림을 잘 그렸는데, 더욱 평원산수(平遠山水)를 잘하였다"는 구절이 있는데, 그것을 보고 전하는 이들이 평시낙안(平沙落雁), 원포귀범(遠浦歸帆), 산시청람(山市晴嵐), 강천모설(江天暮雪), 동정추월(洞庭秋月), 소상야우(瀟湘夜雨), 연사만종(煙寺晩鐘), 어촌석조(漁村夕照) 등의 시제를 붙여서 팔경(八景)이라 칭하고 호사가들이 이를 전했다고 한다.

14) 신선이 산다는 세 산골은 봉래(蓬萊), 방장(方丈), 영주(瀛洲)를 말하고, 신선이 산다는 열 섬은 조주(祖洲), 영주, 현주(玄洲), 염주(炎洲), 장주(長洲), 원주(元洲), 유주(流洲), 봉린주(鳳麟洲), 취굴주(聚窟洲)를 말하는데, 비유해서 강원도를 이르는 것이다.

15) 안축,『신증동국여지승람』 권제5, 563쪽.

16) "그 봄·가을 연기와 달이며, 아침 저녁으로 그늘졌다 개었다하며 때에 따라 변화하는 기상이 일정하지 않은 바, 이것이 이 대 경치의 대략이다. 내 오랫동안 앉아서 가만히 보다가 막연히, 정신이 집중됨을 저도 깨닫지 못하였다. 지극한 멋은 한가하고 담담한 중에 있고, 속세를 떠난 생각이 기이한 현상 밖에 뛰어나서, 마음에 홀로 알면서 입으로 형용할 수 없음이 있었다[其春秋烟月 朝暮陰晴 隨時氣像 變化不常 此臺之大率也 余久坐而冥

搜 不覺漠然凝神 至味存乎 間淡之中 逸想超乎奇形之外 有心獨知而口不可狀言者矣].",『신증동국여지승람』 권 44, 「강릉대도호부」, 누정, 경포대.

17) "天吼山一枝 㳽來海之澨, 橫開小崗." 이식, 『택당집(澤堂集)』, 「수성지」, 민족문화추진회, 1997년, 236쪽.

18) 최완수, 『겸재를 따라가는 금강산 여행』, 대원사, 1999, 210쪽. 겸재 정선은 『신묘년풍악도첩(辛卯年楓嶽圖帖)』의 〈총석정도〉(37.5×38.3cm, 국립중앙박물관 소장) 이외에도 『해악전신첩(海嶽傳神帖)』(24.4×32cm, 간송미술관 소장), 「해악팔경(海嶽八景)」(42.8×56cm, 간송미술관 소장) 등 여러 장의 같은 제목의 그림을 그렸다. 그런데 위의 그림에서만 흡곡의 천도, 동천의 묘도를 화폭의 좌우에 끌어들여서 구성하고 있다.

7강

1) 『삼국사기』, 권제2, 「신라본기」 제2, 미추왕 1년 3월.
2) 『삼국사기』, 권제3, 「신라본기」, 제3, 실성왕 12년 8월.
3) 『삼국사기』, 권제9, 「신라본기」, 제9, 경덕왕 19년 2월.
4) 『삼국사기』 권제11, 「신라본기」 제11, 헌강왕 6년 9월 9일.
5) 『삼국유사』 권제2, 「기이」 제2, 〈수로부인〉.
6) 『삼국유사』 권제1, 「왕력」 제1, 〈도화녀와 비형랑(桃花女鼻荊郞)〉.
7) 『삼국유사』 권제5, 「피은」 제8, 〈포천산오비구〉.
8) 『삼국사기』 권제24, 「백제본기」 제2, 비류왕 17년.
9) 『삼국사기』 권제24, 「백제본기」 제2, 침류왕 원년 9월.
10) 『삼국사기』 권제24, 「백제본기」 제2, 침류왕 2년 2월.
11) 『삼국사기』 권제25, 「백제본기」 제3, 진사왕 7년 정월.
12) 『삼국사기』 권제26, 「백제본기」 제4, 동성왕 22년 봄.
13) 『삼국사기』 권제27, 「백제본기」 제5, 무왕 35년 3월.
14) ① 사방 열 자의 음식상으로 진수성찬을 형용한 것 ② 불사에서 높은 중이나 주지가 설법하는 곳 ③ 도관이 거주하는 곳 등의 의미가 있다. 김종

무, 『맹자신해(孟子新解)』, 「진심」 下, 민음사, 1991년, 429쪽.
15) 『삼국사기』 권제27, 「백제본기」 제5, 무왕 37년 8월.
16) 『삼국사기』 권제28, 「백제본기」 제6, 의자왕 15년 5월.
17) 『삼국사기』 권제4, 「신라본기」 제4, 진흥왕 10년 봄.
18) 『삼국사기』 권제4, 「신라본기」 제4, 진흥왕 26년 9월.
19) 『삼국사기』 권제5, 「신라본기」 제5, 선덕왕 14년.
20) 『삼국사기』 권제7, 「신라본기」 제7, 문무왕 14년 2월.
21) 『삼국사기』 권제7, 「신라본기」 제7, 문무왕 19년.
22) 『삼국사기』 권제8, 「신라본기」 제8, 효소왕 6년 9월.
23) 낭원(閬苑). 『사원』, 3246쪽.
24) 구령(龜齡). 『사원』, 3619쪽.
25) 봉래(蓬萊). 『사원』, 2703쪽.
26) 관풍(觀風). 『사원』, 2860쪽.
27) "이것은 다른 게 아니라 백성들과 함께 즐거워하기 때문이다. 이제 왕께서 백성들과 함께 즐거워하시면 왕자가 될 만합니다." 김종무, 『맹자신해』, 「양혜왕」 下, 민음사, 1991년, 50쪽.
28) "눈과 색상에 있어서도 공통된 미감을 갖고 있는 것이니." 김종무, 『맹자신해』, 「양혜왕」 下, 민음사, 1991년, 327쪽.
29) 『고려사』 권제12, 「세가」 제12, 의종 2년 윤10월 경자일.
30) 산호(山呼). 『사원』, 920쪽.
31) 천장각(天章閣). 『사원』, 697쪽.
32) 『고려사』 권제18, 「세가」 제18, 의종 10년 10월 임오일.
33) "그 마음을 보존하고 그 천성을 잘 기르는 것은 하늘을 섬기는 바요." 김종무, 『맹자신해』, 「진심」 上, 민음사, 1991년, 372쪽.
34) 충허(沖虛). 『사원』, 1739쪽.
35) "물을 보는데 방법이 있나니 반드시 그 물결을 보아야 하는 것이다." 김종무, 『맹자신해』, 「진심」 上, 민음사, 1991년, 388쪽.
36) 환희(歡喜). 운허룡하, 『불교사전』, 동국역경원, 1986, 968쪽.

37) 만춘(萬春), 『사원』, 2682쪽.
38) 풍월(風月), 『사원』, 3405쪽.
39) 南風歌, "남풍이 따뜻하게 불어오면 우리 백성들 원한 풀어줄 것이오, 남풍이 때맞춰불면 우리 백성 재물 늘려주리니" 사마천, 『사기』, 서47 권24, 「樂書」 제2.
40) 『동문선』은 삼국 시대의 후반기부터 통일신라 및 고려를 거쳐 조선의 중종 초기에 이르기까지 시인과 문사들의 우수한 작품들을 뽑아 편집한 것으로 「정(正)」, 「속(續)」 두 편으로 나뉘어 있다. 「정」편은 성종 9년(1478) 12월에 예문관 대제학 서거정 및 홍문관 대제학 양성지 등이 명을 받들어 찬집한 것인데, 총 권수는 목록 세 권을 합하여 133권으로 되어 있다. 속편은 중종 13년(1518) 7월에 찬집청당상 신용개 등이 정편이 찬집된 후 40여 년간에 저술된 시문들을 추가 선발한 것으로 목록 두 권을 합쳐 총 23권으로 되어 있다.
41) 다음은 이인로의 「쌍명재기(雙明齋記)」의 구절이다. "그런데 우리 공은 자주빛 눈동자가 모가 나 있는 듯 반짝반짝하여 번갯불 같습니다. 구름과 안개가 걷힌 밖으로 멀리 있는 산을 다 감상하면서 손바닥 위에 있는 것을 보는 것처럼 밝으시니 이 집의 간판을 '쌍명'이라고 하면 어떻겠습니까." 서거정 외 찬, 『동문선』 권6, 민족문화추진회 편, 솔출판사, 1966, 102쪽.
42) 다음은 이인로의 「태사공오빈정기(太師公嗚賓亭記)」에서 따온 구절이다. "공이 이때에 있어서 무엇을 한들 마음대로 되지 않겠습니까, 손님이 오면 함께 더불어 이 정자에 올라와서 샘물에 나아가서 시를 읊으며 저녁이 되어 헤어지게 될 때에는 스스로 즐겨할 뿐 아니라 사실 친구와 손님과 함께 서로 즐기는 것이니." 서거정 외 찬, 『동문선』 권6, 민족문화추진회 편, 솔출판사, 1966, 105쪽.
43) 虛室生白 吉祥止止: "아무것도 없는 텅빈 방에 눈부신 햇빛이 비쳐 환히 밝지 않느냐 행복은 이 고요함에 모인다." 안동림 역주, 『장자』, 「인간세」 제4, 현암사, 1993, 116쪽.

44) 凌波: 文選晉郭純江賦
45) 春軒: 唐 劉禹錫劉夢得集外集 酬樂天揚州初逢席上見贈時
46) 淸風: 南史 謝譓傳
47) 此君: 文選 南朝梁劉孝標
48) 風月: 宋書 始平孝敬王傳
49) 陽軒: 詩經 豳風 七月
50) 養眞: 晋 陶淵明集之辛丑歲七月
51) 谿堂: 呂氏春秋通音

8강

1) 『세종실록』 권제150, 「지리지」, 경상도, 안동대도호부.
2) 生民, "不康.祀居然生子: 정결한 제사에 매우 즐거워하사 의연히 아들 낳게 하신걸제"에서 온 이름이다. 김학주 역, 『시경』, 명문당, 2002.
3) 宣和奉使高麗圖經卷三第伍民居.
4) 宣和奉使高麗圖經卷十九民庶.
5) 이규보, 『동국이상국집(東國李相國集)』 권제14, 「고율시(古律詩)」 70.
6) 『선성지서(宣城誌序)』는 예안현(禮安縣)의 다른 이름으로 이 지역의 내용을 기록한 책이다.
7) 王維王右丞集十積雨輞川庄作詩, "漠漠水田飛白鷺 陰陰夏木囀黃鸝: 끝없는 논자락에 백로가 날고 무성한 여름나무에는 꾀꼬리가 지저귄다."
8) 眞臘風土記, 第十八耕種, "又有一等野田不種常生 水高至一丈而稻與之俱高 想別一種也: 또 한 종류의 야전이 있는데 씨앗을 뿌리지 않아도 항상 벼가 자란다. 물의 높이가 1장에 이르면 벼도 함께 높아지는데, 생각컨대 특별한 종류인 것 같다." 주달관, 『진랍풍토기』, 백산자료원, 2007, 137쪽.
9) 김용섭, 「농서소사」, 한국학문헌연구소 편, 『농서1』, 아세아문화사, 1981, 4쪽.
10) 『세종실록』 권44, 세종 11년 5월 신유.

11) 「안동대호부」의 〈屬縣〉 禮安 ,『신증동국여지승람』 권제24.
12) 山水, 溪居: 안동 북쪽에 있는 내성촌은 권벌(權橃)이 살던 곳으로서 청암 정이 있다. 못 가운데 있는 큰 바위위에 있어 섬과 같으며 사방이 흐르는 내로 둘러싸여 자못 그윽한 경치다. 이중환, 『택리지』 권11, 「복거총론」 권4, 대양서적, 1978, 207쪽.
13) 권응도, 『석천지(石泉誌)』, 「정사산수총론(精舍山水總論)」, 안동권씨유곡중종, 1994, 48쪽.
14) 附酉谷形勝 '有似鷄之鼓翼而鳴也.' 권응도, 『석천지(石泉誌)』, 「정사산수총론」, 〈고기수경(高起垂頸)〉, 안동권씨유곡중종, 1994, 68쪽.
15) 권응도, 『석천지』, 「건권유곡지부유곡형승(乾券酉谷誌附酉谷形勝)」, 안동권씨유곡중종, 1994, 53쪽.
16) 권응도, 『석천지』, 「건권유곡지부유곡형승」, 안동권씨유곡중종, 1994, 31쪽.
17) 권응도, 『석천지』, 「건권유곡지부유곡형승」, 안동권씨유곡중종, 1994년, 68쪽
18) "날 저문 숲에 바람이 스치니, 물결소리가 소나무 운치에 화답하여 소리가 들리네〔暮林風噭波聲和松韻琮〕." "소나무가의 푸른 창벽〔松巖松餘蒼壁〕, 대 앞에 느티나무가 있으며〔臺前有古枏樹〕, 대 위에 붉은 복사꽃나무 두어 그루가 서 있고〔臺上紅桃數株離立〕, 샘 곁에 오죽이 떨기를 이루어 있고〔井傍有烏竹成叢〕, 또 작약이 두어 줄기가 있으며〔又有芍藥數莖〕샘 북쪽에 황양목이 바위 틈에 자라고 있으므로 황양암이라 이름을 붙였으며〔井之北有黃楊生巖隙名曰黃楊巖〕, 정사 동쪽 담에 죽원 이라 이름붙인 것이 있는데〔井東垣有名曰竹垣〕 그 밖에 벽도오가 있다〔垣外又有碧桃烏〕."
19) 권응도, 『석천지』, 「유곡기(酉谷記)」, 〈장내요상율조리지속(墻內饒桑栗棗梨之屬)〉, 안동권씨유곡중종, 1994, 69쪽.
20) "나지막하게 담을 쌓았으며, 그 안에 미무, 모란, 작약 등 꽃과 풀을 심고 장미와 철쭉도 곁들여 심고〔以小墻雜植蘼蕪牧丹芍藥之屬輔以薔薇躑躅〕" 권응도, 『석천지』, 「청암정기(青巖亭記)」, 안동권씨유곡중종, 1994, 80쪽.

보론

1) 장택단(張擇端)은 송나라 동무(東武) 사람으로, 자는 정도(正道)다. 젊어서 변경(汴京), 즉 개봉에 유학했으며, 그림에 뜻을 두어 마침내 풍속화에 일가를 이루었다. 대표 작품으로는 〈서호쟁표도(西湖爭標圖)〉와 〈청명상하도(淸明上河圖)〉가 있는데 둘 다 신품(神品)이라는 평을 들었다. 〈청명상하도〉는 청명절을 맞은 변경의 시가지 풍경과 시민 생활을 그린 작품으로, 성곽, 시장, 다리, 가옥 등의 원근과 높낮이는 물론, 행인, 수레, 말, 소, 나귀 등이 극명하게 묘사되어 있다. 뒷날 남송의 화가들도 옛 수도의 번창함을 추억하며 변경 풍경을 많이 그렸지만 〈청명상하도〉를 뛰어넘는 작품은 없다고 말한다. 이 작품은 현재 북경 고궁박물관에 소장되어 있다.

2) Marco Cattaneo, Francesco Bandarin, *The World heritage site of unesco*, White star, 2002, p.8.

3) Carl E. Shorske, "Sitte and Otto Wagner," *Fin-De-Siecle Vienna; Politics and Culture*, Vintage, 1981, p.25.

4) Carl E. Shorske, "The Cloistered Mentality of Sitte," *Fin-De-Siecle Vienna; Politics and Culture*, Vintage, 1981, p.110.

최종현 교수의
건축사 강의
나무와 풍경으로 본
옛 건축 정신

첫 번째 찍은 날	2013년 5월 27일	
지은이	최종현	
펴낸이	김수기	
윤문	조윤주	
편집	김수현	
디자인	김재은	
제작	이명혜	
펴낸곳	현실문화연구	
등록번호	제300-1999-194호	
등록일자	1999년 4월 23일	
주소	서울시 종로구 교북동 12-8번지 2층	
전화	02-393-1125	
팩스	02-393-1128	
전자우편	hyunsilbook@daum.net	

ISBN 978-89-6564-073-8 03900
가격은 뒤표지에 있습니다.

이 책은 저작권법에 따라 국내에서 보호받는 저작물이므로
무단 전재와 무단 복제를 금합니다. 이 책 내용의 전부 또는 일부를 재사용하려면
반드시 지은이와 현실문화연구의 서면 동의를 받아야 합니다.